圖學(附範例光碟片)

AutoCAD・CNS3 B1001

王照明　編著

全華圖書股份有限公司

作者簡歷

學 歷

國立臺灣師範大學工業教育系學士
美國亞歷桑那洲立大學工業技術系碩士

經 歷

大同大學機械工程學系及研究所助理教授
第 6 屆全國技能競賽"機械製圖"金牌(代表大同公司)
第 22 屆國際技能競賽"機械製圖"金牌(代表中華民國)
"工程製圖"中華民國國家標準(CNS)技術委員會主席
技能檢定"電腦輔助機械設計製圖"命題委員召集人
技能檢定"電腦輔助立體製圖"命題委員召集人
國際展能節技能競賽"電腦輔助機械繪圖"國際裁判
全國殘障者技能競賽"電腦輔助機械繪圖"裁判長
全國技能競賽"CAD 機械設計製圖"裁判

序　言

　　圖是工程設計的基本技能，設計工程師將他的構想與創作用圖表現出來，製造工程師則根據圖作出成品，實踐設計工程師的創作。圖被稱為工業語言，是設計者與製造者的橋樑，是每一位工程界人士不可不懂的科學。

　　這是一本闡述如何繪製 CNS 標準工程圖的教科書，內容針對初學者來編寫，由基本的應用幾何畫法至工程圖得繪製，其中尚包括各種立體圖的繪製及電腦製圖等。適合基本圖學的課程使用。

　　由於國內工程界之設計圖，大部份皆以第三角法繪製，但其他國家則有以第一角法繪製者，因此初學者需要有此兩種投影法的製圖與識圖能力，故在投影方面，本書同時介紹了第一角及第三角法投影，但在第六章正投影之後，大部份以第三角法說明，有需要時才附加第一角法之介紹。

　　由於時代進步，工業界甚多工程圖已採用電腦來繪製，但坊間圖學的書，都只粗略提到電腦製圖，並未介紹如何以 AutoCAD 來繪圖，而介紹 AutoCAD 的書，通常並非針對繪製工程圖來編寫，常使得想利用 AutoCAD 繪製工程圖者，不知如何著手。因此本書除介紹基本的儀器繪圖外，同時配合各章節之進度，在每章之後介紹如何以 AutoCAD 來繪製工程圖的方法。若只想學習圖學者亦可跳過此節，以後再學 AutoCAD 的操作方法。

　　一本介紹如何製圖的書，書中的圖理應絕對正確與完美，以致在編寫過程中，圖例所花的心血甚多。書中圖例皆以最新 CNS 為標準，利用 AutoCAD 繪製。以筆者鑽研圖學多年，以及集合多年的教學經驗，希望以標準、正確、美觀的圖及清晰易懂的內容來介紹圖學，希望對各位有所助益。

　　編著本書，筆者力求內容及圖例詳實正確，但難免有疏漏之處，還請各位先進能不吝批評指正，再版時當盡力修正不甚感激。

王照明　謹識於大同大學機械系

編 輯 部 序

　　「系統編輯」是我們的編輯方針，我們所提供給您的，絕不只是一本書，而是關於這門學問的所有知識，它們由淺入深，循序漸進。

　　本書作者鑽研圖學多年，整合累積多年的教學經驗編寫此書。全書中圖例採用最新 CNS 標準，配合 AutoCAD 來繪製工程圖，希望以最美觀的圖及簡明清晰的內容來解說圖學，相信對初學者會有所助益。因此，除介紹基本的製圖外，同時配合 AutoCAD 指令來繪製工程圖，再加上範例磁片供讀者練習。適合大學及技術學院機械科系「圖學」課程之最佳教本。

　　同時，為了使您能有系統且循序漸進研習相關方面的叢書，我們以流程圖方式，列出各有關圖書的閱讀順序，以減少您研習此門學問的摸索時間，並能對這門學問有完整的知識。若您在這方面有任何問題，歡迎來函連繫，我們將竭誠為您服務。

相關叢書介紹

書號：01036
書名：機械設計製圖便覽
日譯：王建義、張晏誠

書號：04H24
書名：電腦輔助繪圖實習 AutoCAD 2022
編著：許中原

書號：06298
書名：乙級檢定學術科完全攻略－電腦輔助機械設計製圖（附參考解答、學科測驗卷）
編著：Win Cad 工作室、魏義峰、李維華

書號：038577
書名：機械設計製造手冊(精裝本)
編著：朱鳳傳、康鳳梅、黃泰翔、施議訓、劉紀嘉、許榮添、簡慶郎、詹世良

書號：06430
書名：電腦輔助繪圖 AutoCAD 2020（附範例光碟）
編著：王雪娥、陳進煌

書號：04907
書名：丙級電腦輔助機械設計製圖學術科試題精要(附學科測驗卷、術科測試參考資料、範例光碟)
編著：圖研社

書號：06477
書名：循序學習 AutoCAD 2020
編著：康鳳梅、許榮添、詹世良

流程圖

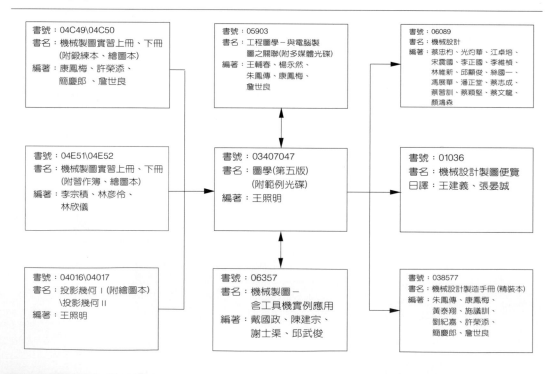

書號：04C49\04C50
書名：機械製圖實習上冊、下冊（附鍛練本、繪圖本）
編著：康鳳梅、許榮添、簡慶郎、詹世良

書號：05903
書名：工程圖學－與電腦製圖之關聯(附多媒體光碟)
編著：王輔春、楊永然、朱鳳傳、康鳳梅、詹世良

書號：06089
書名：機械設計
編著：蔡忠杓、光灼華、江卓培、宋震國、李正國、李維楨、林維新、邱顯俊、絲國一、馮展華、潘正堂、蔡志成、蔡習訓、蔡穎堅、蔡文龍、顏鴻森

書號：04E51\04E52
書名：機械製圖實習上冊、下冊（附習作簿、繪圖本）
編著：李宗積、林彥伶、林欣儀

書號：03407047
書名：圖學(第五版)（附範例光碟）
編著：王照明

書號：01036
書名：機械設計製圖便覽
日譯：王建義、張晏誠

書號：04016\04017
書名：投影幾何 I（附繪圖本）\投影幾何 II
編著：王照明

書號：06357
書名：機械製圖－含工具機實例應用
編著：戴國政、陳建宗、謝士渠、邱武俊

書號：038577
書名：機械設計製造手冊(精裝本)
編著：朱鳳傳、康鳳梅、黃泰翔、施議訓、劉紀嘉、許榮添、簡慶郎、詹世良

目　　　　錄

第 6 章　正投影 6-1

第 7 章　剖視圖 7-1

第 8 章　輔助視圖 8-1

第 13 章　徒手畫 13-1

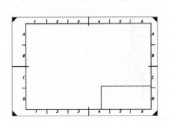

概　論

1.1　概說

　　圖是人類最早的文字，古老的人類以圖形代替文字，是最原始也是最方便的方法。中國在清光緒 25 年，也就是西元 1899 年，由劉鶚先生在機緣巧合之下，核對藥方時，在龜板上發現中國古老的文字『甲骨文』。中國文字由象形、會意、形聲、轉注及假借所形成，其中象形字乃由原始的圖形慢慢演化而成現在的文字，如圖 1.1 所示，"月"字乃由天上月亮的圖形演變而成，"羊"字則由畫羊之圖形演變而成。

圖 1.1　圖形演變成文字

　　圖與人類之關係，又如先進的個人電腦科技產品，其應用軟體之操作方式，則由原先的 DOS 系統環境，以輸入文字的方式來執行程式，慢慢演變成 Windows 系統環境，以移動滑鼠選按圖像的輸入方式來執行，如圖 1.2 所示，圖像的選按可排除各國間文字上的障礙，直接以圖取代文字的溝通。圖與人類從古至今關係密切，現代之工程設計與製造，亦必須由圖的繪製，來表達目的物的形狀、大小、及特徵，稱為工程圖，工程圖的繪製有一定方法及規則，本書『圖學』(Graphic Science)所介紹之章節即闡述有關工程設計製圖之內容，以及所需的知識與技能。

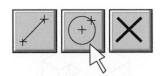

圖 1.2　滑鼠按圖像操作

1.2　圖學語言

語言是區分國家的特徵之一，國家爲一群眾結合的團體，但是生活在同一領土上，擁有相近的血統文化，也常因領域的廣大，文化習俗的差異，而孳衍出各種區域性的方言以及相異的腔調。故世界上語言之種類不下二、三百種之多，稱爲文字語言(Word Language)。由於這種傳統文字語言的不同，造成了國與國、地區與地區之間無法相互溝通了解，甚至妨礙了文化、科技等的交流及國家的發展。

一種以圖形線條和文字說明，正確且清晰的描述一目的物的形狀及其特徵的表達方式，稱爲圖學語言(Graphics Language)。它與文字語言最大的不同爲：

(a) 只能閱讀不能講誦：因爲圖學語言是由不同式樣的線條組合，以及加上少許的文字註解的方式來表達。這種特性使它不需借助語言及音調，又可掃除文字語言不同時所產生的障礙，而成爲世界各國皆可接受共通的語言。

(b) 無法表達情感及抽象的感受：因爲圖學語言只能閱讀不能講誦，主要以圖形的方式表達。所以它能具體而精確的將一複雜形狀的物體或結構，按照某種的投影(Projection)方式，予以正確、清晰的表現。

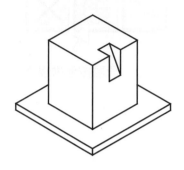

圖 1.3　試著以文字的方式描述

(c) 文字語言很難形容者：如圖 1.3 所示，可試著以文字語言的方式，
描述該物體。將發現很難以文字方式說明之，甚至根本無法做到。
故圖學語言乃為工程界對一目的物的形狀，大小及特徵傳達的主要
方式，也是工程設計繪圖人員與生產製造施工人員之間，對一目的
物意見溝通的媒介。因此圖學語言又稱為工程界的世界語
(Esperanto)。

1.3　圖學要素

　　工程圖(Engineering Drawing)係由各種不同式樣及粗細不等的線
條繪製成的畫面，加上尺度標註及文字的註解所組合而成。利用投影
的原理，將一目的物的外形輪廓線，包括可見與不可見者，按照規定
的線條及比例畫成圖形，即成為投影之視圖(View)。於視圖上再填註
各種資料，如尺度標註之數字、符號及註解等。即可對一目的物之形
態做完整的描述，包括形狀、大小、特徵及相互關係等。如圖 1.4 所
示，工程圖乃由線條與文字，按投影的方法及工程製圖標準的規定來
繪製，且此二者幾乎為構成圖面的全部，故線法與字法被稱為圖學的
要素。初學者亦必須由此二者開始練習。有關線法與字法的詳細介紹
請參閱第四章。

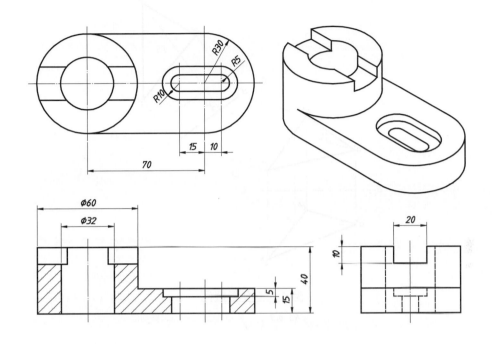

圖 1.4　工程圖(平面圖及立體圖)

1.4　圖學內容

　　圖學(Graphic Science)的內容大約可區分為三大類，即投影幾何 (Descriptive Geometry)，工程製圖(Engineering Drawing)及圖表畫法 (Representation of Diagrams)等。茲說明如下：

(a) 投影幾何：將研討點、線、面及體等，在三度空間的位置及其相互 的關係，並將這種現象以投影的方式表現在平面上。如圖 1.5 所示， 其目的為訓練初學者三度空間的想像能力。

(b) 工程製圖：以投影的方式描述物體的特徵，包括形狀、大小及註解 等。如圖 1.6 所示，被廣用於工業界，是一門非常實用之科學。

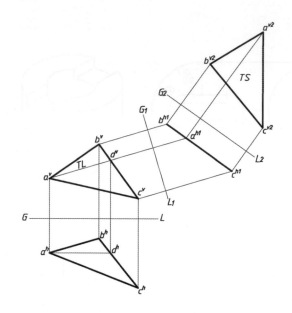

圖 1.5 投影幾何

$\sqrt{\dfrac{Ra\ 6.3}{}}$ ($\sqrt{}$)

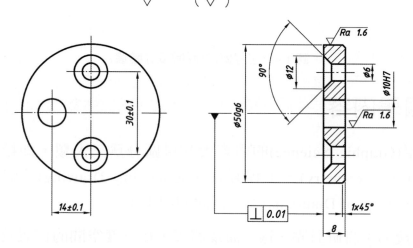

圖 1.6 工程圖

(c) 圖表畫法：是根據統計數字繪出簡易的圖表來表達某種狀態，讓人能一目了然，非以投影的方式繪圖，較易學習，如圖 1.7 所示。

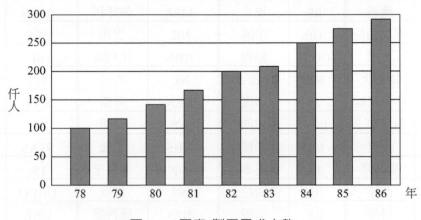

圖 1.7　圖表(製圖需求人數)

1.5　工程製圖標準

　　圖學語言以投影原理之線條圖形代替聲音，故無國界之分，全世界皆通用。但有關線條式樣、數字、符號及文字等資料的加註方法，各國則不盡相同。每個國家根據自己的國情及習慣用法，制訂出適合自己工業界所用的工程製圖標準。如表 1-1 所示爲各國之國家標準代號。我國於民國 21 年設立經濟部中央標準局，其所制訂之標準稱爲中華民國國家標準(Chinese National Standards)，簡稱 CNS。

　　CNS 標準中之工程製圖，總號爲 CNS3，類號爲 B1001，名稱爲"工程製圖"，其內容係部份參考國際標準化組織(International Standardization Organization)，簡稱 ISO，之有關建議所制訂。CNS 工程製圖標準內容共分成 16 個部份，如表 1-2 所示。其詳細之內容

表 1-1　各國國家標準代號

代　號	國　家	代　號	國　家	代　號	國　家	代　號	國　家
ANSI	美國	ES.	依索比亞	MS.	馬來西亞	PS.	巴基斯坦
AS	澳洲	ES.	埃及	MSZ	匈牙利	SABS	南非
BDS	保加利亞	GB	中國	NB.	巴西	SFS	芬蘭
BS	英國	GOST	蘇聯	NBN	比利時	SI	以色列
CAN.	加拿大	IOS	伊拉克	NC	古巴	SIS	瑞典
CNS	中華民國	IS	印度	NEN	荷蘭	SNV	瑞士
C.S.	斯里蘭卡	ISIRI	伊朗	NF	法國	SS.	新加坡
CSN	捷克	**ISO**	國際標準	NHS	希臘	STAS	羅馬尼亞
DGN	墨西哥	JIS	日本	NP	葡萄牙	TS.	土耳其
DIN	西德	JUS	南斯拉夫	NS	挪威	UNCO	哥倫比亞
DS.	丹麥	KS.	南韓	NZS	紐西蘭	UNE	西班牙
EN.	歐洲地區	L.S.	黎巴嫩	PN.	波蘭	UNI	義大利

表 1-2　CNS 工程製圖標準內容

總　號	類　　號	名　　　　稱
CNS 3	B1001	工程製圖〔一般準則〕
CNS 3-1	B1001-1	工程製圖〔尺度標註〕
CNS 3-2	B1001-2	工程製圖〔機械元件習用表示法〕
CNS 3-3	B1001-3	工程製圖〔表面符號〕
CNS 3-4	B1001-4	工程製圖〔幾何公差〕
CNS 3-5	B1001-5	工程製圖〔鉚接符號〕
CNS 3-6	B1001-6	工程製圖〔銲接符號〕
CNS 3-7	B1001-7	工程製圖〔鋼架結構圖〕
CNS 3-8	B1001-8	工程製圖〔管路製圖〕
CNS 3-9	B1001-9	工程製圖〔液壓系氣壓系製圖符號〕
CNS 3-10	B1001-10	工程製圖〔電機電子製圖符號〕
CNS 3-11	B1001-11	工程製圖〔圖表畫法〕
CNS 3-12	B1001-12	工程製圖〔幾何公差-最大實體原則〕
CNS 3-13	B1001-13	工程製圖〔幾何公差-位置度公差之標註〕
CNS 3-14	B1001-14	工程製圖〔幾何公差-基準及基準系統之標註〕
CNS 3-15	B1001-15	工程製圖〔幾何公差-符號之比例及尺度〕

全文請參考由經濟部中央標準局所發行之"CNS 工程製圖標準"。本書所介紹之內容及所繪製之圖形完全與 CNS 所規定一致。

1.6 圖紙大小

圖紙有兩種,一為常見之 120 磅或 150 磅平光的道林紙,稱為製圖紙(Drawing Paper)。另一種為半透明之薄紙,稱為描圖紙(Tracing Paper)。標準畫法是用鉛筆先將草稿圖繪製在製圖紙上,再以描圖紙覆蓋其上,然後上墨描繪正式之圖面。然現代為了節省時間,皆直接用鉛筆將草稿圖繪製在描圖紙上,然後在描圖紙上直接上墨。大部份更以電腦製圖取代手繪,並可直接用描圖紙出圖。圖面繪製在描圖紙上之目的乃為了晒製藍圖(Blue-print),因為以描圖紙繪製之設計原圖(Original Drawing)通常保存在原部門,而以原圖晒製的藍圖出圖,藍圖需經核准後,才可送交生產製造部門或協力單位承製。

製圖用紙的大小有一定之規定,以方便於藍圖的複製和圖面的整理與保存。從事製圖工作者應熟記各種圖紙大小之尺度,以便能正確的裁製或選用。

標準圖紙的尺度,有兩種不同的系列,A 系列及 B 系列尺度,其寬長比值一律為 $1:\sqrt{2}$。某圖紙設短邊為 x,長邊為 y 時,x:y 即為 $1:\sqrt{2}$,則 $y=\sqrt{2}\,x$,如圖 1.8 所示。設 $\sqrt{2}$ 比之目的乃為了當由長邊 y 將紙張切成相等的兩小張時,小張紙的寬長比值恆為 $1:\sqrt{2}$。

按 CNS 之規定製圖用紙乃採 A 系列之尺度。最大 A0 的面積約為 $1M^2$,B0 則約為 $1.5M^2$。當長邊為短邊的 $\sqrt{2}$ 倍時,則得 A0 之大小為 841×1189mm。A1 的面積為 A0 之一半,其大小約為 594×841mm。A2 為 A1 的一半,A3 為 A2 的一半,餘類推,如表 1-3 所示。

表 1-3　A,B 系列圖紙　　　　mm

編　號	A 系 列	B 系 列
0	841 x 1189	1030 x 1456
1	594 x 841	728 x 1030
2	420 x 594	515 x 728
3	297 x 420	364 x 515
4	210 x 297	257 x 364

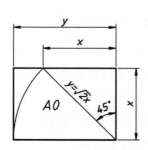 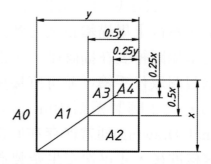

圖 1.8　標準圖紙尺度的比例關係

　　如須採用較 A0 更大的圖紙時，按 CNS 之規定，其大小應依 A0 之二倍(1189×1682mm)，需較標準大小(A0 至 A3)更狹長的圖紙時，可延伸標準圖紙之長邊成狹長格式，如圖 1.9 所示。延伸後長邊尺度分為裝訂式與不裝訂式兩種，依摺圖法區分，如表 1-4 所示。

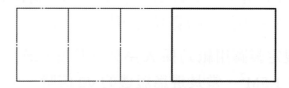

圖 1.9　狹長格式之圖紙

表 1-4　圖紙延伸後之長度　　　　　　　　　CNS3

A0 長邊	裝訂式	1320	1690	2060	2430	...即總長=370 的倍數遞增+210
(1189)	不裝訂式	1486	1783	2080	2377	...即總長=297 的倍數遞增
A1 長邊	裝訂式	950	1320	1690	2060	...即總長=370 的倍數遞增+210
(841)	不裝訂式	1051	1261	1471	1681	...即總長=210 的倍數遞增
A2 長邊	裝訂式	950	1320	1690	2060	...即總長=370 的倍數遞增+210
(594)	不裝訂式	891	1188	1485	1782	...即總長=297 的倍數遞增
A3 長邊	裝訂式	580	950	1320	1690	...即總長=370 的倍數遞增+210
(420)	不裝訂式	630	840	1050	1260	...即總長=210 的倍數遞增

mm

1.7　圖框

　　視圖必須繪製於圖框內，不可超出並均勻分佈於圖框內，為使圖面在複製藍圖時能夠正確定位及摺疊裝訂成冊後易於查閱，圖紙在使用之前應事先畫好或印妥圖框及標題欄。有關圖框距紙邊之尺度在 CNS 標準中有詳細規定，分為不裝訂式與裝訂式兩種，不裝訂式四邊皆相同；裝訂式其左邊即裝訂邊恆為 25mm，如圖 1.10 及表 1-5 所示，為 CNS 標準中圖框與紙邊距離之規定。

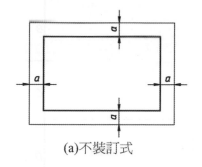
(a)不裝訂式

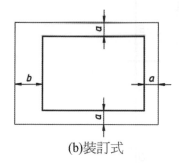
(b)裝訂式

圖 1.10　圖框與紙邊距離

表 1-5 圖框與紙邊距離 CNS3

圖紙大小	A0	A1	A2	A3	A4
a(最小)	15	15	15	10	10
b(最小)			25		

mm

　　圖框可進一步的加註分區符號、中心記號、圖紙邊緣記號及比例參考尺度等資料，按 CNS 標準之規定說明如下：

(a) **圖面之分區**：為使圖面之內容易於搜尋，可於圖框之外圍作偶數等分刻劃分區，各刻劃之間距約為 25～75mm，分區之刻畫線為粗實線，分區符號的縱向以大寫拉丁字母由上而下記入，橫向則以阿拉伯數字由左而右記入，分區符號寫於兩刻劃線之中央並緊鄰圖框線，字高參閱表 4-5 所示。(圖 1.11 及圖 1.12)

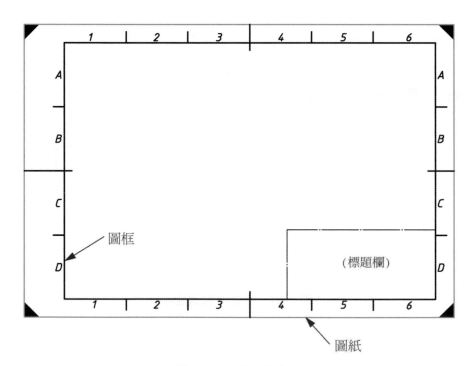

圖 1.11 圖面之分區

(b) 圖紙中心記號：為使圖面在複製或微縮片製作時能準確定位，可於圖紙之四邊繪製中心記號，中心記號可將刻畫線向圖框內延伸約 5mm。(圖 1.11 及圖 1.12)

(c) 圖紙邊緣記號：為使圖面在曬製藍圖及裁切時容易，可於圖紙之四個角落繪製圖紙邊緣記號，此記號有兩種畫法，可為塗黑之實三角，邊長約 10mm，如圖 1.11 所示；或為兩直交之短粗線，線粗約 2mm，線長約 10mm，如圖 1.12 所示。

(d) 比例參考尺度：為使圖面在縮小複製時，易於明瞭尺度之比例，可於圖紙下方之圖框外緣，圖紙中心記號之兩側，繪製比例參考尺度，如圖 1.13 所示，以粗實線繪製，最少長 100mm，寬約 5mm，每 10mm 一格，右左對稱。

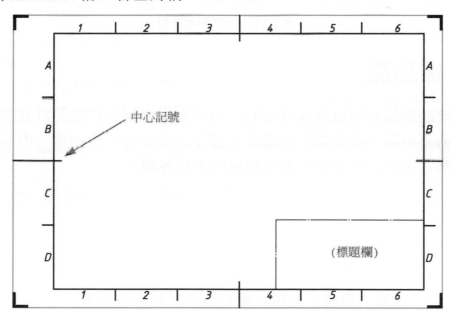

圖 1.12　圖紙中心記號

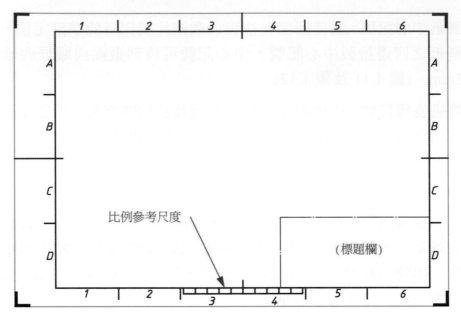

圖 1.13　比例參考尺度

1.8　標題欄

　　標題欄必須放置在圖框之右下角,以配合圖紙摺疊裝訂成冊後便
於管理及查閱。標題欄之右邊及下邊即為圖框線。標題欄之內容因使
用機關之不同稍有差別,通常均包括下列各項:

1.圖名。

2.圖號。

3.機構(學校)名稱。

4.設計、繪圖、描圖、校核、審定等人員姓名及日期。

5.投影法(或以符號取代)。

6.比例。

7.材料。

8.單位。

　　以上之圖號項目，則習慣放置於標題欄內之最右下角位置，因查閱時皆以圖號爲對象。若以電腦繪製之圖面，最好加上電腦之檔名以方便於叫圖；若爲學校學生作業練習時則必須加上學生班級、座號、姓名、教師及得分等項目。另外若畫組合圖時，習慣在標題欄連接之上方，加上零件表，零件表項目通常包括下列各項：

1.件號。

2.圖名。

3.圖號。

4.數量。

5.材料。

6.備註(或規格)。

　　以上圖號之項目，若遇標準機件，如螺帽、墊圈等爲市購品，則可省略，但必須在備註欄填入規格代號。有關公司行號及學校單位所使用之標題欄範例，分別如圖 1.14 及圖 1.15 所示，可做爲參考使用。

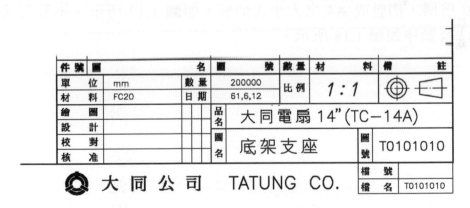

圖 1.14　公司行號標題欄範例

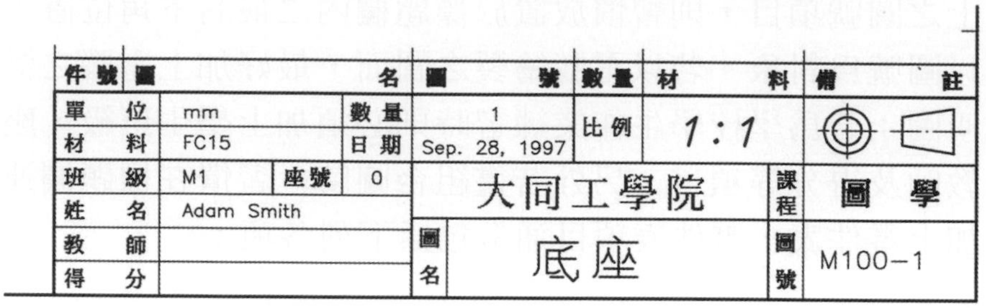

件 號 圖			名 圖	號 數 量		材	料 備		註
單 位	mm		數 量	1	比 例		*1:1*	⊕	⬠
材 料	FC15		日 期	Sep. 28, 1997					
班 級	M1	座 號	0	大同工學院			課 程	圖 學	
姓 名	Adam Smith								
教 師			圖	底 座			圖	M100-1	
得 分			名				號		

圖 1.15　學校單位標題欄範例

1.9　圖紙摺疊

　　為了便於將整套的設計圖裝訂歸檔以利於管理，通常以 A4 直放為基準，將大於 A4 之圖面，即從 A3 至 A0 之圖面，皆摺疊成 A4 之大小，以便置於文書卷宗中或裝訂成冊保存。圖面摺疊必須使標題欄顯示在最上面，以便於查閱。在 CNS 標準中有詳細的規定各大小圖面的摺疊方法，分為裝訂式與不裝訂式兩種，裝訂式摺疊方法及順序，如圖 1.16 所示，圖中以中心線表示摺線，其旁之數字則為摺疊之順序。以 A0 為例，摺疊成 A4 之大小之情形，如圖 1.17 所示。不裝訂式摺疊方法及順序如圖 1.18 所示。

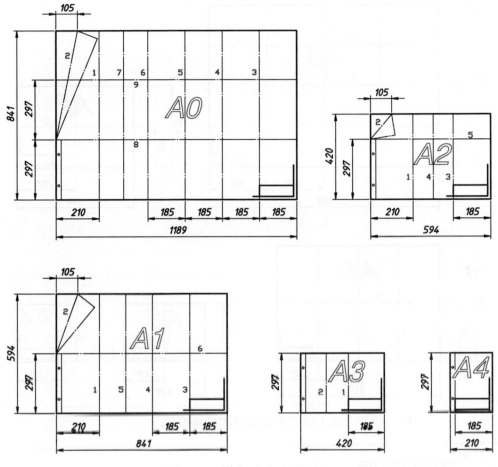

圖 1.16　裝訂式圖紙摺疊法

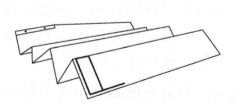 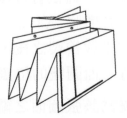

圖 1.17　A0 摺疊成 A4 情形

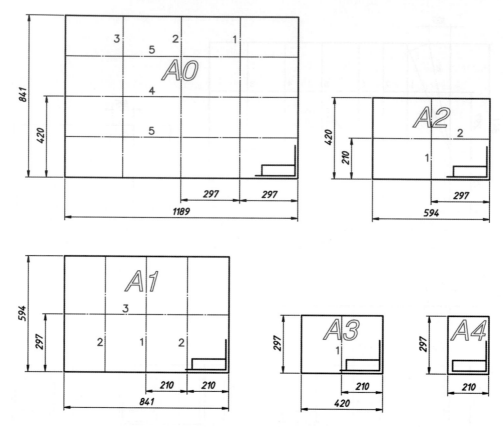

圖 1.18　不裝訂式圖紙摺疊法

1.10　圖面管理

　　無論大小圖紙皆可採用直放或橫放繪製，但為了配合圖面之摺疊法，通常習慣將 A4 之圖紙直放繪製，其餘則皆橫放繪製。當決定圖紙直放或橫放繪製之後，如上節所述，標題欄通常必須畫在圖紙右下角之位置，而圖號的位置則規劃在標題欄的右下角。

　　圖號為該張圖面之編號，在同一事業或機關之中必須是唯一的，不可重覆，通常可依單位別及產品別編列。件號則只在零件表，即組合圖中才需編列，組合圖中出現多少不同零件，就應該有多少個件號。通常以產品別為主，可考慮將件號由 1 號編起，同一產品之中相同之零件，其件號應相同。另外若一張圖紙中繪製多個零件圖或學校學生練習製圖之作業，亦必須將零件編號，並加畫零件表及填寫資料。在工業界之設計圖面，習慣一個零件繪製於一張圖紙上，此時不需加畫零件表。如圖 1.19 所示，標題欄之最上一排，有件號、圖名、圖號、數量、材料及備註等者，為繪製多個零件圖或組合圖時所用的零件表，無需理會，不用時可不必繪製。初學者容易將件號與圖號混淆使用，須特別注意。

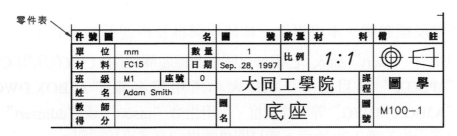

圖 1.19　標題欄與零件表

1.11　AutoCAD 電腦輔助製圖

　　本書中將以目前國內外較普遍的電腦繪圖軟體 AutoCAD，在各章節中配合其內容介紹如何操作指令來繪製工程圖。本章中所提到之有關各項概論主題，如圖紙大小及圖框標題欄等之電腦指令操作，茲分別說明如下：

(a) 圖紙大小：AutoCAD 內建預設之圖紙大小為 A3(420x297)。可用指令"limits"設定圖紙的尺度，若為 A2 大小時，可設左下角為"0,0"，右上角為"594,420"(x,y 橫放)。再用指令"zoom"及"a"即可將畫面放大至 A2 尺度。在此仍必須提醒在出圖時須注意將單位設成公制(mm)以及您的繪圖機或印表機是否接通以及可否出 A2 大小之紙張。AutoCAD 操作設定 A2 圖紙的詳細過程如下所示：

```
指令: limits
重設　模型空間　圖面範圍:
指定左下角或 [打開(ON)/關閉(OFF)] <0.0000,0.0000>: 0,0
指定右上角　<420.0000,297.0000>: 594,420
```

```
指令: zoom
指定窗選角點, 輸入比例係數 (nX 或 nXP), 或
[全部 (A)/中心點 (C)/動態 (D)/實際範圍 (E)/前次 (P)/比例 (S)/窗選
(W)] <即時>: a
正在重生模型.
```

(b) 圖框及標題欄：本書提供三種使用圖框及標題欄的方式：

　1.以指令"insert"插入：已畫好之圖框及標題欄範例，已放在所附 CD 片之
　　"\PBOX"的目錄下，A3 大小所用檔名為"A3BOX.DWG"或
　　"A3BOX1.DWG"等，餘類推。可用指令"insert"或"ddinsert"插入，
　　詳細過程如圖 1.20 所示。或以開舊圖檔的方式直接呼叫。

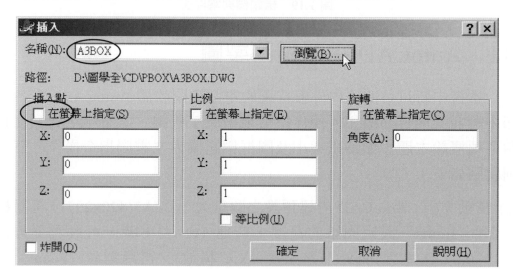

圖 1.20　插入對話框

　2.開啓樣板檔：樣板(Template)檔內已包括圖層、顏色及尺度標註等之各種
　　規劃，適合 AutoCAD 熟練者使用，樣板檔副檔名為(*.dwt)。已放在所附
　　CD 片之"\dwt"的目錄下，A3 大小所用檔名為"ISO_A3_1.DWT"或
　　"ISO_A3_1P.DWT"等，餘類推。樣板檔可複製至電腦中硬碟 AutoCAD
　　載入程式的資料夾"Template"內，即可被自動顯示。有些版本因權限設
　　計關係，樣板檔已設定至別處，如 AutoCAD 2004、2007 及 2009 等，請
　　用軟體本身說明找樣板檔位置。

3. NuCAD：爲作者所寫之 AutoCAD 外掛式軟體，程式附在書後 CD 片中，免費使用。安裝後會多一排 NuCAD 的功能表及工具列，如圖 1.21 所示。其中 "Sheet and Title Block(圖框及標題欄)" 的功能，可自動設定各種大小圖紙及各類標題欄。

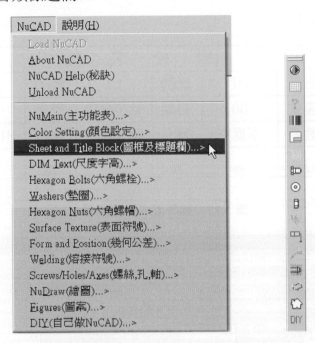

圖 1.21　NuCAD 圖框及標題欄

(c) 繪製圖框：以畫直線指令 "_line"，以直接輸入座標方式繪製圖框。例如繪製 ISO 標準 A3(420x297mm)有裝訂邊的圖框，左側裝訂邊內移 25mm，上、下及右側各內移 10mm。AutoCAD 操作繪製 A3 圖框的詳細過程如下所示：

```
指令: _line
指定第一點: 25,10
指定下一點或 [復原(U)]: 410,10
指定下一點或 [復原(U)]: 410,287
指定下一點或 [閉合(C)/復原(U)]: 25,287
指定下一點或 [閉合(C)/復原(U)]: c
指令:
```

(d) 繪製標題欄：以繪製表格方法，在圖框右下角繪製簡單型式之標題
欄，如圖 1.22 所示。其尺度皆為 10 之倍數，可考慮由功能表之 工
具(T) 然後選 製圖設定(S) ，設定 "格點" 為 10、"鎖點" 為 10，
如圖 1.23 所示。以及開啟 "格點"、"鎖點" 及 "極座標" 功能，
如圖 1.24 所示。

	(學　校　名　稱)				
班級	M1	比例	1:1	教師	XXX
座號	00	日期	98/04/12	得分	
姓名	李麥克	圖名	圖框練習	圖號	M100-01

（左側尺度：10、10、10、10；下方尺度：20、30、20、30、20、30）

圖 1.22　簡單型式之標題欄

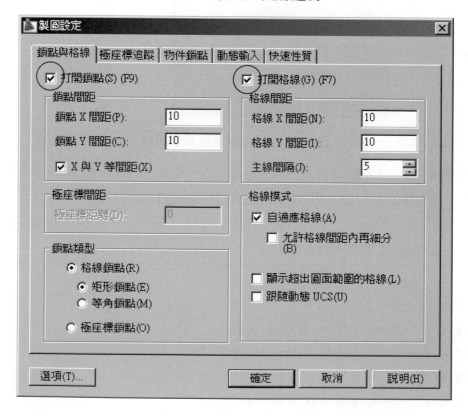

圖 1.23　製圖設定對話框

(a)AutoCAD 2007

(b)AutoCAD 2009

圖 1.24　開啓格點、鎖點及極座標功能

(e) 寫文字：在方框的正中位置寫文字，輸入指令 _mtext 或按 A，點
方框的對角兩點，開啓"文字格式化"對話框，如圖 1.25 所示。
字高為 4mm，字型選拉丁文時須含中文大字體 chineset，才能顯示
中文字。

(a)AutoCAD 2007

(b)AutoCAD 2009

圖 1.25　文字格式化對話框

(f) 電腦檔名：可考慮將圖號當做圖檔之名稱，以方便叫圖。

❖ 習　　題　　一 ❖

1. 圖學內容分為那三部份？

2. 何謂圖學語言？

3. 為何制訂工程製圖國家標準，其目的為何？

4. CNS，ISO，GB，JIS，ANSI，DIN，BS 分別為什麼簡寫？

5. 請寫出 A0 至 A4 圖紙之大小及裝訂式圖框大小。

6. 標題欄與零件表有何區別？

7. 件號與圖號有何不同？

8. 畫 A3 圖框及標題欄，如下(免標尺度)。

(25,287)　　　　　　　　　　　　　　　　　　　　　　　　　　(410,287)

	(學　校　名　稱)				
班級	M1	比例	1:1	教師	XXX
座號	00	日期	98/04/12	得分	
姓名	李麥克	圖名	圖框練習	圖號	M100-01
20	30	20	30	20	30

10 / 10 / 10 / 10

(25,10)　　　　　　　　　　　　　　　　　　　　　　　　　　(410,10)

電腦製圖

2.1　圖學電腦化

2.2　AutoCAD 應用

2.3　CD 內容

2.4　AutoCAD 視窗

2.5　AutoCAD 指令

2.6　電腦製圖注意事項

2.7　NuCAD 2000

2.1　圖學電腦化

　　由於科技的進步，電腦已被廣泛的應用在各行各業之中，電腦教學也已深入至國小階段。因此工程圖，在眾多場合也改成以個人電腦繪製，稱為電腦輔助設計製圖(Computer-Aided Design Drafting)，簡稱 CADD，在本書中特以『**電腦製圖**』稱之，以區別於電腦繪圖(Computer Graphics)。雖然傳統的儀器繪製與先進之電腦製圖，所花的時間是差不多的。但是電腦製圖有很多優點，例如：(1)可將圖面保存在電腦檔案之中，隨時叫出並做修改及列印。(2)所印出之圖應比一般傳統儀器繪製的圖美觀。(3)圖檔資料可更進一步的延伸為電腦輔助設計(Computer-Aided Design)，簡稱 CAD，以及轉換 NC 碼做為電腦輔助製造(Computer-Aided Manufacture)，簡稱 CAM 之應用上。以及延伸為電腦輔助工程(Computer-Aided Engineering)做更進一步的模擬與分析之用，簡稱 CAE。所以目前的工業界大部份都改以電腦來繪製工程圖了。

　　雖然電腦製圖的優點很多，但對初學者來說則必須學習有關電腦硬體的使用以及軟體的操作，一般來說這是另一門科學，因此要學習的就更多了。電腦製圖只是取代傳統的以手使用儀器繪製而已，在圖學中仍有很多知識與技能是無法以電腦取代的。如實物測繪中之徒手畫、各種投影方法、投影幾何之三度空間訓練、剖面方法、尺度之標注原則、及公差配合設計等。雖然有極少部分的幾何畫法，像正多邊形、橢圓、及線段等分等，可用電腦軟體指令的操作直接畫出，但仍有很多有關圖學的投影方法與視圖的表達技巧是無法以電腦取代的。『一個很會打字的人，不一定能寫出好的文章』，為工程製圖電腦化的最好寫照。

2.2　AutoCAD 應用

　　本書將以目前國內外較普遍的電腦繪圖軟體 AutoCAD，介紹如何操作指令來繪製工程圖。AutoCAD 為美國 Autodesk 公司的註冊商標及產品。在書中的每一個章節中，只要可以使用電腦繪製時，將會介紹如何以電腦來繪製的過程。希望藉此能使初學者在學習圖學過程的同時，亦可很實際的學習到 AutoCAD 的指令操作及應用。若想對AutoCAD 指令及其他功能更進一步的了解，則必須另找專門介紹AutoCAD 的書籍。希望這樣的安排能讓初學者學到工程圖學以儀器繪製及電腦繪製的雙重效果，以配合時代的潮流及工業界的實際需要。

　　AutoCAD 為國內外頗富知名的電腦繪圖軟體，其設計之主要目的為工程設計及繪圖之用。從 1982 年 12 月推出的初版，版本1.0(Release 1) 至今，不過二十幾年間，已發展至 2009 版，甚至已轉向 3D 為主之 AMD、MDT 及 AIP(Autodesk Inventor Professional)，其功能之增強亦不在話下。其他在電腦硬體方面也由早期的 8086 中央處理器(Central Processor Unit)，簡稱 CPU。發展至現在的奔騰處理器(Pentium Processor)，至二核心甚至四核心的處理器，其處理資料之速度，也是一日千里。還有其他電腦週邊設備方面的改進，亦是相當的迅速。

2.3　CD 內容

　　為了讓初學者能更容易及順利的使用 AutoCAD 繪圖，在本書之後附有一張 CD 片，存有 2000 版之各種實用的圖檔。其應用範圍為2000 版至 2009 版皆可。圖檔呼叫時請注意，除了 R11 與 R12 之圖檔相通外，一般新版軟體可呼叫舊版的圖檔，舊的軟體則無法呼叫新版所存的圖檔。AutoCAD 在存檔時，可在存檔類型中選較早期的版本或其他檔案類型，如 *.dwt 及 *.dxf 等。使用前請參考圖檔

"ReadMe.dwg" 的說明，以下所列爲所附 CD 片的內容：

(a) 以 CNS 標準之尺度標註形式規劃的工作底稿圖檔。存放在 "\CNS" 的目錄下，包含 A4 至 A0 大小的圖紙設定，以及層 (Layer)、顏色、線條式樣(Linetype)等之規劃。

(b) 學生用之圖框及標題欄範例。存放在 "\PBOX" 的目錄下，包括 A4 至 A0 的大小，可在圖畫好之後再以指令 "insert" 或 "ddinsert" 插入。

(c) 指令練習圖檔。內容爲繪製 2D 工程製圖所需的常用指令，存放在 "\TUTOR" 的目錄下，以指令的名稱爲圖檔的名稱。如 "trim" 指令之練習圖檔爲 "trim.dwg"。

(d) 習題練習圖檔。存放在 "\EX" 的目錄下，按章節題號爲圖檔名稱。

(e) 一些有用的聚合模組(Block)。存放在 "\BLOCK" 的目錄下。

(f) CNS 標準的工程字型。檔名爲 "CNS.shx" 或 "isocp.shx"。

(g) CNS 標準的線條式樣。檔名爲 "CNS.lin"，包括中心線及虛線，其線條式樣名稱分別爲中心線 "CNS_Center"、假想線 "CNS_Phantom"以及虛線 "CNS_Hidden"。

(h) CNS 標準工程製圖出圖時的線寬及顏色說明圖檔。檔名爲 "PLOTTER.dwg"。介紹層的規劃、顏色之選用，以及出圖時統一規劃線寬或筆號，配合前面(a)及(b)項之使用，以印出 CNS 標準的工程圖。

(i) NuCAD：爲作者所開發設計及免費提供外掛式之 2D 自動繪圖系統，可精確及快速繪圖，非常方便。安裝時須先由 工具(T) 及 選項(P) 中增加 "支援檔搜尋路徑" 及增加 "指定主自訂檔的位置"。再由 工具(T) 及 自訂(C) 及 介面(I) 中，載入局部自訂檔 "nu2000.cui" 即可使用。解安裝時則依相反動作。

2.4　AutoCAD 視窗

當啟動 AutoCAD 時，AutoCAD 的主視窗即會開啟，常用的 AutoCAD 2007 及最新版的 AutoCAD 2009，分別如圖 2.1 及圖 2.2 所示，圖中工具列部份可以增加及移動，可能與您的 AutoCAD 稍有不同，繪圖區為設計繪圖工作的空間，NuCAD 功能表及工具列則必須加裝外掛式 NuCAD 2000 程式，可在書後所附 CD 片中找到。

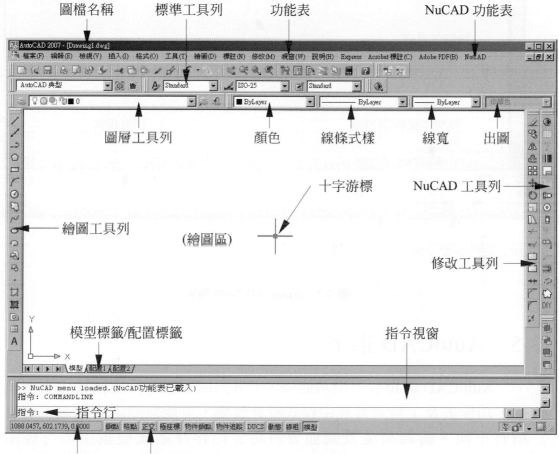

圖 2.1　AutoCAD 2007 視窗

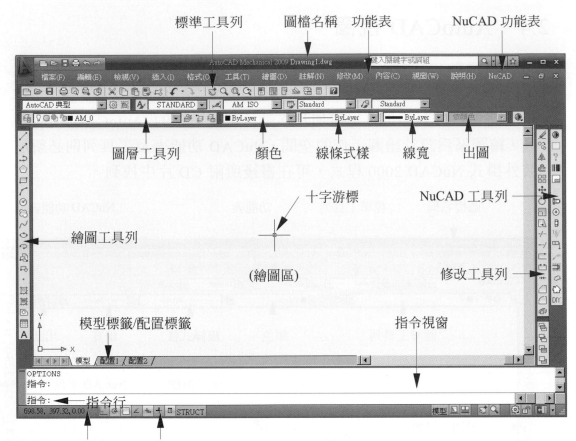

圖 2.2　AutoCAD 2009 視窗

2.5　AutoCAD 指令

AutoCAD 的指令可由功能表、工具列或在指令行直接輸入指令執行，功能表及工具列可經由程式設計改變，可能您到處看到之畫面會稍有不同。繪圖環境及圖面資料將會儲存在系統變數中，可經由 "setvar" 指令修改系統變數，進而改變環境及圖形資料。

指令的使用方法將在後面各章節中有用到時再介紹，詳盡指令及系統變數之使用，請參閱功能表列中的「說明」或其他專門介紹 AutoCAD 的書籍。

2.6　電腦製圖注意事項

　　以 AutoCAD 繪製工程圖時，剛開始有很多的系統環境規劃須先做好，否則繪出之圖面與 CNS 標準不符合，將造成不理想甚至錯誤的表示方法。例如公制單位設定、圖紙大小設定、尺度標註形式設定、線條式樣設定、顏色及層之設定等等。請參考使用所附磁片之 "\CNS" 的目錄下的工作底稿圖檔，由 A0 至 A4.DWG。

　　詳細的系統環境規劃請參閱其他專門介紹 AutoCAD 的書籍。另外在繪製工程圖時必須注意之事項，茲分別說明如下：

(a) 請使用合法的 AutoCAD 軟體。

(b) 圖形之尺度必須確實依實際大小或比例繪製。

(c) 不同粗細的線條請以不同顏色繪製，出圖時才能方便設定其粗細。

(d) 不同特性的圖元請規劃不同圖層繪製，如尺度標註，中心線，虛線...等等，才能方便設定其屬性。

(e) 使用 CNS 標準的字型及線條式樣繪圖。

(f) 繪圖的過程與儀器繪製類似，如需畫作圖線等。

(g) 繪製水平或垂直線時，必須將螢幕下方狀態列按鈕 "正交" 按下，如圖 2.3 所示，即打開正交(Ortho On)的功能(或按<F8>)。

(a)AutoCAD 2007

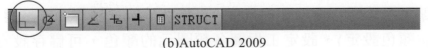

(b)AutoCAD 2009

圖 2.3　狀態列各按鈕

(h) 線條垂直、相接或相切...等等，必須以螢幕下方狀態列按鈕 "物件鎖點" 的功能確實抓取，游標在物件鎖點時按滑鼠右鍵選 "設定值..."，將進入繪圖設定值對話框，如圖 2.4 所示。

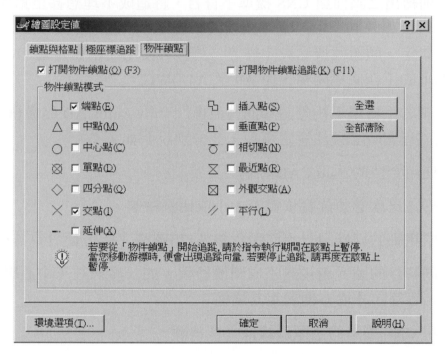

圖 2.4　選物件鎖點模式

2.7　NuCAD 2000

　　NuCAD 2000 為以 Visual Lisp 語言所撰寫之 AutoCAD 外掛式軟體，程式附在書後 CD 片中，可使用在 AutoCAD 2000 以上版本，是一種依 CNS 標準所設計的快速繪圖系統，安裝後會多一排 NuCAD 的功能表及工具列，如圖 2.5 所示，使用時通常先設定 DIM-Text(尺度字高)，會影響自動繪圖的尺度、符號及線條式樣等，再點選 Color Setting(顏色設定)，設定工程圖各類圖元的顏色，可儲存設定的顏色，否則下次開啟 AutoCAD 時會恢復預設的線條顏色，詳細資訊請參閱 NuCAD 下之資料夾 ReadMe。

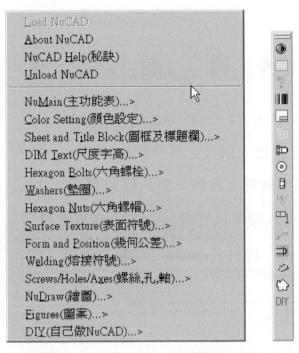

圖 2.5　NuCAD 2000 功能表及工具列

❖ 習 題 二 ❖

1. 練習設定圖紙大小為 A4，A3，A2，A1 及 A0。

2. 自行設計一個標題欄，插入之基準點(Base Point)放在右下角。

3. 畫一個 A3 的標準圖框，再將上題的標題欄插入(insert)。

4. 自行規畫一個 CNS 標準尺度標註之工作底稿圖檔。

5. 用指令 "-linetype" 自行 "create" 下面之線條式樣。

   (a)

   (b)

   (c)

6. 自行規劃一個層、顏色及線條式樣的工作圖檔環境。

7. 以 AutoCAD 繪製下列各圖形(各題總長 120mm)。

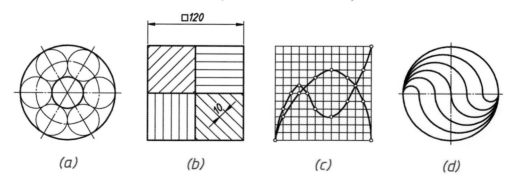

(a)   (b)   (c)   (d)

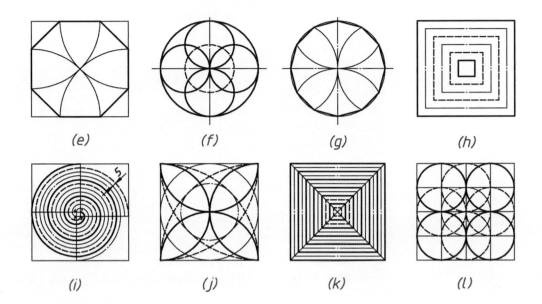

(e)　　　　　(f)　　　　　(g)　　　　　(h)

(i)　　　　　(j)　　　　　(k)　　　　　(l)

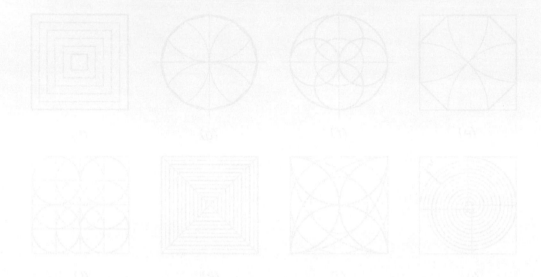

製圖用具

3.1　概說

　　學習圖學語言，不只學習能識圖而已，更重要的是要能製圖。能製圖者一定能識圖，能識圖者卻不一定能製圖。識圖是一種基本的閱讀圖面的能力，而製圖則必須能使用各種製圖用具，按照內心的構想繪製出物體的形狀及結構，藉著圖與他人溝通，這才能稱為圖學語言。

　　製圖的方式有以儀器繪製、徒手描繪、及電腦製圖等三種。徒手描繪通常為一種設計草圖，或現場實物測繪的技能，最後仍必須以儀器或電腦製圖方式繪製正式美觀的工程圖。工程圖之繪製必須正確、迅速及清晰。正確包括圖之內容、製圖之步驟及製圖用具之使用方法等。正確的使用製圖用具或熟悉電腦應用軟體的操作，即可迅速的完成圖面。工具使用方法得當，配合視圖的表達方式良好，即可得清晰之圖面。故製圖用具之認識及使用為繪製工程圖的基本技能。

3.2　製圖用具

　　『工欲善其事，必先利其器』，正確的選擇及使用製圖用具，以使繪製正確、迅速、及清晰之工程圖。製圖用具種類繁多，常見之製圖用具如下：製圖桌、製圖儀器、製圖鉛筆、橡皮擦、消字板、丁字尺、三角板、製圖機、比例尺、量角器、字規、曲線板、自由曲線規、模板、清潔刷及紙筒等，將分別介紹於以下各節。

3.3　製圖桌

　　製圖桌通常可分為製圖架(Drafting Stand)和製圖板(Drafting Board)兩部份。製圖架可調整檯面的高低及檯面的傾斜角，以配合製圖者的身高和繪圖習慣，如圖 3.1 所示，使長時間從事製圖工作者，能舒適的完成工作。

圖 3.1　製圖架

　　製圖板可固定在製圖架的檯面上，配合繪製圖面的大小，常見的製圖板規格有 900×1200mm(A0 大小)及 750×1050mm(B1 大小)等兩種。製圖板的板面需平坦，使用的材質以採用多層乾燥的高級檜木或杉木所製成，才不會因天氣變化而彎曲。板之左右兩邊需鑲上平直的硬木條，作為丁字尺的導邊，稱為工作邊(Working Edge)。新式的製圖板面上可黏上有磁性之塑膠薄片，配合長條之薄鋼片，以便將圖紙吸壓在製圖板上，如圖 3.2 所示，不必再用膠帶固定圖紙，較為方便且可使桌面保持乾淨。

圖 3.2　附壓條之製圖板

　　製圖桌旁需有其他裝備，如製圖機、桌燈，以及可調整高低之製圖椅等，整套之製圖設備，如圖 3.3 所示。

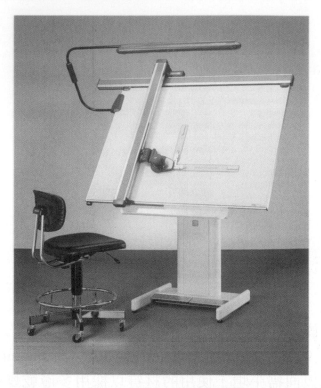

圖 3.3　整套之製圖設備

3.4　製圖儀器

製圖儀器(Drafting Instruments)大部份成盒裝，其內容通常為圓規
(Compasses)、分規(Dividers)、鴨嘴筆(Ruling Pens)或針筆(Needle Pens)、
各種接頭及附件等，如圖 3.4 所示。由於品質的優劣及件數的多寡不
同，價錢可由數百元至萬元不等。製圖儀器是從事製圖工作者不可缺
少的工具，初學者必須先認識各種儀器及使用方法或請教有經驗者，
再選擇一套適合自己的製圖儀器。近年來圓規之鉛筆接頭已被自動鉛
筆接頭所取代，如圖 3.5 所示；上墨線用之鴨嘴筆，也由針筆所取代，
因此圓規亦常設計成針筆專用之形式，如圖 3.6 所示。

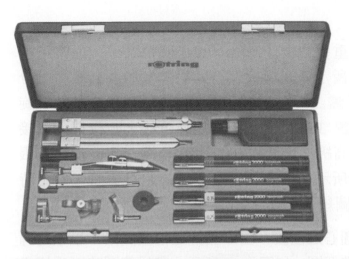

圖 3.4 製圖儀器

圖 3.5 自動鉛筆接頭

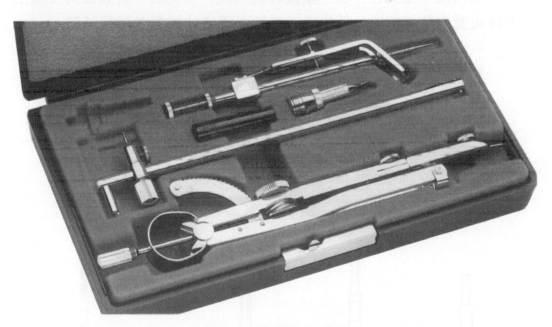

圖 3.6 針筆專用之圓規

3.4.1　圓規

　　圓規是製圖儀器中最重要的組件，除有大小圓規之外，通常可換接不同的接頭，如圖 3.7 所示。圓規接上自動鉛筆接頭或針筆，可分別繪製鉛筆圖或上墨圖(見圖 3.5 及圖 3.6)。小圓規通常設計由螺絲旋轉來調整半徑的大小，如圖 3.8 所示。大圓規亦可接上延長桿或直接以樑規繪製較大的圓。較高級之大圓規亦有設計成螺絲調控及快速張開的雙重功能，如圖 3.9 所示。大圓規之兩隻腳通常可彎曲，使用時必須盡量使其雙腳皆垂直圖紙，如圖 3.10 所示。

　　畫圓時須使重心放在圓心之位置，由 6 點鐘之位置開始，以順時鐘之方向稍微傾斜前進畫完整個圓，如圖 3.11 所示。畫鉛筆圖時可重複畫圓到線條粗細正確為止，畫上墨圖時則只能一次完成。畫圓弧為製圖工作中極重要之基本技能，初學者必須按正確方法繪製並練習純熟。

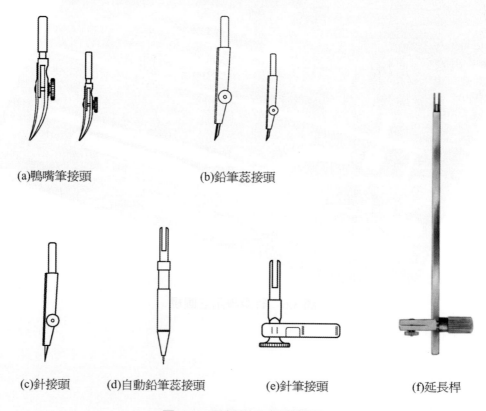

(a)鴨嘴筆接頭　　　　　　　(b)鉛筆蕊接頭

(c)針接頭　　(d)自動鉛筆蕊接頭　　　(e)針筆接頭　　　　(f)延長桿

圖 3.7　圓規用之各種接頭

圖 3.8　小圓規

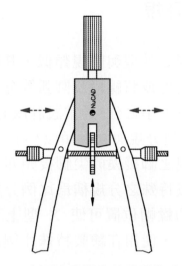

圖 3.9　新型大圓規有快速調控功能

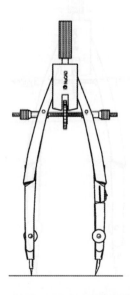

圖 3.10　大圓規之兩腳須垂直圖紙畫圓

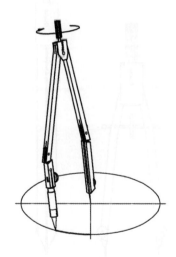

圖 3.11　圓規畫圓的方法

3.4.2 分規

　　分規之外型與圓規類似，其雙腳皆為針狀，是用來量取某處之長度轉移他處或將線段及圓弧等分之用，亦屬製圖儀器中重要之組件。分規亦有大小之分，通常設計成有微調裝置或一般形式兩種，如圖 3.12 所示。小型分規與圓規類似，可由螺絲之旋轉來調整兩腳之張開角度。若將圓規之腳接換成尖腳接頭亦可當分規使用，如圖 3.13 所示。另外有一種較特殊之分規稱為比例分規(Proportional Divider)成 X 形狀，調整中間的螺帽位置可使 X 型上下兩腳張開的距離成不定比例，如圖 3.14 所示，使用在繪製特殊比例之放大或縮小圖之用。

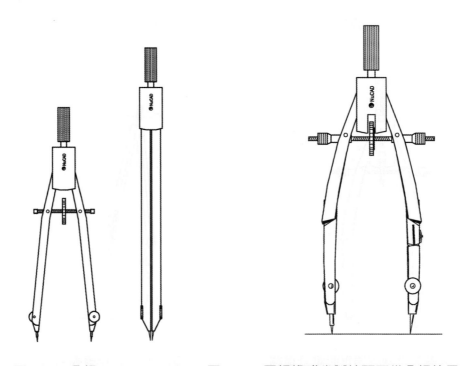

圖 3.12　分規　　　　　　圖 3.13　圓規換成尖腳接頭可當分規使用

圖 3.14　比例分規

　　分規乃用於量取、轉移圖面中之某長度，或將該長度以整數倍放大之用。放大使用時，如圖 3.15 所示，沿直線的線上逐步旋轉前進，取所需的倍數。以分規放大繪圖，比使用比例尺或以計算方式放大，較爲精確快速。因此抄圖或繪製以整數倍放大之圖面，分規爲不可缺少的儀器。

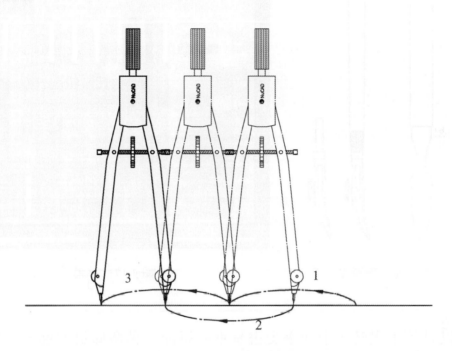

圖 3.15　分規之用法

3.4.3　鴨嘴筆及針筆

　　鴨嘴筆因筆尖爲鴨嘴舌狀而得名，爲上墨線之工具，可將製圖用墨水以薄塑膠片沾黏在兩舌之間，用螺絲調整兩舌之間距以繪製粗細不同之線條，如圖 3.16 所示。近年來因以針筆上墨較方便，大部份製圖者皆改以針筆來繪製上墨圖。針筆之筆尖爲固定之寬度，必須直接選用適當的筆尖寬度之來繪製線條，如圖 3.17 所示，有關工程圖中線條寬度之規定，請參閱第四章線法中之說明。

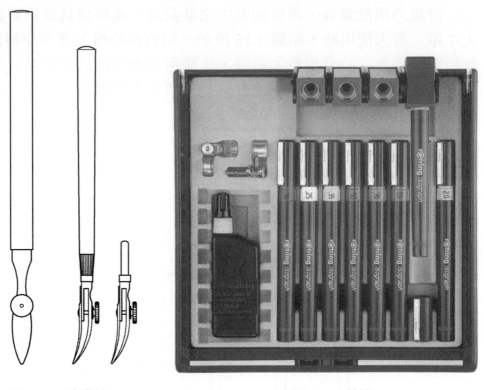

圖 3.16　鴨嘴筆　　　　　　　　　　　圖 3.17　針筆

　　以針筆上墨時，須使筆尖盡量垂直紙面，稍微傾斜前進，以繪製寬度正確及美觀之線條，如圖 3.18 所示，圖(a)及(b)為錯誤之使用方法，將造成線條不良及使墨水浸入尺內，宜避免，圖(c)使筆尖垂直紙面，為正確之使用方法，畫線時則稍微傾斜前進，如圖(d)所示。

　　以直尺畫直線時，要小心多練習幾次，注意筆尖垂直紙面，即可避免使墨水浸入尺內。針筆之筆頭結構精細複雜，墨水容易乾涸，不用時須馬上關好筆蓋，以免墨水乾涸，長期不用須將筆內墨水洗淨。針筆之清洗及維護，請參閱購買時所附之使用說明書。

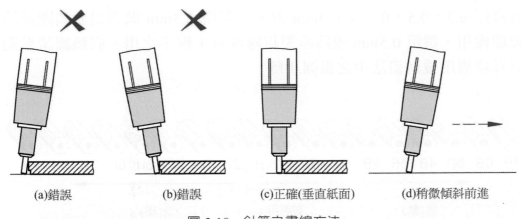

| (a)錯誤 | (b)錯誤 | (c)正確(垂直紙面) | (d)稍微傾斜前進 |

圖 3.18　針筆之畫線方法

3.5　製圖鉛筆

　　製圖用鉛筆與一般寫字用筆稍有不同，其筆尖可削成圓錐形、扁平形、及斜削形等三種，如圖 3.19 所示。圓錐型適合寫工程字之用，扁平型適合畫底稿圖之用，斜削型與扁平型則適合以圓規畫圓弧之用。

| (a)圓錐形 | (b)扁平形 | (c)斜削形 |

圖 3.19　鉛筆筆尖削法

　　筆蕊以代號表示其軟硬，較硬者以 H 表之，較軟者以 B 表之，等級由最硬之 9H 至最軟之 7B，加上中間之 HB 及 F 共分成 18 個等級，如圖 3.20 所示。畫底稿圖時應以細淡之線條畫之，通常選用 H 或 2H 代號者，畫鉛筆圖時應以較粗黑之線條畫之，通常選用 HB 或 B 代號者。近年來製圖鉛筆已被自動鉛筆取代，自動鉛筆之筆蕊用完時可再填加，且其直徑為固定大小繪圖時較為方便。常見之自動鉛筆之筆蕊有直徑 0.3，0.5，0.7 及 0.9mm 者，可選用 0.3mm 做為畫底稿圖或繪製細線用，選用 0.5mm 做為繪製粗線或寫工程字之用。底稿圖請參閱第五章應用幾何畫法中之畫圖步驟。

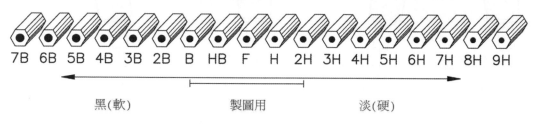

7B 6B 5B 4B 3B 2B B HB F H 2H 3H 4H 5H 6H 7H 8H 9H

黑(軟)　　　　　　製圖用　　　　　　淡(硬)

圖 3.20　鉛筆筆蕊軟硬代號

　　以鉛筆畫線或寫字時，宜注意適時將筆旋轉，以免磨粗筆蕊使線條變粗，如圖 3.21 所示。筆蕊之軟硬選擇甚為重要，初學者若發現所繪製之鉛筆圖太淡時，必須更換較軟之筆蕊繪圖。工程圖中線條之粗細所代表之含意不同，繪製鉛筆圖時宜特別注意，線條的粗細、均勻、及濃淡之控制。

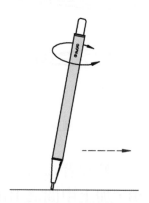

圖 3.21　畫線或寫字時適時將筆旋轉

3.6 消字板及橡皮擦

　　消字板爲以極薄之不銹鋼片或塑膠片製成，中間有各種形狀之孔洞，如圖 3.22 所示，配合橡皮擦之使用，可精確的擦掉圖中不需要之線條，爲製圖工作不可缺少之小工具。橡皮擦除可擦掉鉛筆線條外，亦有可擦掉墨線且不傷及紙張的，如圖 3.23 所示，但注意墨水與橡皮擦的廠牌要相同。有的橡皮擦做成自動鉛筆的式樣，筆蕊用完之後可再填加。也有電動之橡皮擦，可快速的擦掉線條使用很方便。

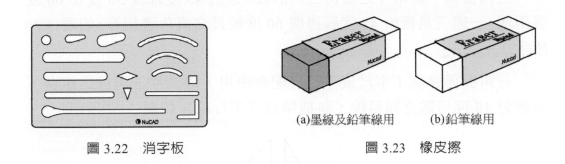

(a)墨線及鉛筆線用	(b)鉛筆線用
圖 3.22　消字板	圖 3.23　橡皮擦

3.7 丁字尺、平行尺與三角板

　　丁字尺(T-Square)因外形成丁字形而得名，丁字尺由尺身、及尺頭所組成。丁字尺是用來繪製圖中之水平線，將尺頭靠緊製圖板之邊緣，利用尺身即可繪製正確的水平線，如圖 3.24 所示。

　　平行尺功能與丁字尺類似，爲一種裝在製圖板上之裝置，配合繩子及輪子之滑動，使尺身平行上下移動以繪製平行線，平行尺除水平線外亦可作稍微之傾斜，調整角度以繪製傾斜之平行線，如圖 3.25 所示。

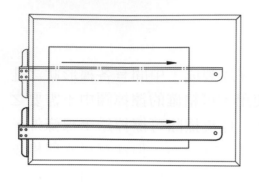

圖 3.24 丁字尺繪製水平線

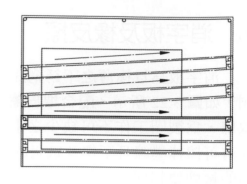

圖 3.25 平行尺繪製平行線

　　三角板為一組兩片之直角三角形板，包括 45 度以及 30 度和 60 度等兩塊，一組三角板的 45 度斜邊與 60 度較長之直角邊相等，如圖 3.26 所示。

　　三角板通常與丁字尺或平行尺配合使用，以二片三角板之組合，可繪製 15 度倍數之傾斜線，包括傾斜之平行線，如圖 3.27 所示。

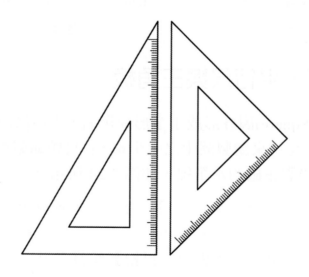

圖 3.26 三角板

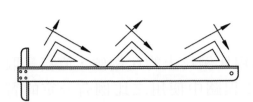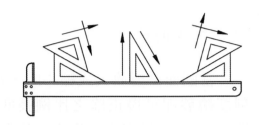

圖 3.27　二片三角板之組合可繪製 15 度倍數之傾斜線

3.8　製圖機

　　製圖機(Drafting Machine)又稱為萬能製圖儀，常見者有搖臂式及軌道式兩種，如圖 3.28 所示。製圖機有大小之規格，以配合裝置在不同大小之製圖板上使用，參閱第 3.3 節所述。製圖機上配有水平及垂直兩支比例尺，可同時旋轉至任意角度繪製平行線。製圖機為現代製圖者常用之製圖設備，可取代丁字尺、三角板、及量角規等工具，且可繪製較精確之圖面。因廠牌和型式不同，製圖機的功能及操作方式稍異，使用前應詳閱其操作說明書，並按正確方法使用及維護。

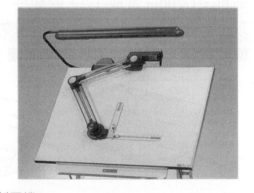

圖 3.28　製圖機

3.9 比例尺

當圖面需要放大或縮小時,可選用比例尺上的比例值,直接量取刻度繪製即可得正確之比例長度。工程圖中使用之比例有一定的習慣,在 CNS 標準亦有規定,通常為用 2、5、10 倍數之比例關係,如表 3-1 所示,縮小一半之比例應寫成 1:2 或 1/2 皆可,放大 2 倍時則為 2:1 或 2/1。

表 3-1　常用比例　　　　　　　　　　CNS 3

實大比例	1:1										
縮小比例	1:2	1:2.5	1:4	1:5	1:10	1:20	1:50	1:100	1:200	1:500	1:1000
放大比例	2:1	5:1	10:1	20:1	50:1	100:1					

常用之比例尺斷面為三角形,如圖 3.29 所示,其上有六個尺面,刻有六個不同之比例,分別為 1/100m、1/200m、1/300m、1/400m、1/500m 及 1/600m 等。若以 mm 為單位繪製時,可將 1/100m 之比例當成 1:1 即可,1/200m 當成 1:2,餘類推。特殊比例之圖面繪製,如 2:3 者,可以 1:2 量取刻度再以 1:3 之相同刻度長繪製即可。非整數之比例則必須使用比例分規量繪,參閱前面圖 3.14 所示。

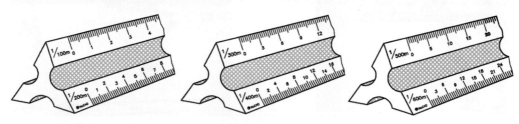

圖 3.29　比例尺

3.10　量角規

常見為半圓型之透明塑膠製薄片，其上刻有 180 度之刻度，如圖 3.30 所示。量角規用以量繪丁字尺與三角板無法繪製的 15 度倍數以外之角度。以製圖機繪圖時因機上有更精確之角度刻度，可取代量角規之使用。

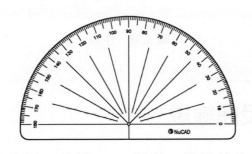

圖 3.30　量角規

3.11　字規

字規通常為薄板狀，分為正體及斜體兩種，用以書寫如印刷式樣的工整字體，使用時須配合同廠牌之針筆寬度書寫較適宜。字規類型包括有字體之式樣及字高之大小。如圖 3.31 所示，為 ISO 標準之正體及斜體字規。因中國國家標準 CNS 之工程字體式樣與 ISO 標準相同，請參閱第四章之字法，繪製工程圖時理應選擇 CNS 或 ISO 標準之式樣為宜。

圖 3.31　字規

3.12　曲線板及曲線規

　　曲線板又稱為雲形定規,如圖 3.32 所示,通常為一組 3 片或多片者,它的用途是將已知各點連接成一不規則連續線。曲線板上之彎曲情況皆不相同,使用時須嘗試選擇,使某些點皆能與曲線板上之彎曲情況吻合,繪製時還必須扣除前後各一點,以便使下一個曲線配合時能順暢,如圖 3.33 所示。繪製交線及展開圖時,常須使用曲線板來畫不規則連續線。

圖 3.32　曲線板

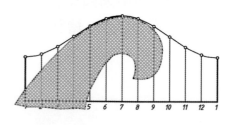

圖 3.33　曲線板畫不規則連續線

　　曲線規為軟質之材料，可任意彎曲成各種不規則曲線形狀，如圖
3.34 所示，又稱為自由曲線規，繪製時要確實固定否則易滑開。

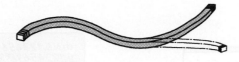

圖 3.34　自由曲線規

3.13　模板

　　模板為一以塑膠製成之片狀，內部有各種不同形狀之孔洞，以方
便繪圖者使用，字規亦屬模板之一。模板之種類甚多，以配合不同行
業之工程圖使用。最常使用之模板為圓圈板，如圖 3.35 所示，可代替
圓規繪製固定尺度之圓，尤其較小的圓或小圓角以圓規繪製較不易
時，通常用圓圈板繪製較方便。使用圓圈板時須對準圓之中心位置，
當繪製二個同心圓時常因不小心造成偏心之現象，故繪製多個同心圓
時仍以圓規繪製為宜。

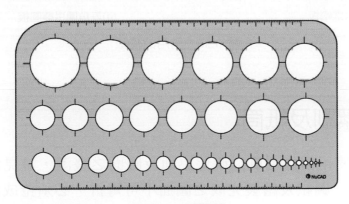

圖 3.35　圓圈板

其他繪製機械工程圖常用的模板，如圖 3.36 所示，有幾何公差符號、表面符號、六角螺帽、以及等角圖用橢圓板等。

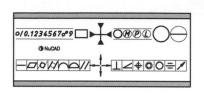

(a)幾何公差符號板

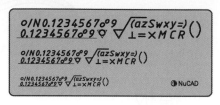

(b)表面符號板

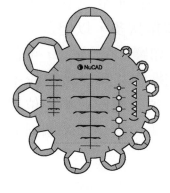

(c)六角螺帽板

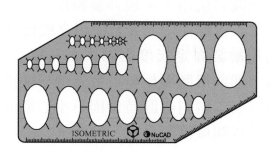

(d)等角圖用橢圓板

圖 3.36　常用的模板

3.14　清潔刷及紙筒

繪圖時使用清潔毛刷以確保桌面及圖面之整潔，常見清潔毛刷如圖 3.37 所示。圖紙及繪製完成之圖面不可彎折，必須捲成圓棒狀，放置在紙筒中以便攜帶。紙筒為一種可調整長度之塑膠筒附有蓋子，如圖 3.38 所示，是一種圖面存放及攜帶不可缺少的工具。

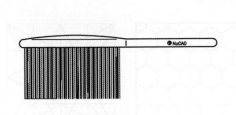

圖 3.37　清潔毛刷

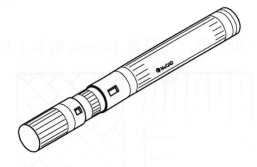

圖 3.38　圖面存放及攜帶用紙筒

3.15　電腦製圖

　　以電腦製圖時除個人電腦外，必須有合法 AutoCAD 軟體及出圖之印表機或繪圖機，製圖者還必須學習軟硬體之操作，才能順利的完成以電腦製圖的工作。有關電腦製圖所需之配備，請參閱第二章之介紹。在後面各章節中，亦將適時介紹以 AutoCAD 之指令繪製工程圖的方法。

❖ 習 題 三 ❖

1. 以正方形之邊長為 100mm 繪製下列各圖形。

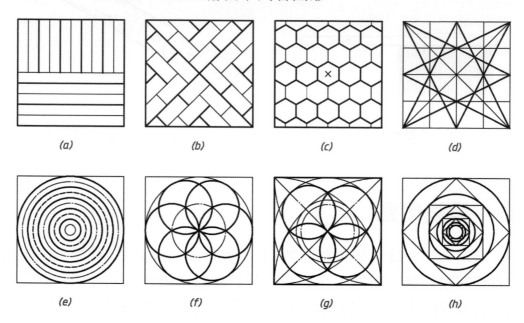

| (a) | (b) | (c) | (d) |

| (e) | (f) | (g) | (h) |

2. 按線條之粗細及尺度，繪製下圖。

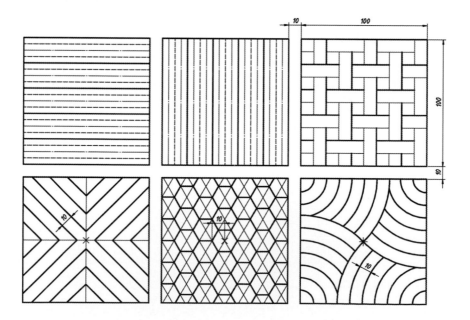

3. 按比例繪製下列各視圖。

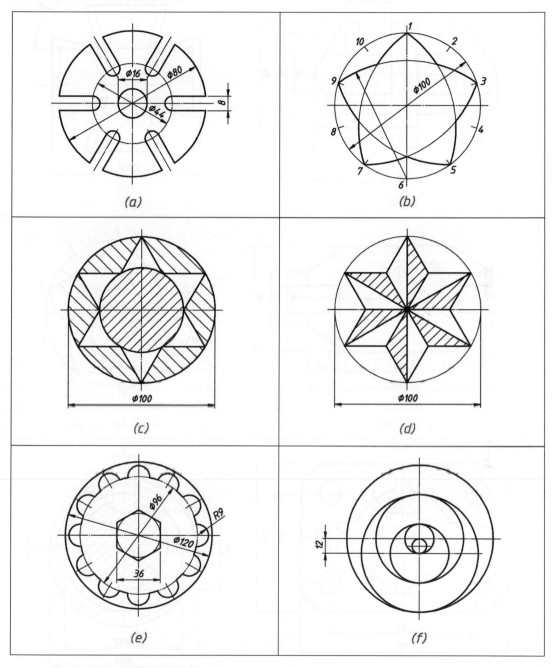

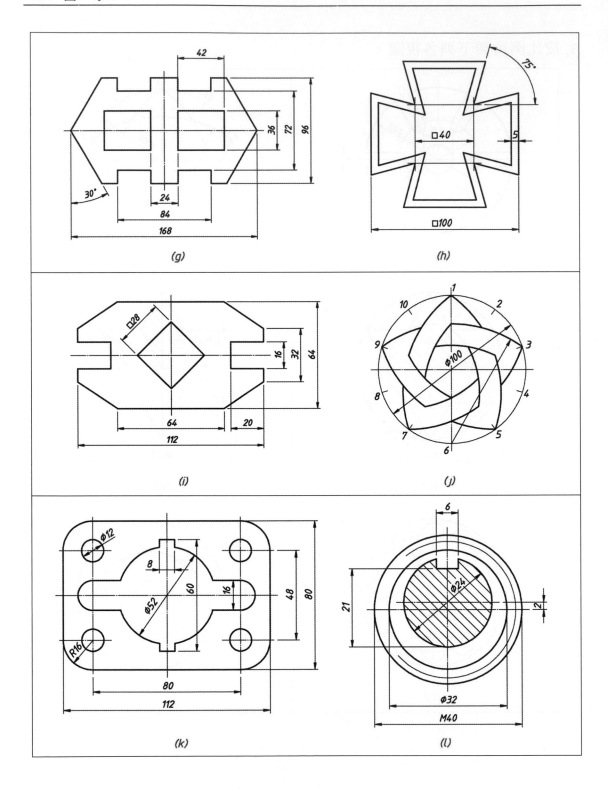

(g)

(h)

(i)

(j)

(k)

(l)

CNS

4

線條與字法

4.1　概說

　　線條與字為工程圖之骨架，靠它們來傳達正確的信息，工程圖中不同粗細及不同式樣的線條各代表不同的意義。繪製工程圖時必須確實遵守線條之規定不可馬虎。工程圖中所寫的字稱為工程字，必須書寫工整以免識被誤解，而造成嚴重的失誤。因此初學者必須牢記各種工程圖中線條之式樣及粗細，並且勤練工整的工程字。工程圖中所使用之線條式樣與字體在 CNS 標準中有詳細之規定，總號 CNS3，類號 B1001，本章所介紹之線法與字法與 CNS 標準中所規定一致。

4.2　標準線寬

　　在國際標準組織(ISO)中對工程圖之線條寬度亦有詳細之規定，從最細之 0.13mm 至最粗之 2.0mm，按各標準圖大小邊長之比值 $\sqrt{2}$ 關係，共分成九種標準線寬，如表 4-1 所示，採用標準線寬繪製工程圖時，適合將繪好之圖面照相儲存在微膠片中，以便放大或縮小時線寬與圖紙之比例關係保持不變。

　　然因電腦輔助設計繪圖(CADD)發展迅速，圖面已改存放在磁片(Disk)中較方便，雖然線寬與圖紙大小之關係淡化，但使用標準線寬繪製工程圖仍為一恰當之選擇。一張工程圖中之線寬必須區分為粗、中、細等三個等級，以標準線寬繪製時，可按圖面之大小及複雜情況，任意選用九種標準線寬中之三個相鄰等級，通常大張之圖面，如 A1 等可選用 0.7，0.5 及 0.35mm 三個等級；小張之圖面，如 A4 等則可選用 0.5，0.35 及 0.25mm 等級。線寬之選用沒有硬性規定。在 CNS 標準中對工程圖中線寬之粗、中、細之使用亦屬建議性質，如表 4-2 所示，其建議中細線所使用之等級比 ISO 之規定更小一級，其所繪製之工程圖使粗細分別更清晰美觀。

表 4-1　ISO 標準線寬　　　　　mm

線寬	實　際　寬　度
0.13	
0.18	
0.25	
0.35	
0.5	
0.7	
1.0	
1.4	
2.0	

表 4-2　CNS 建議使用之線寬　　　　　mm

線寬	1.0 組	0.8 組	0.7 組	0.6 組	0.5 組	0.35 組
粗	1	0.8	0.7	0.6	0.5	0.35
中	0.7	0.6	0.5	0.4	0.35	0.25
細	0.35	0.3	0.25	0.2	0.18	0.13

4.3　線之種類及式樣

　　CNS 工程製圖標準中對線條之種類及式樣有明確之規定，在標準中規定線條之種類有實線、虛線、及鏈線等三種。實線之式樣有四種，虛線一種，鏈線有三種，共分成八種不同之式樣，如表 4-3 所示。當繪製某物體時，物體之形狀即為可見輪廓線，以粗實線繪製，當可見輪廓線被遮蓋時須改以隱藏線繪製，除粗實線及隱藏線外其餘六種式樣在實際之物體上皆看不到，故大部份皆以細線繪製，如中心線、尺寸線及折斷線等。粗鏈線及割面線為了凸顯其在圖中物件上之位置，故部份仍以粗線繪製。

　　工程圖中線條式樣之使用非常明確，尤其粗細之線條代表不同之意義，繪製時必須確實按其粗細繪製，不可模擬兩可。按表 4-3 中八種線條式樣由 a 至 h，如圖 4.1 所示，介紹不同式樣之線條在各種圖中之應用。

表 4-3　線條式樣

種類		式樣	線寬	畫法(以字高 3mm 為例)	用途
實線		a ————————	粗	連續線	可見輪廓線及圖框線等
		b ————————	細	連續線	尺度線、尺度界線、指線、剖面線、圓角消失之棱線、旋轉剖面輪廓線、作圖線、折線、投影線及水平面等
		c ～～～～		不規則連續線(徒手畫)	折斷線
		d ～/\～/\～		兩相對銳角約 30°，尖角高約為字高(3mm)，間隔約為字高 6 倍(18mm)	長折斷線
虛線		e − − − − − − − −	中	線段長約為字高(3mm)，間隔約為線段之 1/3 (1mm)	隱藏線
鏈線	一點鏈線	f —‧———‧——‧—	細	兩空白間隔約為字高之 1/3(1mm)，兩空白間隔中之小線段長約為空白間隔之半(0.5mm)。線段長約為 10～20mm	中心線、節線及基準線等
		g —‧———‧——‧—	粗		表面處理範圍
		h ⌐_⌐	粗細	與式樣 F 相同，但兩端及轉角之線段為粗，其餘為細，兩端粗線最長為字高 2.5 倍(7.5mm)，轉角粗線最長為字高 1.5 倍(4.5mm)	割面線
	兩點鏈線	j —‧‧——‧‧——‧‧—	細	兩空白間隔約為字高之 1/3(1mm)，三空白間隔中之兩小線段長皆約為空白間隔之半(0.5mm)。線段長約為 10～20mm	假想線

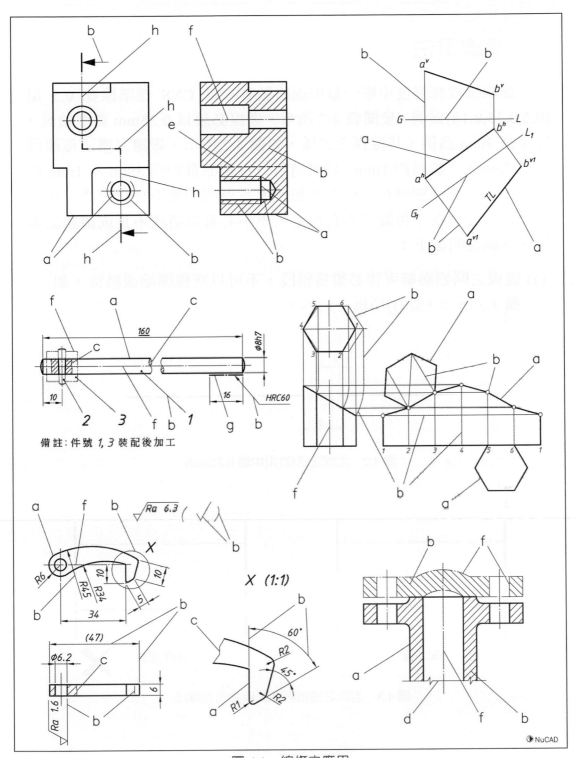

圖 4.1 線條之應用

備註:件號 1, 3 裝配後加工

4.4 虛線畫法

　　虛線為線條寬度中唯一以中線繪製者，以 CNS 標準線寬 0.5 組 (0.5,0.35,0.18)為例，參閱表 4-2 所示，虛線必須以 0.35mm 寬度繪製，以字高 3mm 為例，其線條之式樣，如圖 4.2 所示，虛線之畫法每線段長約 3mm，空檔長約 1mm。繪製時可以目視測量約為 3mm 及 1mm 直接畫出，不需仔細測量，但不可相差太多否則即屬不良之線條。虛線之起迄與交會在工程圖中亦有規定，不小心常會造成不良或錯誤之畫法，詳細說明如下：

(a) 虛線之開始與結束皆必須為線段，不可以空檔開始或結束，如圖 4.3 所示，除(f)項為一例外。

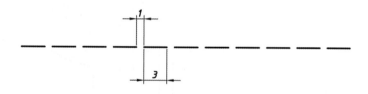

圖 4.2　虛線之式樣(用中線 0.35mm)

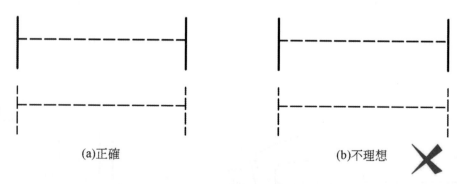

(a)正確　　　　　　　　(b)不理想

圖 4.3　虛線之開始與結束皆必須為線段

(b) 虛線與其他線相交時，儘可能使線段部份與之相交(圖 4.4)。

(c) 虛線與虛線相接(交)時，仍必須儘可能使線段部份相接，如圖 4.5 中之圖(a)所示。

(d) 虛線之直線與圓弧相切時，圓弧部份必須保持線段開始及線段結束，相切之直線則由空檔開始銜接(圖 4.6)。

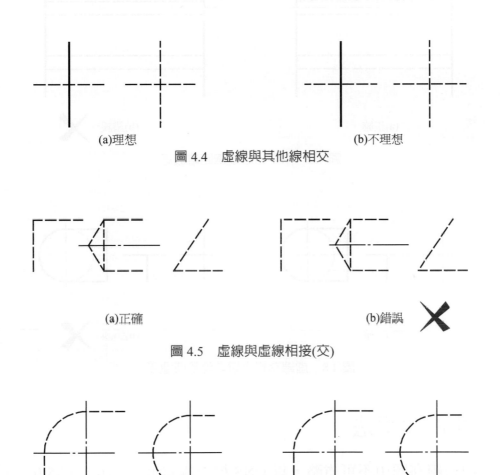

(a)理想　　　　　　　　　　　　(b)不理想

圖 4.4　虛線與其他線相交

(a)正確　　　　　　　　　　　　(b)錯誤

圖 4.5　虛線與虛線相接(交)

(a)正確　　　　　　　　　　　　(b)錯誤

圖 4.6　虛線之直線與圓弧相切

(e) 兩平行之虛線距離甚近時，兩線之線段與空檔繪製時應互相錯開，若其中間有中心線時則應互相對齊(圖 4.7)。

(f) 若虛線為粗實線之延長或連接時，乃為特例，其相接觸之處，虛線繪製時應以空檔開始與粗實線連接(圖 4.8)。

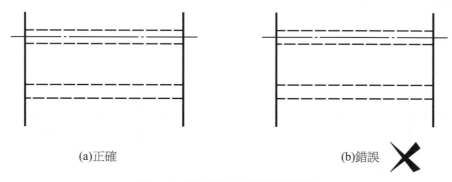

(a)正確　　　　　　　　　　　　　　(b)錯誤

圖 4.7　兩平行之虛線距離甚近

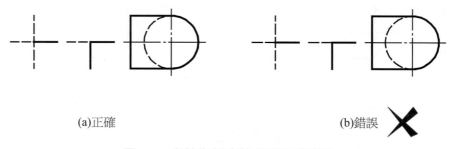

(a)正確　　　　　　　　　　　　　　(b)錯誤

圖 4.8　虛線為粗實線之延長或連接

4.5　中心線畫法

中心線在圖中不可省略，以 CNS 標準線寬 0.5 組(0.5,0.35,0.18)為例，中心線必須以 0.18mm 寬度繪製，其線條的式樣，如圖 4.9 所示，以字高 3mm 為例，線段長約 10～20mm，兩邊之空檔長約 1mm，中間之小線段為 0.5mm。

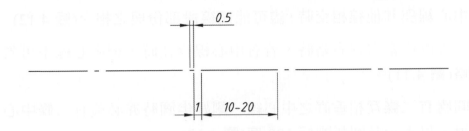

圖 4.9　中心線的式樣(用細線 0.18mm)

　　繪製中心線時與虛線一樣可以目視量測其大約值直接畫出式樣，不須仔細量測，初學者常將小點另外繪製成一小黑點，爲一錯誤之畫法，如圖 4.10 所示。

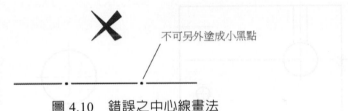

圖 4.10　錯誤之中心線畫法

　　中心線如其名爲中心位置之線，故中心線繪製之場合通常皆有某圖形對稱，中心線之使用情形，如圖 4.11 至圖 4.16 所示。

　　中心線之起迄與交會時，須注意之事項說明如下：

(a) 中心線之開始與結束皆必須爲線段，不可以小點爲開始或結束。

(b) 開始或結束之線段，長度若需要時可稍作調整，可保持在 5～20mm 之間，中間部份其線段長仍應以約 10～20mm 爲宜。

(c) 中心線繪製時必須超出對稱圖形之範圍(圖 4.11)，約 2～5mm 左右，視對稱圖形之大小而定。超出之中心線不可以小點及空檔繪製，必須以線段直接延長。

(d) 總長小於 10mm 之中心線，仍須取有小點之部份繪製，小於長約 5mm 之中心線，才可直接以細實線繪之(如圖 4.11 之小圓中心線)。

(e) 中心線與其他線相交時，儘可能使線段部份與之相交(圖 4.12)。

(f) 工程圖中當虛線省略時，若有中心線存在時，則中心線不可省略(圖 4.11)。

(g) 圓應有二條互相垂直之中心線，剛好半圓時亦必須有二條中心線，以表示其圓弧剛好 180 度(圖 4.13)。

(h) 與中心線相接之細實線，如尺寸界線等，可直接以細實線延長，做為尺度標註的尺度界線(圖 4.14)。

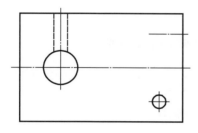

圖 4.11　中心線必須超出對稱圖形之範圍

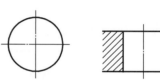

圖 4.12　使線段與其他線相交

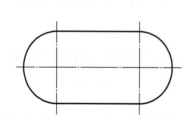

圖 4.13　半圓亦必須畫二條中心線

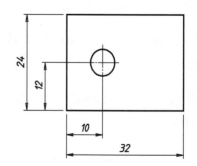

圖 4.14　中心線可直接延長做為尺度界線

(i) 繪製圓形中心線，仍應保持線段長約 10～20mm 為宜(依圖面大小)，避免相交及相切之處為小點或空檔，如圖 4.15 所示，為圓形中心線之繪製情形。

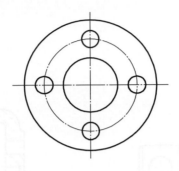

圖 4.15　圓形中心線之繪製

4.6　假想線畫法

　　假想線與中心線類似，惟中心線為一點鏈線，假想線為兩點鏈線，以 CNS 標準線寬 0.5 組(0.5,0.35,0.18)繪圖，假想線必須以 0.18mm 寬度繪製，其線條的式樣，以字高 3mm 為例，如圖 4.16 所示。線段長約 10～20mm，三處空檔長約 1mm，中間兩小線段約為 0.5mm。

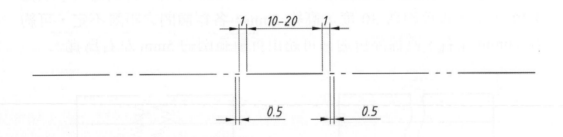

圖 4.16　假想線的式樣(用細線 0.18mm)

　　假想線為繪製假想存在物件之線條，使用場合除了假想存在外還包括移動之物件，如圖 4.17 至圖 4.18 所示。

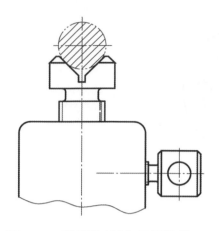

圖 4.17　假想線繪製(假想物件)

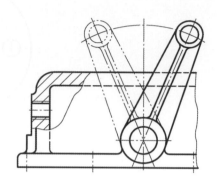

圖 4.18　假想線繪製(移動物件)

4.7　折斷線畫法

　　折斷線有兩種，皆必須以細實線繪製，一是徒手畫之折斷線，不可用尺取代,其折斷之形狀可依材質及形狀之特性稍加變化,如圖 4.19 所示。另一是以尺繪製之長折斷線，以標準線寬 0.5 組(0.5,0.35,0.18)為例，應以 0.18mm 之線寬繪製，以字高 3mm 爲例，其式樣大小如圖 4.20 所示，銳角約爲 30 度，高約 3mm，各鋸齒間之距離不定，可約在 20mm 左右，直線部份通常可超出折斷範圍約 5mm 左右爲宜。

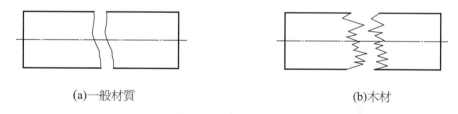

(a)一般材質　　　　　　　　　　　　　(b)木材

圖 4.19　徒手畫之折斷線(用細線 0.18mm)

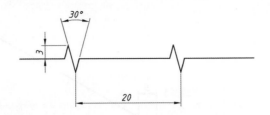

圖 4.20　以尺繪製之長折斷線(用細線 0.18mm)

4.8　割面線畫法

　　割面線為線條式樣中唯一有粗細混合之線條，其式樣與中心線類似，唯其開始與結束之線段必須為粗實線，以字高 3mm 為例應為 7.5mm，且最長為 10mm，如圖 4.21 所示，兩粗實線之間必須以小點連接成中心線式樣。割面線皆為直線，轉折或偏置時必須以兩條割面線連接的方式相接，相接處之粗實線通常較短，以字高 3mm 為例，應為 4.5mm，且最長為 5mm 左右，如圖 4.22 所示。割面線為剖面視圖中標示切割面位置之線條，因通常皆在中心線之位置，故割面線可視為中心線之轉變。割面線在圖面中之應用，請參閱第七章剖視圖。

圖 4.21　割面線之式樣

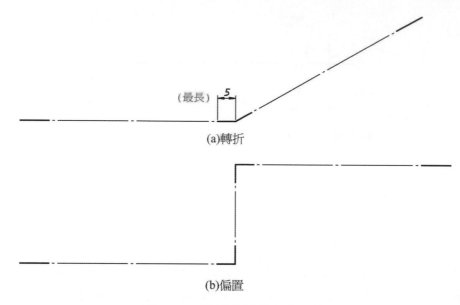

(a)轉折

(b)偏置

圖 4.22　轉折及偏置之割面線

4.9　線之優先順序

工程圖中儘量避免字與線條發生重疊現象，無法避免時，必須以字為優先，讓線條斷裂使字凸顯，如圖 4.23 所示，尺度標註之數字與剖面線重疊，剖面線必須斷裂使字凸顯。若遇不同式樣之線條重疊時，依 CNS 標準之規定，可見輪廓線與其他線條重疊時，必須以可見輪廓線為優先；若遇隱藏線與中心線重疊時，則必須以隱藏線為優先，如圖 4.24 所示。通常線條重疊時以粗者為優先，若粗細相同時則以重要者為優先，工程圖中字及線條之優先順序排列如下：

1. 字(尺度標註之數字)。

2. 粗實線(可見輪廓線)。

3. 隱藏線。

4. 中心線、剖面線、割面線、假想線及節線等。

其他可改變位置之線條如尺度線、尺度界線、折斷線及指線等，則以選擇清晰不重疊之位置為原則。

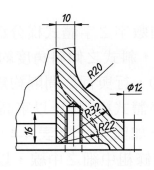

圖 4.23 剖面線必須斷裂使字凸顯

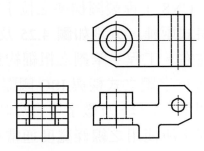

圖 4.24 線條之優先順序

4.10 工程字

　　工程圖中之字包括有拉丁字母、阿拉伯數字、及中文字等，圖中除了圖形外，這些用來標註尺度、書寫備註、標題欄、及零件表之用者，稱為工程字。CNS 工程製圖標準對工程字之式樣有詳細之規定，參閱第 4.11 節所述。以手書寫工程字時，應力求端正劃一，大小間隔適當，清晰易認，一律由左自右橫書。尤其是在尺度標註時，在整張圖中大小應保持一致，不可因空間小，將字體及間隔縮小。工程字常因書寫時的草率與疏忽，造成字体不清晰，易使施工發生錯誤，導致嚴重的後果。故工程字為工程圖中最重要之部份，尤勝圖中之線條，字在工程圖中之優先順序排屬第一(圖 4.23)。

4.11　CNS 標準工程字

　　CNS 工程製圖標準之拉丁字母與阿拉伯數字之字體式樣分爲直式與斜式兩種，分別如圖 4.25 及圖 4.26 所示，斜式之傾斜角度約爲 75 度左右。工程字筆劃之粗細約爲字高的 1/10，行與行之間隔約爲字高的 2/3，字體之式樣與 ISO 國際標準組織之字體式樣相同。以字高爲 h，有關字、字母、及數字等書寫時之尺度關係，如圖 4.27 及表 4-4 所示。工程字所使用之線條寬度通常爲工程圖中線條粗中細之中線，以 CNS 標準線寬 0.5 組(0.5,0.35,0.18)爲例，可使用 0.35mm 之線寬書寫。若以字規書寫時應選用 CNS 或 ISO 之標準字規。以電腦軟體 AutoC AD 繪製時，可選用本書所附磁片中之 CNS 標準字型，參閱第 4.13 節所述。

　　中文字因式樣太多，CNS 標準中規定以印刷鉛字中的等線體爲原則，以適合用鉛筆或針筆書寫，其整個字之外框分爲長形、方形、及寬形等三種，長形的字寬爲字高的 3/4，方形的字寬等於字高，寬形的字寬爲字高的 4/3，如圖 4.28 所示。筆劃的粗細約爲字高的 1/15，字與字的間隔約爲字高的 1/8，行與行的間隔約爲字高的 1/3，中文字書寫時各處之比例關係，如圖 4.29 及表 4-5 所示。以手書寫中文字時，可考慮使用與拉丁字母及阿拉伯數字相同或較細之線寬書寫。以電腦軟體 AutoCAD 繪製時，必須有中文之字型檔才能寫中文字，請參閱第 4.13 節所述。

圖 4.25　直式 CNS 標準工程字體

圖 4.26 斜式 CNS 標準工程字體

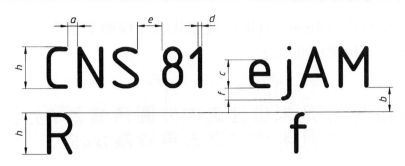

圖 4.27　CNS 標準工程字之比例關係

表 4-4　CNS 字體之比例關係

字 高	字母間隔	行 距	小字字高	線 寬	字 間 隔	下格高度
h	a	b	c	d	e	f
10/10h	2/10h	6/10h	7/10h	1/10h	6/10h	3/10h

機械工業
零件詳圖

機械工業
零件詳圖

機械工業
零件詳圖

(a)長形　　　　　　　　(b)方形　　　　　　　　(c)寬形

圖 4.28　中文字之外形

　　CNS 標準中有關工程字之大小，亦屬建議性質，其規定使用之最小字高，如表 4-6 所示，因中文字之筆劃較多，比拉丁字母及阿拉伯數字高一個等級($\sqrt{2}$ 倍)，通常標題、圖號及件號之字高在工程圖中比尺度標註之字高，亦須高一個等級左右。字高之選用可配合圖中粗中線之線寬，以中線為尺度標註字體之線寬，再配合 10 倍之字高使用。以 CNS 標準線寬 0.5 組(0.5,0.35,0.18mm)為例，尺度標註之線寬為

0.35mm，字高為 3.5mm。有關尺度標註的線條與字體的詳細規定及繪製，請參閱第九章尺度標註。

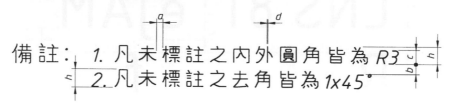

備註： 1. 凡未標註之內外圓角皆為 R3
　　　 2. 凡未標註之去角皆為 1x45°

圖 4.29　CNS 中文字比例關係

表 4-5　CNS 中文字之比例關係

字高	字母間隔	行距	數字字高	線寬
h	a	b	C	habcd
15/15h	2/15h	5/15h	10-12/15h	1/15h

表 4-6　CNS 建議最小字高　　　　　　　　　　mm

應用	圖紙大小	最小字高		
		中文	拉丁字母	阿拉伯數字
標題 圖號 件號	A0,A1,A2,A3	7	7	7
	A4,A5	5	5	5
尺度標註	A0	5	3.5	3.5
	A1,A2,A3,A4,A5	3.5	2.5	2.5

4.12　工程字之書寫

以手書寫工程字時須摒除個人平常寫字之習慣，仔細一筆一劃謹慎書寫。寫中文字時須注意將水平及垂直之筆劃寫直，不可潦草，字體式樣可參照一般印刷字體之式樣作適當之組合。當文句較長時，可以極細淡之鉛筆線先劃二條平行之直線引導，以方便書寫工整之中文字，如圖 4.30 所示。

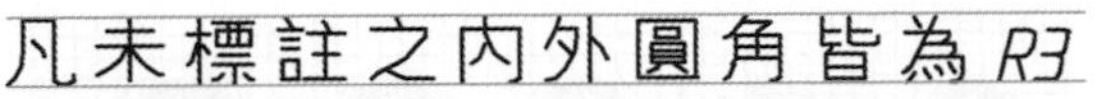

凡未標註之內外圓角皆為 R3

圖 4.30　二條平行之直線引導，以方便書寫工整之中文字

拉丁字母及阿拉伯數字書寫之筆劃順序，個人皆有一定之習慣，若想在短期間練好工整的字體，則最好循一定之筆劃順序書寫。有關拉丁字母及阿拉伯數字書寫之筆劃順序及注意事項，以直式之式樣為例茲分別說明如下，圖例中箭頭旁之小數字為筆劃順序：

(a) 直線組合之字：如圖 4.31 所示，上下之直線由上往下，水平之直線則由左往右書寫，筆劃要直，並注意各線之相關位置。

AEFHKM

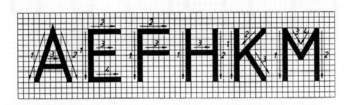

圖 4.31　直線書寫筆劃要直

(b) 圓弧與直線分開寫：如圖 4.32 所示，先將直線部份依(a)項之筆劃寫出，再將圓弧部份接上，此法較易寫出工整之字體。

(c) 遇圓時分左右寫：如圖 4.33 所示，將圓分成先左後右兩次書寫，多加練習即可寫出工整之圓。

BPRU35

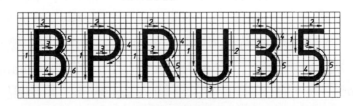

圖 4.32　圓弧與直線分開寫

圖 4.33　遇圓時分左右寫

(d) 字型比例：如圖 4.34 所示之字型下半部之比例稍長，皆在 6/10
　　位置；如圖 4.35 所示之字型則上半部稍長，亦皆在 6/10 位置。

(e) 小寫之拉丁字母：一般皆在 7/10 高度，有上格時延伸三格位
　　置，下格亦延伸三格位置，如圖 4.36 所示。

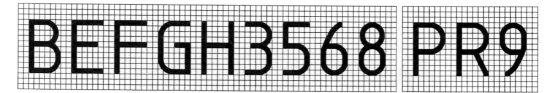

圖 4.34　下半部稍長在 6/10 位置　　　　　圖 4.35　上半部稍長

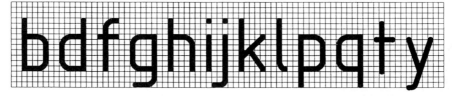

圖 4.36　小寫之拉丁字母，上下格皆延伸三格

4.13　電腦製圖

　　AutoCAD 將線條式樣存放在"acad.lin"檔案內，因內定線條式樣
與 CNS 標準不符合，可用指令"linetype"自行製作與 CNS 標準一致
之線條式樣。本書所附磁片之檔案"cns.lin"內有 CNS 標準之鏈線及
虛 線 ， 分 別 定 名 爲 " CnsCenter* " 、 " CnsPhantom* " 及
"CnsHidden3"等，在"指令："下輸入 linetype，將出現"線型管理
員"對話框，如圖 4.37 所示，選按"載入…"按鈕，將進入"載入或
重新載入線型"對話框，選按"檔案…"按鈕，選書後所附 CD 片內
之 CNS 標竿線型檔 cns.lin，將在可用的線型中出現 CnsCenter10，如

圖 4.38 所示，選 "CnsCenter10"，再按確定即可。在線條式樣工具列即會有 "CnsCenter10" 式樣可選，如圖 4.39 所示，若選 "其他…" 亦會直接進入 "線型管理員" 對話框。

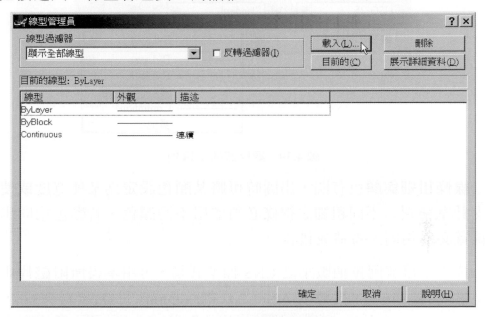

圖 4.37　線型管理員對話框

圖 4.38　載入或重新載入線型對話框

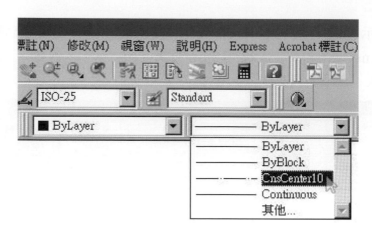

圖 4.39　線條式樣工具列

　　線條粗細與顏色有關，出圖時可將某顏色設定爲某種寬度或使用某支針筆繪圖。不同粗細之線條必須選用不同顏色，若顏色相同出圖時線寬必爲相同，將造成錯誤。

　　拉丁字母與阿拉伯數字之 CNS 標準式樣，可用本書所附磁片中之字型檔 "cns.shx"，複製至 AutoCAD 的 support 目錄(資料夾)下，或直接選 isocp.shx 亦可，選按功能表 "格式" 及 "字型…"，將出現 "字型" 對話框，按 "新建字型…" 輸入 CNS，字體選 "cns.shx" 或 "isocp.shx"，並使用大字體(中文字)爲 chineset.shx，如圖 4.40 所示。

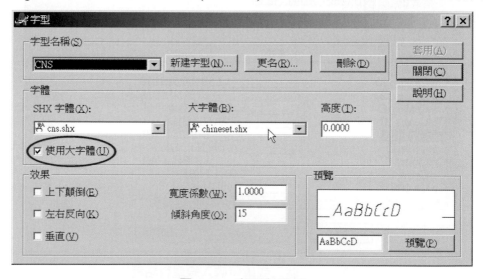

圖 4.40　字型對話框

在繪圖工具列選按多行文字，如圖 4.41 所示，若在指令：下輸入 dtext，即可使用 CNS 標準字體及中文字，如圖 4.42 所示。

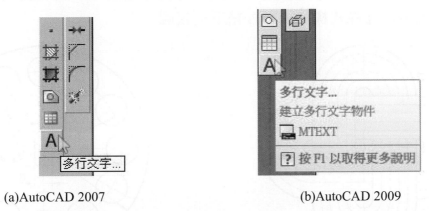

(a)AutoCAD 2007　　　　　　　　(b)AutoCAD 2009

圖 4.41　　選按多行文字

123abcABC中文字

圖 4.42　　CNS 字體及中文字

寫中文字時請使用細線之顏色，並注意字體之高度，否則出圖時會因線條太粗看不清楚。

❖ 習 題 四 ❖

1. 按比例及線條式樣,練習抄繪下列視圖。

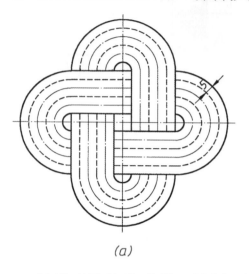

(a)

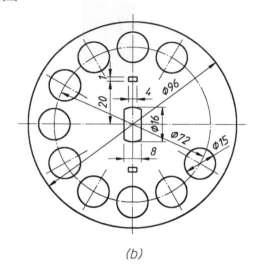

(b)

2. 按尺度及線條式樣,繪製下圖。

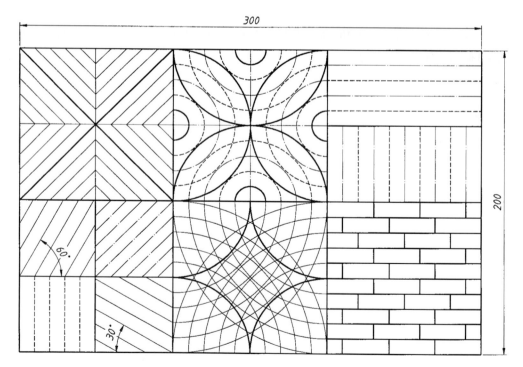

(a)

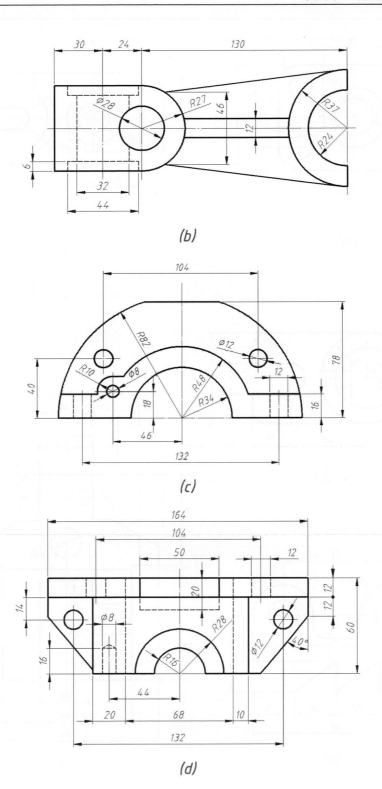

(b)

(c)

(d)

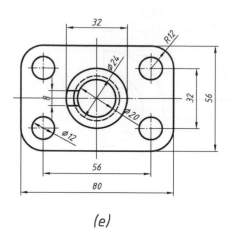

(e)

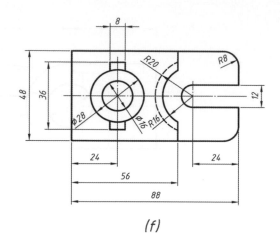

(f)

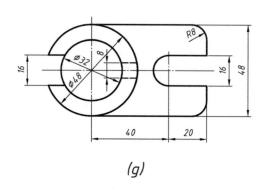

(g)

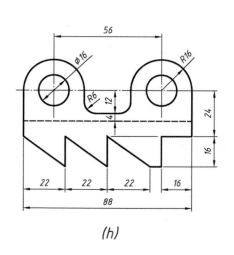

(h)

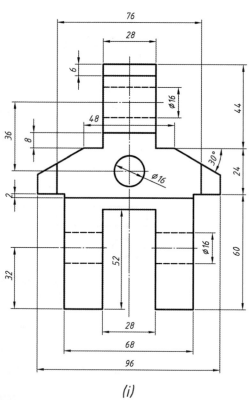

(i)

3. 以每小格 8mm，按線條式樣及粗細，繪製下列各圖(網格免畫)。

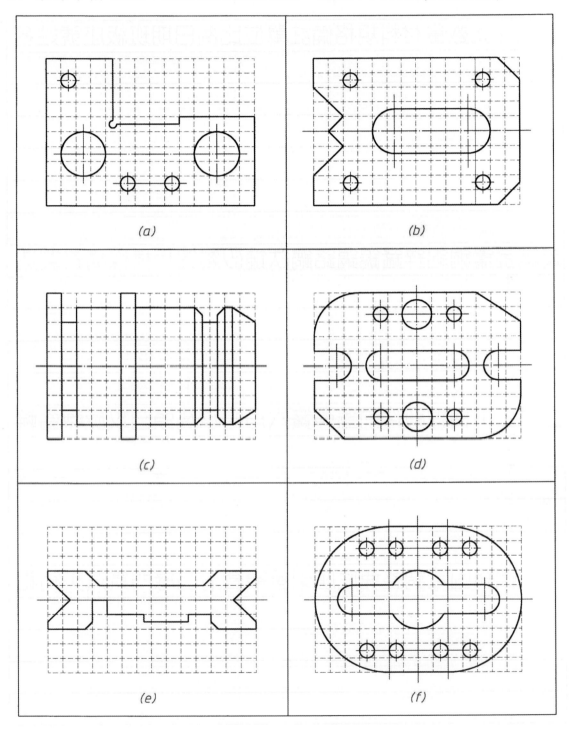

(a)　　　　　　　　　　　(b)

(c)　　　　　　　　　　　(d)

(e)　　　　　　　　　　　(f)

4. 以 0.5mm 自動鉛筆或 0.35mm 針筆，練習下列中文字。

圖名件號數量材料規格備註單位比例日期班級座號姓名

鋼鐵金鑄銅鋁鋅錳鎢鎘鉻鍋鈦鏈矽屬鎳板棒條構管製造

左右上下柄桿鍛件前蓋彈簧六角帽承窩頭自攻旋轉齒輪

栓軸螺絲固定調整塊底座架承襯套滑凸緣門氣汽夾銷鉗

5. 以 0.5mm 自動鉛筆或 0.35mm 針筆，在方框內寫皆不同之中文字。

6. 以 0.5mm 自動鉛筆或 0.35mm 針筆，在下列各平行線內，按字體練習寫滿工程字。

(a)

(b)

(c)

(d)

A		N	
B		O	
C		P	
D		Q	
E		R	
F		S	
G		T	
H		U	
I		V	
J		W	
K		X	
L		Y	
M		Z	

(e)

A		N	
B		O	
C		P	
D		Q	
E		R	
F		S	
G		T	
H		U	
I		V	
J		W	
K		X	
L		Y	
M		Z	

(f)

A		N		5 7.5
B		O		
C		P		
D		Q		
E		R		
F		S		
G		T		
H		U		
I		V		
J		W		
K		X		
L		Y		
M		Z		

(g)

A		N		3.5 5
B		O		
C		P		
D		Q		
E		R		
F		S		
G		T		
H		U		
I		V		
J		W		
K		X		
L		Y		
M		Z		

(h)

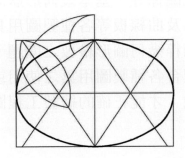

應用幾何

5.1　概說

　　實際之物件皆為立體之形態，形狀變化繁多，其形態中因有直線與直線、直線與曲線及曲線與曲線間之相交、相接與相切之關係，而演生出不同且富變化之圖形。因此在學習工程圖學之過程中，首先須學習各種圖形之幾何(Geometry)關係，即探討各種基本幾何形狀之畫法及其內涵，以及基本幾何形狀間之相互關係等。基本幾何形狀之畫法，簡稱幾何畫法，即利用直尺、圓規、及曲線板等各種製圖用具，或以電腦軟體之指令操作，以解決任何純粹幾何圖形繪製之問題。幾何畫法為製圖工作之基本知識與技能，配合各種製圖用具之使用或電腦軟體之操作，以及對線法與字法之認識，才能正確的繪製工程圖中之圖形，以奠定圖學之基礎。

5.2　直線之畫法

　　直線之繪製雖容易，但必須注意其精確度，包括長度、角度、線寬及式樣是否正確，以及線條是否太淡等。直線繪製之方向，如圖 5.1 所示，配合直尺之角度，必須按箭頭之方向繪製。

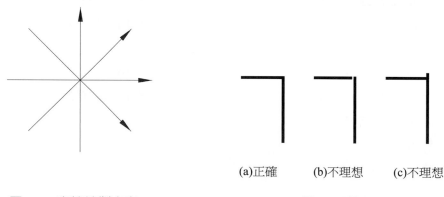

　　　　　　　　　　　　　　　　　　　　　(a)正確　　　　(b)不理想　　　(c)不理想

　　　圖 5.1　直線繪製方向　　　　　　　　　　圖 5.2　線條相接

　　當直線與其他線條相接或相交時，必須剛好，不可超出或未接觸，如圖 5.2 所示，圖中(a)為正確，(b)及(c)為不理想，必須避免，多餘之線段須以消字板擦去。

5.2.1　水平與垂直線之畫法

　　畫水平線不可只憑肉眼觀之，必須借助製圖用具，如丁字尺、平行尺或製圖機上之水平比例尺等繪製。丁字尺之尺頭須確實靠緊製圖板之邊緣，如圖 5.3 所示，以確保所畫之直線為水平。以製圖機繪製時，製圖機上之角度必須確認在零度之位置，如圖 5.4 所示，再以水平比例尺繪製水平線。垂直線必須從直尺之左邊由下往上畫。以丁字尺繪製垂直線時，先將丁字尺之尺頭靠緊製圖板，再以任一三角板之直角邊靠在丁字尺上，如圖 5.5 所示，以確保為垂直線；以製圖機繪製時，必須由垂直比例尺之左邊，由下往上畫垂直線，如圖 5.6 所示。

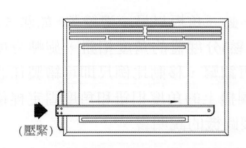

圖 5.3　丁字尺繪製水平線

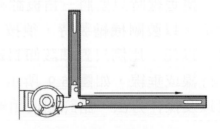

圖 5.4　製圖機繪製水平線

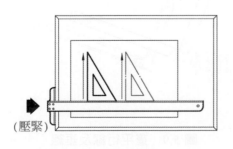

圖 5.5　丁字尺繪製垂直線

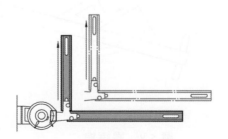

圖 5.6　製圖機繪製垂直線

5.2.2　平行線及垂線之畫法

　　畫傾斜線之平行線,可用三角板對準該傾斜線之後,使其在一固定直線邊滑動,即可繪製平行線,如圖 5.7 所示,固定直線邊可利用另一三角板之邊,或利用丁字尺之尺身,靠緊三角板壓著即可。

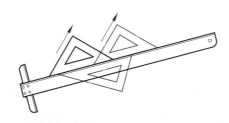

圖 5.7　畫傾斜線之平行線

　　畫垂線時只要將三角板翻轉或移動三角板以另一邊繪製,如圖 5.8 所示。以製圖機繪製時,須按下(放鬆)分度盤的角度扣鈕,旋轉分度盤,以任一比例尺對準該傾斜線,再鎖緊,移動比例尺即可繪製任意平行線或垂線,如圖 5.9 所示。製圖機上的角度扣鈕和角度固定桿位置以及操作方法,請詳閱使用廠牌製圖機的說明書。

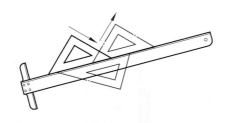

圖 5.8　畫垂線

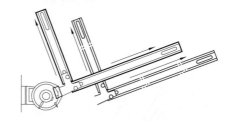

圖 5.9　畫平行線及垂線

5.2.3　AutoCAD 畫各種直線

按一下繪圖工具列之"線"圖像按鈕，如圖 5.10 所示，或以指令"line"畫各種直線之操作方法，茲分別說明如下：

(a)AutoCAD 2007　　　　　　　(b)AutoCAD 2009

圖 5.10　以"線"圖像畫各種直線

(a) 任意直線：按滑鼠之左鍵(或按<Enter>鍵)輸入第一點，移動滑鼠再按左鍵輸入第二點，繼續輸入，可畫相連之多條直線，按滑鼠右鍵選"輸入"或"取消"結束。

(b) 固定角度之傾斜線：以指令"line"輸入第一點之後，第二點則用極座標的輸入方式，如鍵入"@100<45"，即為畫長度 100 角度 45 之直線。

(c) 水平或垂直線：必須開啓(按下)狀態列之正交功能(Ortho on)，畫圖過程中可隨時按下或按 F8，使正交功能開啓或關閉，再依 (a)項之操作方法畫線。

(d) 平行線：按一下編輯工具列之"偏移"圖像按鈕，如圖 5.11 所示，或用指令"offset"，再輸入平行偏移之距離(Distance)或通過(Through)，再選直線，最後選該直線之平行邊方向即可。可連續操作畫平行線，結束時按滑鼠之右鍵，此功能亦可使用在圓、橢圓或曲線上等。

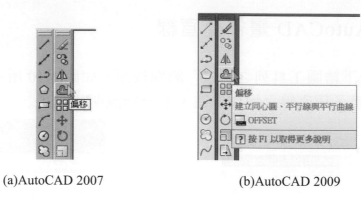

(a)AutoCAD 2007　　　　　　(b)AutoCAD 2009

圖 5.11　以 "偏移" 圖像畫平行線

(e) 垂直線：先按下狀態列之物件鎖點並設定好 "垂直點" 模式後
再畫直線，或以指令 "line" 輸入第一點後，再鍵入 "per"，
再選欲垂直之線，當出現垂直符號時按下即可。

5.3　圓弧之畫法

　　畫圓弧以圓圈板及自動鉛筆繪製較方便，但圓圈板上之圓有固定
之直徑，畫其他尺度之圓弧，必須以圓規繪製。畫圓弧時必須先畫兩
條互相垂直之中心線，以確定圓心的位置。用圓圈板繪製時，必須以
圓圈板上之兩垂直線對準兩中心線畫圓。用圓規畫圓時，要在製圖機
之水平比例尺的上方，量取半徑刻度大小，如圖 5.12 所示。不可在比
例尺之邊緣量取刻度，以免破壞尺邊。以圓規畫圓弧請參閱第 3.4.1 節
圓規之使用方法。

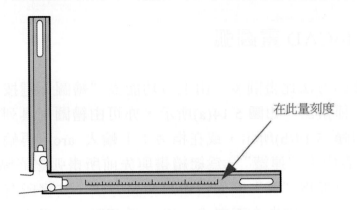

在此量刻度

圖 5.12 在水平比例尺的上方量取半徑刻度

5.3.1 AutoCAD 畫圓

由上方功能表"繪圖"選按"圓",其下共有六種畫法,分別為中心點半徑、中心點直徑、二點、三點、相切相切半徑及相切相切相切等,如圖 5.13(a)所示,亦可直接按繪圖工具列之"圓"圖像按鈕,如圖 5.13(b)所示,或以指令"circle",再輸入畫圓之副指令。功能表中之"相切相切相切"是直接以三點畫圓並開啟物件鎖點的"相切點"所畫的,但圖中必須先已有三條直線或圓弧等以便相切之用。

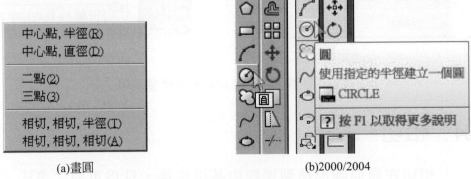

(a)畫圓   (b)2000/2004

圖 5.13 畫圓方法

5.3.2　AutoCAD 畫圓弧

　　畫圓弧的方法比畫圓多，由上方功能表"繪圖"選按"弧"，其下共有十一種畫法，如圖 5.14(a)所示，亦可由繪圖工具列之"弧"圖像按鈕，如圖 5.14(b)所示，或在指令：下輸入 arc，再輸入畫弧之副指令。功能表中之"連續"，爲繼續畫與先前所畫弧之終點相切之弧。以"三點"畫弧爲"弧"圖像按鈕之預設方法，其實所有方法皆可由"三點"開始輸入副指令而完成，如 S 爲起點，C 爲中心點，E 爲終點，A 爲角度，L 爲弦長，R 爲半徑，D 爲起點之切線方向。畫圓弧的方法雖多，在應用上則只能依圖中已知的圓弧條件來完成，有時甚至可先畫一圓，再將多餘之圓弧剪斷較方便。

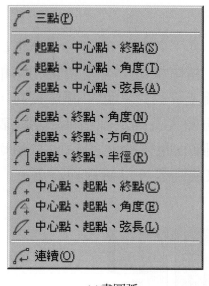

(a)畫圓弧

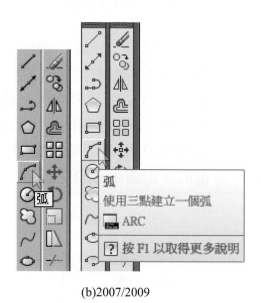

(b)2007/2009

圖 5.14　弧功能表及圖像按鈕

5.4　相切

　　相切在幾何圖形繪製過程中甚爲常見，且爲重要之畫法。相切之情況有圓弧切直線以及圓弧切圓弧等兩種，其幾何關係如下：

(a) 圓弧與直線相切：如圖 5.15 所示，切點與圓心之連線必與直線垂直。

(b) 圓弧與圓弧相切：如圖 5.16 所示，切點必在兩圓心之連心線上或其延長線上。

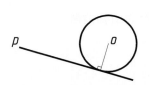 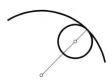

圖 5.15　圓弧與直線相切　　　　　圖 5.16　圓弧與圓弧相切

　　線條有相切情況發生時，要確實繪製，如圖 5.17 所示，使切點位置的線寬保持不變。初學者常不小心畫成相交或相接觸之情況，如圖 5.18 所示，為錯誤之相切情形，必須避免。當圓弧與兩直線或圓弧相切時，其圓心位置為絕對位置，可用作圖法求得，或以多次嘗試之方式，直接以量好半徑之圓規在圖上尋找圓心，後者為熟練的製圖者常用的方法。以嘗試之方式尋找圓心時，須作圖將兩相切之線條，畫超過相切之位置，以確定為相切，並可找出精確的切點位置。如圖 5.19 所示，精確切點之位置，應在兩相切線從接觸到分開的中間位置。

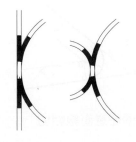 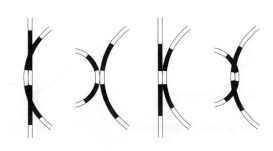

圖 5.17　正確的相切　　　　　　　圖 5.18　錯誤的相切

圖 5.19　切點應在兩相切線從接觸到分開的中間位置

5.4.1　作圓弧與兩直線相切

　　兩直線爲已知，相切圓弧之半徑 r 亦爲已知，圓心則爲唯一之絕對位置，依兩直線夾角不同說明如下：

(a) 兩直線垂直：如圖 5.20 所示，以 a 爲圓心，已知半徑 r 爲半徑作圓弧，分別交直線 ab 及 ac 於點 t_1 及 t_2，再分別以 t_1 及 t_2 爲圓心，以 r 爲半徑畫圓弧，得交點 o，即爲所求切圓之圓心，t_1 及 t_2 爲圓弧切兩直線之切點。

(b) 兩直線夾角爲鈍角或銳角：如圖 5.21 所示，以兩直線 ab 及 ac 上之任意位置爲圓心，r 爲半徑，於夾角內面分別畫兩圓弧，另作兩直線分別平行兩已知直線 ab 及 ac，且切於所畫之兩圓弧，得交點 o，即爲所求切圓之圓心。

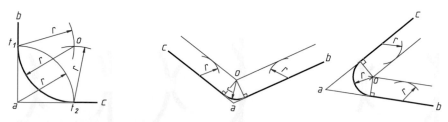

圖 5.20　圓弧與兩垂直線相切　　　　圖 5.21　圓弧與兩任意直線相切

5.4.2　作圓弧與兩圓弧相切

　　兩已知圓弧之圓心分別為 o_1 及 o_2，半徑分別為 r_1 及 r_2，設切圓之半徑為 r，相切情況可分為內切、外切、及內外切等三種，茲分別說明如下：

(a) 外切：如圖 5.22 所示，以 o_1 為圓心，$r-r_1$ 為半徑，以 o_2 為圓心，$r-r_2$ 為半徑，分別畫兩圓弧，得交點 o，即為所求切圓之圓心。

(b) 內切：如圖 5.23 示，以 o_1 為圓心，$r+r_1$ 為半徑，以 o_2 為圓心，$r+r_2$ 為半徑，分別畫兩圓弧，得交點 o，即為所求切圓之圓心。

(c) 外切 o_1 圓內切 o_2 圓：如圖 5.24 示，以 o_1 為圓心，$r-r_1$ 為半徑，以 o_2 為圓心，$r+r_2$ 為半徑，分別畫兩圓弧，得交點 o，即為所求切圓之圓心。

　　圓弧與圓弧相切時，必須確實的找出其切點位置，切點應在兩圓之連心線或其延長線上。

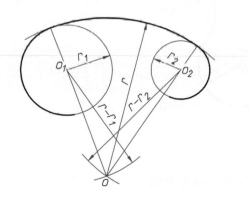

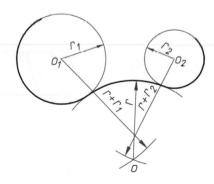

　　　　圖 5.22　圓外切兩圓　　　　　　　　　圖 5.23　圓內切兩圓

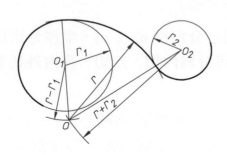

圖 5.24　圓內外切兩圓

5.4.3　作圓弧相切於直線及圓弧

　　已知圓弧之圓心為 o_1，半徑為 r_1，已知直線 ab，已知切圓之半徑為 r，如圖 5.25 所示，作直線 cd 平行直線 ab，距離為 r，以 o_1 為圓心，$r + r_1$ 為半徑畫圓弧，交直線 cd 於點 o，即為所求切圓之圓心。

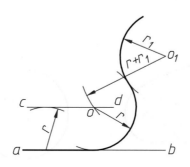

圖 5.25　圓弧切於直線及圓弧

5.4.4　反向曲線

　　兩直線間畫反向曲線，可依兩直線是否平行，以及反向曲線切兩直線之點是否為固定點，各有不同的畫法，茲分別說明如下：

(a) 已知兩直線 ab 及 cd 平行：如圖 5.26 所示，在兩直線間作兩圓弧成反向曲線，相切於點 e。點 e 應在點 b 及 c 之連線上，作 ce 之垂直平分線，以及從點 c 作線垂直 cd，得兩直線之交點 o_1，以 o_1 為圓心至點 e(或點 c)為半徑作圓弧 ce。另一圓弧 be 之作法相同。此兩反向曲線之圓心 o_1 及 o_2 之連線必經過點 e，且直線 ce 與 be 之比例恰為 r_1 與 r_2 之比值。

(b) 已知兩直線 ab 及 cd 平行：將點 c 及 b 連成第三線，在三線間作兩圓弧成反向曲線，相切於點 e，如圖 5.27 所示，以 c 為圓心，ce 為半徑作圓弧，交直線 cd 於點 m。經點 e 作線垂直 bc，以及點 m 作線垂直 cd，得兩直線之交點 o_1，以 o_1 為圓心至點 e(或點 c)為半徑作圓弧 em，可同時切於直線 bc 及 cd。另一圓弧 en 之作法相同。直線 ce 與 be 之比例仍和 r_1 與 r_2 之比例相同。

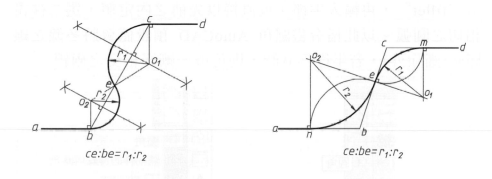

$ce:be=r_1:r_2$　　　　　　　　　　$ce:be=r_1:r_2$

圖 5.26　反向曲線(一)　　　　　　　　圖 5.27　反向曲線(二)

(c) 已知兩直線 ab 及 cd 不平行：在兩直線間畫反向曲線，仍可採用上面介紹的第(b)項的作圖法，如圖 5.28 所示，惟直線 ce 與 be 之比例將與 r_1 與 r_2 之比例無關。比較第(a)及(b)項的兩種反向曲線，圖中曲線與直線相切情況之相異處。當反向曲線與兩直線之切點為固定時，則必須採用第(a)項的作圖法。

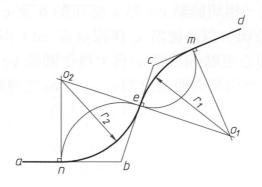

圖 5.28　兩直線不平行反向曲線

5.4.5　AutoCAD 畫相切

(a) 選按修改工具列之"圓角"圖像按鈕，如圖 5.29 所示，或用指令"fillet"，再輸入半徑，或直接以先前之內定值，選二線畫相切之圓弧。以此指令畫圓角 AutoCAD 預設值會將多餘之線刪除(圓除外)，若半徑為 0 時，則可得一剛好相交之兩線。

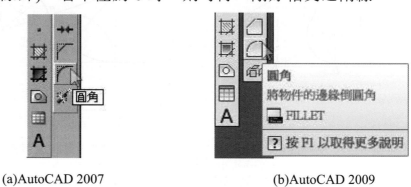

(a)AutoCAD 2007　　　　　　　　　　(b)AutoCAD 2009

圖 5.29　畫圓角

(b) 亦可選按繪圖工具列之"圓"圖像按鈕，或以指令"circle"，再選副指令中之 TTR(相切，相切，半徑)，畫一圓與兩已知線相切。

(c) 在繪圖之過程中,亦可用指令"osnap",或在狀態列"物件鎖
點"按右鍵選"設定值…",再選副指令"相切點",作(與線
或圓弧)相切之繪製。

5.5 等分

利用圖形幾何原理,以三角板或圓規之作圖方式,可將線段、圓
弧、或角等作等分,茲分別說明如下:

(a) 作線段之中垂線:如圖 5.30 所示,以圓規量取超過線段之一半
長為半徑,分別以線段之兩端點為圓心,作兩圓弧相交,連接
兩交點即得該線段之中垂線。

(b) 二等分一線段:如圖 5.31 所示,以三角板之相同角度,分別由
已知線段之兩端點畫兩直線相交,由交點向線段作垂線,可二
等分該線段。

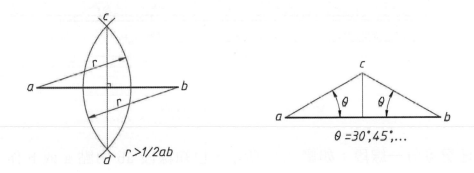

圖 5.30　作中垂線　　　　　　　圖 5.31　二等分一線段

(c) 三等分一線段:如圖 5.32 所示,以三角板之 30 度角,分別由
已知線段之兩端點畫兩直線,得交點 c,再以三板之 60 度角,
由點 c 畫對應之兩直線,即可將該線段三等分。

(d) 偶數等分:如圖 5.33 所示,重覆作二等分一線段,可將線段作
偶數倍等分。

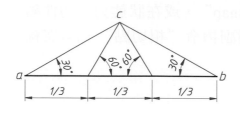

圖 5.32 三等分一線段

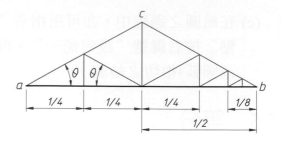

圖 5.33 偶數等分線段

(e) 三倍數等分：如圖 5.34 所示，重覆二等分及三等分一線段之組合，可將線段等分成 2 及 3 的倍數等分，如 3、6、9、12 等分。

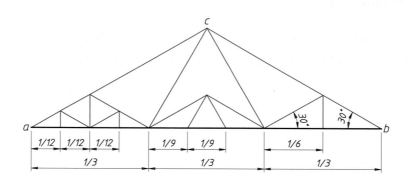

圖 5.34 三倍數等分一線段

(f) 任意等分一線段：如圖 5.35 所示，已知線段 ab 由點 a 或 b 作一任意銳角之直線，以分規量取一適當長度，作 5 等分時量取 5 段長，作 7 等分時量取 7 段長，餘類推。再以相似三角形之幾何定理畫平行線，如圖中所示，即可將該線段任意等分。

(g) 二等分角或圓弧：如圖 5.36 所示，已知角 aob 或圓弧 ab，以 o 為圓心，任意長為半徑畫一圓弧，分別交直線 oa 及 ob 於點 m 及 n，再分別以 m 及 n 為圓心，任意長為半徑畫一圓弧，得交點 c，連接 oc 可將角或圓弧二等分。

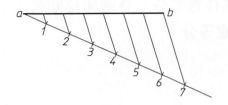

圖 5.35　任意等分一線段　　　　　圖 5.36　二等分角或圓弧

(h) 二等分圓弧：如圖 5.37 所示，以圓規量取適當長為半徑，以圓
弧之兩端點為圓心作圓弧，可得兩交點，連接此兩點，即可將
圓弧二等分。另一法如圖 5.38 所示，利用前面二等分一線段的
相同作法，也可將圓弧二等分。

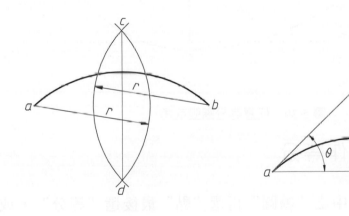

圖 5.37　二等分圓弧(一)　　　　　圖 5.38　二等分圓弧(二)

(i) 任意等分圓弧或角：如圖 5.39 所示，已知角 aob 及圓弧 ab，以 o
為圓心，oa 為半徑，將圓弧延長為一半圓形，得點 c，分別以 a
及 c 為圓心，ac 長為半徑，作圓弧得交點 p，連接 pb 與 ac 交於
點 e，以任意等分一線段之方法，參閱前面之第(f)項，將直線

ae 作任意等分，如圖中之 7 等分；從點 p 作線經各所求之等分點，延長至圓弧 ab 上，可將圓弧任意等分。分別連接圓弧上之等分點至點 o，即可將角 aob 任意等分。

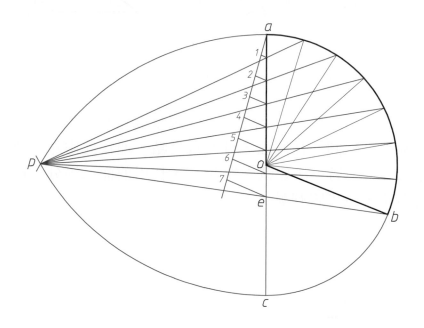

圖 5.39　任意等分圓弧或角

5.5.1　AutoCAD 作等分

選按上方功能表中之"繪圖"再選"點"最後選"等分"，或以指令"divide"可將線段或圓弧等分，先選取要等分的線段或圓弧，再輸入等分之數目，AutoCAD 用點的方式顯示等分點位置。點的顯示方式請參閱指令"point"的大小及式樣，或由功能表"格式"選"點型式"，將出現點型式對話框，如圖 5.40 所示，通常左上角的預設型式不容易看清處，但若只當抓取用時則無所謂。線段等分好後，其等分點可用物件鎖點中的"單點"選項抓取，繪圖過程中只要出現單點符號按下左鍵即可抓取到等分點的位置。

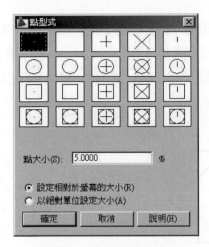

圖 5.40　點型式對話框

5.6　正多邊形畫法

　　正多邊形可外接一圓，亦可內切一圓。正多邊形因與圓關係密切，通常以圓開始作圖。工程圖中常見的正多邊形有三角形、四邊形、及六邊形等三種，求作方法分別說明如下：

(a) 正三角形：(1)已知圓畫入內接正三角形(圖 5.41)，取圓之二分之一半徑的位置，可得正三角形之一邊，另兩邊連接中心位置即可。(2)已知圓畫外切正三角形(圖 5.42)，可用 60 度三角板切圓弧即得。(3)已知三角形之邊長(圖 5.43)，可以圓規量取邊長為半徑，分別以已知邊長之兩端點作圓弧相交，交點與邊長之兩端點連接即為正三角形。

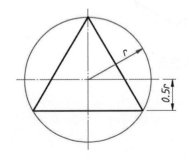
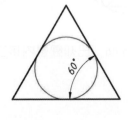
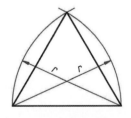

圖 5.41　圓畫內接正三角形　　圖 5.42　圓畫外切正三角形　　圖 5.43　已知邊長畫正三角形

(b) 正四邊形：(1)已知圓畫外切正四邊形(圖 5.44)，可以 45 度三角板，或水平及垂直線切知圓圓即可。(2)畫內接正四邊形(圖 5.45)，在圖之兩條中心線，或 45 度之直徑線上，取點直接繪製即爲正四邊形。

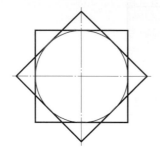

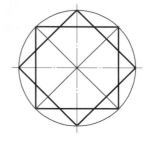

圖 5.44 　圓畫外切正四邊形　　　　　　圖 5.45 　圓畫內接正四邊形

(c) 正六邊形：(1)已知圓畫內接正六邊形(圖 5.46)，圓之半徑即爲正六邊形之邊長，可直接以圓之半徑畫圓弧求得。(2)畫外切正六邊形(圖 5.47)，可用 30 度或 60 度之三角板，畫切圓之直線即可得。(3)已知正六邊形之邊長求正六邊形(圖 5.48)，可直接以 30 度及 60 度之三角板畫線相交即可得正六邊形。

圖 5.46 　已知圓畫內接正六邊形

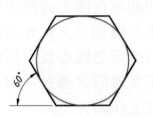
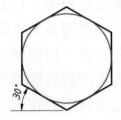
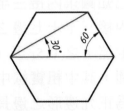

圖 5.47　畫外切正六邊形　　　　圖 5.48　已知邊長求正六邊形

5.6.1　任意正多邊形

　　畫任意多邊形之已知條件為外接圓或邊長，茲分別說明如下：

(a) 已知圓畫任意內接正多邊形：已知圓之直徑 ab，如圖 5.49 所
　　示，分別以點 a 及 b 為圓心，ab 長為半徑作圓弧交於點 p，可
　　將直線 ab 等分為所求的正多邊形的邊數，如 7 等分，由點 p
　　連接各偶數之等分點，並延長至已知圓弧上，連接圓弧上之點，
　　可得半圓之三個半的正七邊形，與另一半圓之三個半邊，即為
　　一內接正七邊形。

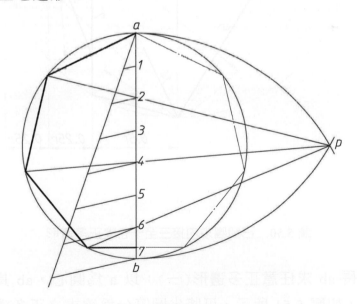

圖 5.49　已知圓畫內接任意正多邊形

(b) 已知圓求內接三至十七邊正多邊形：已知圓可在圓上直接求出
內接三至十七邊之正多邊形之邊長，如圖 5.50 所示，首先求作
半徑 r 之 0.5r 及 0.25r 之位置，按照圖中所示之圓心及半徑作
圓，其中粗實線中間之數字即表該線為正多邊形之邊長，如 9
為正九邊形之邊長等，此法適用於在圓柱上作圖。

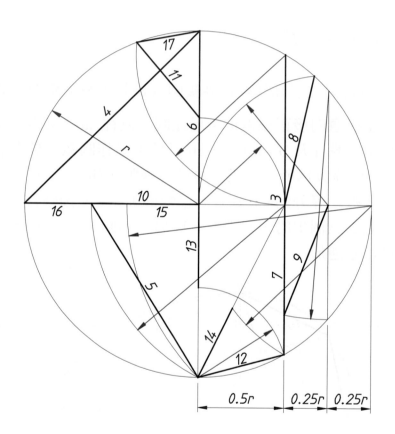

圖 5.50 已知圓求內接三至十七邊正多邊形

(c) 已知邊長 ab 求任意正多邊形(一)：以 a 為圓心，ab 長為半徑
作半圓，如圖 5.51 所示，可將半圓等分為欲求之正多邊形之邊

數，參閱圖 5.49 之作法，如等分為 7 等分，取等分點 2 之位置，
連接直線 2a 及 ab 即為正七邊形之兩個邊，以兩弦之中垂線求
出正七邊形之外接圓的圓心，畫外接圓，由點 a 連接各等分點，
延長至外接圓上，可求得正七邊形。

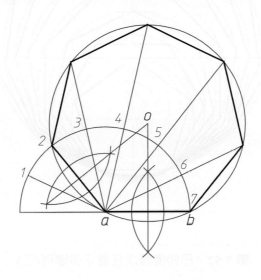

圖 5.51　已知邊長求任意正多邊形(一)

(d) 已知邊長 ab 求任意正多邊形（二）：如圖 5.52 所示，分別以點 a
及 b 為圓心，ab 長為半徑，作圓弧得交點 6，並作 ab 之中垂線，
點 6 即為正六邊形外接圓之圓心，將直線 ab 等分為 6 等分，並
將各等分長移至中垂線上，從點 5 開始，點 5 為正五邊形外接
圓之圓心，點 7 為正七邊形外接圓圓心，餘類推。採用這此法
在正十二邊之後，邊數愈多誤差可能愈大。

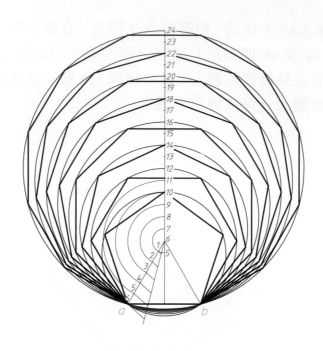

圖 5.52 已知邊長求任意正多邊形(二)

5.6.2 AutoCAD 畫正多邊形

AutoCAD 有指令可直接畫正多邊形，以功能表之"繪圖"再選
"多邊形"或由繪圖工具列之"多邊形"圖像按鈕，如圖 5.53 所示，
或輸入指令"polygon"等，首先輸入邊數之後，再選擇輸入邊長
"edge"，或輸入中心點位置。如果輸入中心點位置，可再選擇畫內
接(I-scribe)或外切(C-scribe)某圓之正多邊。故畫正多邊形時，皆通常
先畫一圓及中心線。

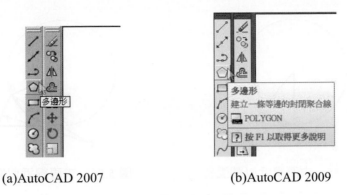

(a)AutoCAD 2007　　　　(b)AutoCAD 2009

圖 5.53　多邊形圖像按鈕

5.7　近似弧長

　　圓弧長之求法，除了用圓周長＝直徑×3.14159 的計算方式外，亦可用作圖法求弧長，茲介紹三種求近似弧長之方法如下：

(a) 將圓等分以弦長取代弧長：圓之等分數目愈多，所求之弧長愈精確，以 12 等分爲例，如圖 5.54 所示，直線長比圓周短少約百分之 1.1384。展開圖常用此法求圓弧長。

(b) 作直線近似圓弧長：當圓弧小於 45 度時，如圖 5.55 所示，作圓弧之弦 ab，延長 ba 至 c，使 ac 爲 ab 之一半，以 c 爲圓心，cb 長爲半徑作圓弧，交經點 a 之圓的切線於點 d，直線 ad 爲圓弧 ab 之近似長度。當圓弧爲 45 度至 90 度之間時，如圖 5.56 所示，使 ac 等於圓弧 ab 之一半的弦長 am，所求之直線 ad 爲更近似圓弧 ab 之長度。

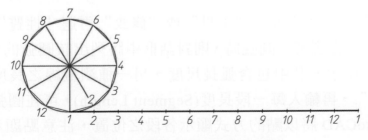

圖 5.54　圓等分以弦長取代弧長

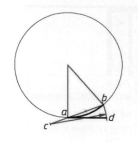
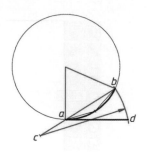

圖 5.55 求直線近似圓弧長　　　　圖 5.56 求直線近似圓弧長

(c) 作近似直線長之圓弧：當直線 ab 長爲已知時，如圖 5.57 所示，
直線 ab 切圓於點 a，使 ac 爲 ab 之四分之一長，以 c 爲圓心，
cb 爲半徑，作圓弧交圓於點 d，得圓弧 ad 近似直線 ab 之長。
當圓弧 ad 大於 60 度時，則求 ab 一半之近似弧長。

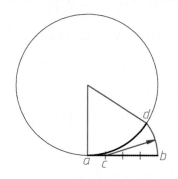

圖 5.57 求近似直線長之圓弧

5.7.1 AutoCAD 求弧長

由螢幕上方功能表之"工具"或"修改"再選"性質"，將出現
性質對話框，當選某一圓弧時，則對話框中將列出該圓弧的各項資料，
如圖 5.58 所示，其中包含弧長尺度。另一種測量線之長度可用指令
"measure"，再輸入每一段長度(Segment Length)，可在圓弧及直線上
量取，AutoCAD 將以點的方式顯示各段之位置，注意點顯示的形式。

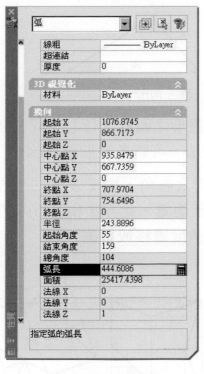
(a)AutoCAD 2007

(b)AutoCAD 2009

圖 5.58　弧的性質對話框

5.8　常見之幾何特性

在繪製各種圖形之過程中，常需用到某些幾何圖形之特性，雖有些可以電腦製圖之指令求得，但若在地面上作圖時，則必須用作圖法求之，茲分別以圖例說明如下：

(a) 已知三角形之各邊長，畫三角形：(圖 5.59)先畫任一邊之直線，以直線之兩端點為圓心，其餘兩邊為半徑，分別作圓弧相交，以交點連接直線之兩端即得三角形。求展開圖時常用此法。

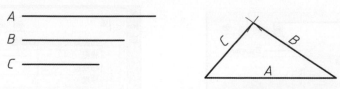

圖 5.59　已知各邊長，畫三角形

(b) 三角形遷移法：(圖 5.60)，將一多邊形之圖形，任意分成多個三角形，連續以第(a)項之三角形畫法，可將多邊形遷移。

(c) 坐標遷移法：(圖 5.61)，將一多邊形之各角，按 x 及 y 之坐標單位，可放大、縮小、或直接遷移至他處。此方法和第(b)項的遷移圖形方法，比用直線長度以及角度遷移較精確。

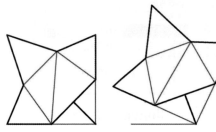 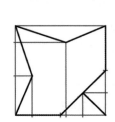 

圖 5.60　三角形遷移法　　　　　　圖 5.61　坐標遷移法

(d) 圓之半徑可 6 等分圓：(圖 5.62)圓之半徑剛好可 6 等分一圓，此法亦為繪製正六邊形方法之一。

(e) 由圓上兩弦之中垂線可求得圓心：(圖 5.63)圓上之任意兩弦之中垂線必相交於圓心。

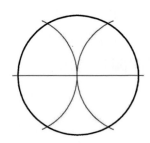 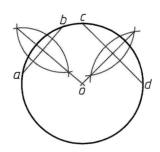

圖 5.62　半徑可 6 等分圓　　　　圖 5.63　兩弦之中垂線可求得圓心

(f) 連接直徑之弦成 90 度：(圖 5.64)由圖上之任意點連接直徑之兩弦應成 90 度。

(g) 經線外一點作平行線：(圖 5.65)已知直線 ab 及線外一點 c，以 c 為圓心，適當長為半徑作弧交 ab 於點 m，以 m 為圓心，相同長為半徑，經點 c 作弧交 ab 於點 n，以 m 為圓心，nc 直線長為半徑作圓弧，得交點 d，連接 cd 即為所求之平行線。

(h) 已知距離作平行線：(圖 5.66)已知直線 ab 及距離 r，以 ab 線上任二點為圓心，r 為半徑作圓弧，畫切兩圓弧之直線 cd，即為所求之平行線。

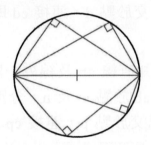
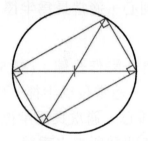

圖 5.64　直徑之弦成 90 度

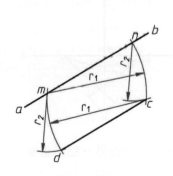
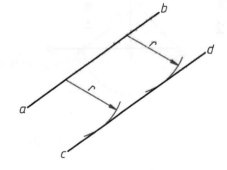

圖 5.65　經線外一點作平行線　　　　圖 5.66　已知距離作平行線

(i) 已知距離作曲線上之平行線：(圖 5.67)已知直線 ab 及距離 r，在曲線 ab 上取多個任意點為圓心，r 為半徑畫圓，以曲線板連接圓弧兩邊之切線，即可得曲線之等距平行線。

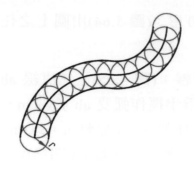

圖 5.67　已知距離作曲線之平行線

(j) 已知線上一點作垂線：(圖 5.68)已知直線 ab 及線上一點 c，以 c 為圓心，適當長為半徑，作弧交 ab 於點 m 及 n，分別以點 m 及 n 為圓心，適當長為半徑，作弧交於點 d，連接 cd 即為所求之垂線。

(k) 已知線外一點作垂線：(圖 5.69)已知直線 ab 及線外一點 c，以 c 為圓心，適當長為半徑，作弧交 ab 於點 m 及 n，分別以點 m 及 n 為圓心，適當長為半徑，作弧交於點 p，連接 cp 交 ab 於點 d，cd 即為所求之垂線。

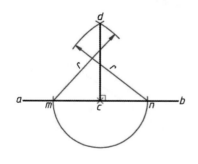 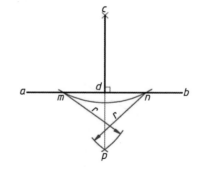

圖 5.68　已知線上一點作垂線　　　圖 5.69　已知線外一點作垂線

5.9　割錐線

　　以平面切割正圓錐所產生之相交線，稱為割錐線 (Conic Sections)，因切割位置之異，可產生不同之相交線，共有等腰三角形，圓，橢圓，拋物線，以及雙曲線等五種割錐線，茲分別說明如下：

(a) 由圓錐頂切向底圓：切割面由圓錐頂任意切向底圓，可得一等腰三角形，如圖 5.70 所示。

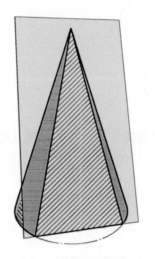

圖 5.70　由圓錐頂切向底圓

(b) 平切圓錐：即切割面由垂直圓錐之中心軸方向，平切圓錐，可得一圓，如圖 5.71 所示。

(c) 傾斜切割圓錐：切割面以任意傾斜角切割圓錐，如切割圓柱般，可得一橢圓(Ellipse)，如圖 5.72 所示。

(d) 平行圓錐之邊線切割：切割面平行圓錐之邊線，切割圓錐，可得一拋物線(Parabola)，如圖 5.73 所示。

(e) 平行圓錐中心軸切割：切割面與圓錐之中心軸平行時，切割圓錐可得一對雙曲線(Hyperbola)之一，如圖 5.74 所示。

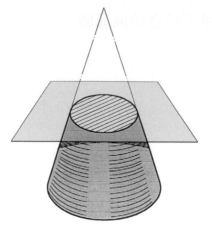

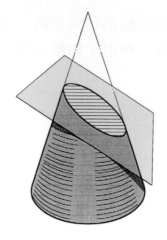

圖 5.71　平切圓錐可得圓　　　　圖 5.72　傾斜切割圓錐可得橢圓

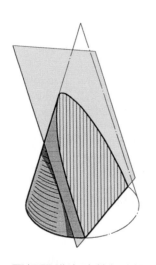

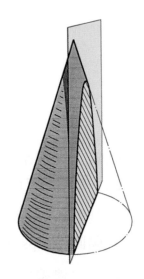

圖 5.73　平行圓錐之邊線切割得拋物線　　圖 5.74　平行圓錐中心軸切割得雙曲線

　　在以上五種割錐線當中，除三角形為直線外，其餘的圓、橢圓、拋物線及雙曲線等皆為曲線，此四種曲線因由平面所切割而得，故皆屬於平面曲線，稱為圓錐曲線。圓錐曲線為工程設計圖中常使用之曲線，初學者必須能熟悉其定義及繪製方法。於下面章節中將詳細介紹各圓錐曲線的定義以及畫法。

5.10　橢圓

當一點移動時與兩定點距離之和恒爲一常數，此點所行逕之軌跡稱爲橢圓。如圖 5.75 所示，兩定點 F1 及 F2 稱爲焦點，常數爲橢圓之長軸(Major Axis)，穿過中心垂直長軸者稱爲短軸(Minor Axis)。以短軸之一端爲圓心，長軸之半爲半徑作弧，則可經過兩個焦點。以數學方程式表示，如圖 5.76 所示，當橢圓之中心在原點(0,0)時，數學方程式爲：$(x^2/a^2)+(y^2/b^2)=1$。

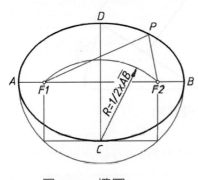

圖 5.75　橢圓

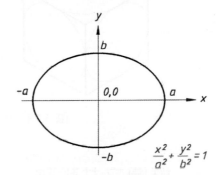

圖 5.76　橢圓之數學方程式

5.10.1　橢圓角

當圓傾斜觀看之即爲橢圓，傾斜角稱爲橢圓角，範圍由 0 度至 90 度，90 度之橢圓爲原來之圓，0 度之橢圓爲一直線，如圖 5.77 所示。橢圓角之大小可以代表橢圓之肥瘦情行，通常模板上之橢圓，皆以橢圓角表之。常見之立體等角投影圖(Isometric Projection)，如圖 5.78 所示，乃因立方體傾斜 35 度 16 分所形成，故其主平面上之圓，皆必須以 35 度 16 分之橢圓繪製。

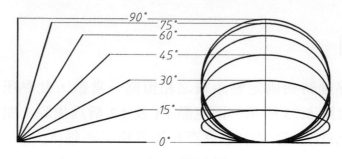

圖 5.77　橢圓角

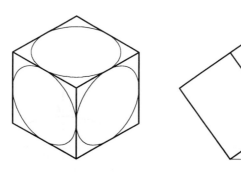

圖 5.78　等角投影圖之橢圓角

5.10.2　橢圓之共軛軸

因圓傾斜觀之即為橢圓，若以一正方形平面畫一內切圓時，如圖 5.79 所示，此正方形平面若在空間任意方位觀之時，正方形成一平行四邊形，圓則變成橢圓，如圖 5.80 所示，原來畫在圓上之兩中心線即為橢圓之一對共軛軸。

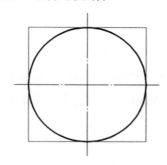

圖 5.79　正方形平面畫一內切圓

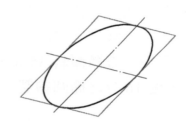

圖 5.80　圓變成橢圓

　　任何穿過橢圓中心之直線，均可視爲共軛軸之一，且必平行於另一共軛軸之橢圓切線。當正方形被投影成矩形時，橢圓之長軸及短軸即爲共軛軸，如圖 5.81 所示。當正方形投影成菱形時，兩共軛軸等長，如圖 5.82 所示。

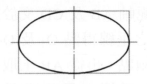

圖 5.81　矩形內之橢圓

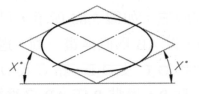

圖 5.82　菱形內之橢圓

5.10.3　橢圓之畫法

　　橢圓因曲率半徑非爲固定，無法以圓規繪製，除用橢圓規或橢圓模板可直接繪製外，可依橢圓生成之幾何原理，求出橢圓上之各點，再以曲線板連接成橢圓。另一方法爲近似畫法，可將橢圓分成數個部份，再以圓規繪製連接而成一近似橢圓，工程圖中繪製橢圓常用此法。各種繪製橢圓之方法分別說明如下：

(a) 橢圓定義法：如圖 5.83 所示，按橢圓形成之定義，求弧上之交點。已知兩焦點 F1、F2 及橢圓長軸 AB，分別以 F1 及 F2 爲圓心，以兩任意長(r^1 及 r^2)之和等於長軸爲半徑，作圓弧相交，以適當之不同半徑連續作圖，求出多個相交點，以曲線板連接各相交點即爲橢圓。

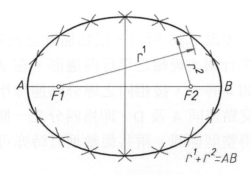

圖 5.83　橢圓定義畫法

(b) 同心圓法：如圖 5.84 所示，已知橢圓之長軸 AB 及短軸 CD，分別以 AB 及 CD 為直徑作兩同心圓，可將兩同心圓等分，如 16 等分，在各等分點上畫水平及垂直線相交，可得各交點，如圖中所示，以曲線板連接各交點即為橢圓。

(c) 圓心法：如圖 5.85 所示，已知橢圓之共軛軸 AB 及 CD 交於點 O，以 AB 為直徑畫一圓，過點 O 作 AB 之垂線得點 O_1 及 O_2，連接 O_1C 及 O_2D，點 C 及 D 為橢圓上之兩點；再從 AB 上取任一點 P，過點 P 作 AB 之垂線得點 P_1 及 P_2，經 P_1 及 P_2 作線分別平行 O_1C 及 O_2D，經點 P 作線平行 CD，亦可得兩交點，此亦為橢上之兩點，以相同作法可得橢圓上之各點，連接各點即為橢圓。

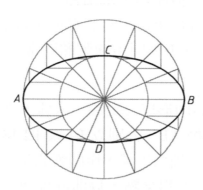

圖 5.84　橢圓繪製(同心圓法)

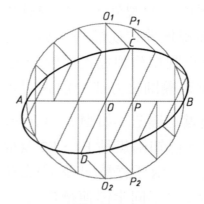

圖 5.85　橢圓繪製(圓心法)

(d) 平行四邊形法：如圖 5.86 所示，已知橢圓之共軛軸 AB 及 CD 交於點 O，作平行兩共軛軸之平行四邊形，在 AO 及 AP 上作相同之等分，如 4 等分，按相同之等分點連線相交，如圖中所示，可得三個交點連同 A 及 D，即為四分之一橢圓軌跡，依相同方法作圖可得整個橢圓。兩共軛軸垂直時亦可用此法求作。

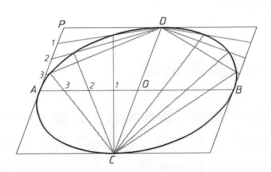

圖 5.86　橢圓繪製(平行四邊形法)

(e) 矩形內畫近似橢圓(四心法)：如圖 5.87 所示，已知橢圓之長軸 AB 及短軸 DE 交於點 O，作平行兩軸之矩形，以 O 為圓心 OA 為半徑作弧，交 DE 之延長線於點 P，以 E 為圓心 EP 為半徑畫弧，交 AE 之連線於點 Q，作 AQ 之中垂線分別交 AO 及 DO 於點 C_1 及 C_2，取 OC_1 之相同距離得點 C_3，取 OC_2 之相同距離得點 C_4，此時 C_1，C_2，C_3 及 C_4 即為畫橢圓之四個圓心，分別以 C_1，C_2，C_3 及 C_4 為圓心至 A，E，B 及 D 為半徑畫弧，4 個圓弧可在 C_1，C_2，C_3 及 C_4 之連線上相切，完成一近似橢圓剛好內切於矩形。

(f) 菱形內畫近似橢圓(四心法)：如圖 5.88 所示，已知橢圓之共軛軸 AB 及 DE 等長，作線平行兩共軛軸得一菱形，分別作菱形各邊之中垂線與菱形之對角線交於點 C_1，C_2，C_3 及 C_4，分別以 C_1，C_2，C_3 及 C_4 為圓心，至點 D，A，E 及 B 為半徑畫弧，4 個圓弧剛好相切於點 A，E，B 及 D，即完成一近似橢圓剛好內切於菱形。

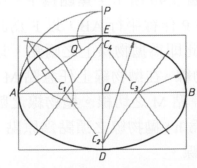

圖 5.87　矩形內畫近似橢圓(四心法)

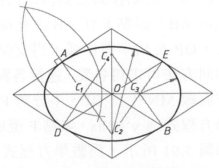

圖 5.88　菱形內畫近似橢圓(四心法)

5.10.4 AutoCAD 繪製橢圓

　　以繪圖工具列之"橢圓"圖像按鈕，如圖 5.89 所示，或由功能表"繪圖"再選"橢圓"，或指令"ellipse"等，橢圓共有三種畫法，一為先選中心點再選兩垂直共軛軸，二為選兩垂直共軛軸之軸端，三為畫橢圓弧，預設為第二種共須點選三點，第一點及第二點為第一條共軛軸的兩軸端，第三點則為另一垂直共軛軸之軸端。

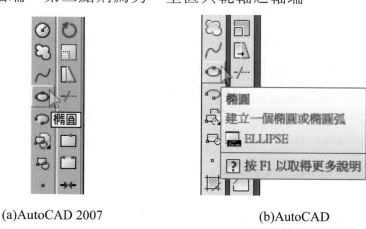

(a)AutoCAD 2007　　　　　　　(b)AutoCAD

圖 5.89　橢圓圖像按鈕

5.11　拋物線

　　當點移動時點與一定點(焦點)間之距離恒等於點與一直線(準線)之距離，該點移動之軌跡即為拋物線，如圖 5.90 所示，焦點為 F，準線為 AB，經點 F 作 AB 之垂線，取任意點 P 作線平行 AB，以 F 為圓心，OP 長為半徑作弧，得交點 P_1 及 P_2，此即為拋物線上之兩點。以相同方法可求得各點，連接各點即為一拋物線。在拋物線上任意點 M，作直線 MN 平行 OP，平分角 FMN，可得經點 M 之切線。拋物線之數學方程式為 $y^2=2hx$，焦點 F 至準線之距離為 h，拋物線之頂點為原點，如圖 5.91 所示，為數學方程式所求之拋物線。

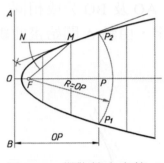

圖 5.90　拋物線之定義

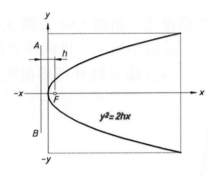

圖 5.91　拋物線之數學方程式

5.11.1　拋物線之畫法

拋物線除按以上拋物線之定義(圖 5.90)及數學方程式繪製外(圖 5.91)，另有平行四邊形法、支距法、及包絡線法等方法，茲分別說明如下：

(a) 平行四邊形法：如圖 5.92 所示，將 AO 及 AC 作相同等分，如圖中分為 5 等分，將 AC 上之等分點連接點 O，分別與 AO 上相同等分點作水平線相交，各交點即為拋物線上之點。

(b) 支距法：如圖 5.93 所示，各拋物線上之點，如圖中之 1，2，3，4 距 AO 之距離成平方比，如將 AO 分成 5 等分，等分點 1 之交點為等分點 5(AC 長)之 25 分之 1，等分點 2 為 AC 之 25 分之 4，點 3 為 25 分之 9，點 4 為 25 分之 16 等。

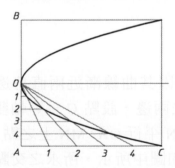

圖 5.92　拋物線繪製(平行四邊形法)

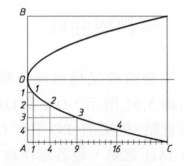

圖 5.93　拋物線繪製(支距法)

(c) 包絡線法：如圖 5.94 及圖 5.95 所示，將 AO 及 BO 分成相同等
分，按圖中所示，以直線連接相同之數字，由點 A 開始畫曲線
相切各直線至點 B 即為拋物線。

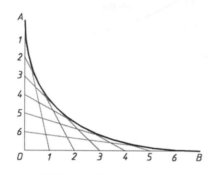

圖 5.94　拋物線繪製，包絡線法(一)

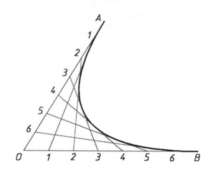

圖 5.95　拋物線繪製，包絡線法(二)

5.12　雙曲線

　　當點移動時，其與二定點(焦點)距離之差恒為一常數，此點所移
動之軌跡為一對雙曲線，如圖 5.96 所示，F_1 及 F_2 為焦點，兩頂點 A_1
及 A_2 之距離即為其常數差。分別以 F_1 及 F_2 為圓之圓心，以 F_1P_2 減
A_1A_2 為半徑(即 F_2P_2 之長)，分別作弧相交，即可求得兩個 P_2 點及兩個
P_1 點。以相同之方法連續作圖，可求得兩曲線上之各點。

5.12.1　等軸雙曲線

　　等軸雙曲線又稱為直角雙曲線，乃因其曲線漸近兩直角邊而得
名，如圖 5.97 所示，OA 及 OB 為直角之兩邊，設點 C 為等軸雙曲線
上之任意點，經 C 作 PQ 平行 OB 及作 MN 平行 OA，MN 上之點 1，2，
3 及 4 為任意點，經各點作線之方式，如圖中所示，所求之交點連線
即為等軸雙曲線。

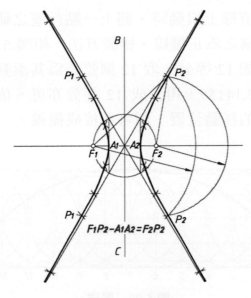

圖 5.96　雙曲線

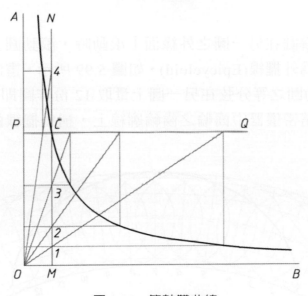

圖 5.97　等軸雙曲線

5.13　擺線

　　圓上一點，當圓滾動時該點行逕之軌跡稱為擺線(Cycloid)。圓滾動時因所滾動之表面不同，使擺線稍有差異，茲分別說明如下：

(a) 擺線：當圓在直線上滾動時，圓上一點行逕之軌跡，就直接以
擺線稱之，或稱之為正擺線，繪製方法，如圖 5.98 所示，可將
滾動圓等分，如 12 等分，取 12 個弦長為其滾動距離，或以圓
周長＝直徑×3.14159，再分成 12 等分亦可。依照圓滾動時，
圓上某固定點的移動位置，即可連接成擺線。

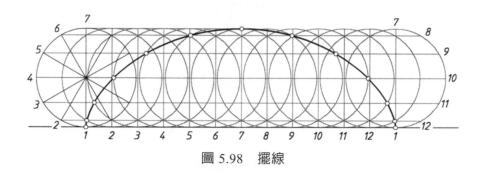

圖 5.98　擺線

(b) 外擺線：當圓在另一圓之外緣面上滾動時，滾動圓上一點行逕
之軌跡稱為外擺線(Epicycloid)，如圖 5.99 所示，畫法與擺線相
似，以滾動圓之等分弦在另一圓上量取 12 份作圖即可。外擺線
可應用在精密儀器中齒輪之齒輪廓線上，稱為擺線齒輪。

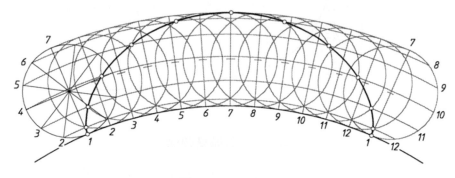

圖 5.99　外擺線

(c) 內擺線：當圓在另一圓之內緣面上滾動時，滾動圓上一點行逕
之軌跡稱為內擺線(Hypocyclcid)，如圖 5.100 所示，畫法與外
擺線相同。

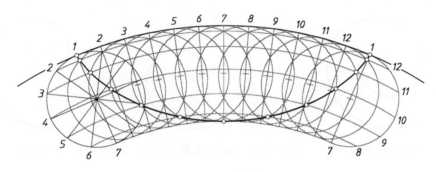

圖 5.100　內擺線

5.14　漸開線

　　由中央部位按一定規則慢慢張開之曲線，稱爲漸開線(Involutes)，有如一細繩纏於柱體上，當繩子旋轉開時，繩端所行逕之軌跡即爲漸開線。柱體通常爲一正多邊形或圓柱，依柱體之形狀不同，漸開線張開之情況即不相同，常見漸開線說明如下：

(a) 以一短線爲底：(圖 5.101)直線 AB 爲任意線段，往右旋開，開始以 B 爲圓心，AB 長爲半徑，每次畫半圓，接著改以 A 爲圓心，相切連接所畫之半圓，再以 B 爲圓心繼續重覆繪製，即每次增加 AB 之長爲半徑畫半圓，即可得一以短線爲底之漸開線。

(b) 以一正三角形爲底：(圖 5.102)正三角形 ABC，開始以 A 爲圓心三角形邊長爲半徑，每次畫 120 度，圓弧畫至 AB 之延長線上爲止，接著以 B 爲圓心相切連接所畫之圓弧，接著以 C 爲圓心，用相同方法重覆繪製，即每次所畫之圓弧半徑，必須增加一個三角形之邊長，即可得一漸開線。

(c) 以一正方形爲底：(圖 5.103)畫法與第(b)項之三角形爲底相同，每次畫 90 度之圓弧，以及每次增加一個正方形之邊長，亦可得一漸開線。

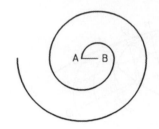 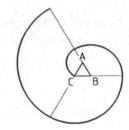 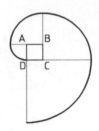

圖 5.101　漸開線畫法(一)　　圖 5.102　漸開線畫法(二)　圖 5.103　漸開線畫法(三)

(d) 以圓為底：(圖 5.104)先將圓等分，如 12 等分，以等分點為圓心，第一次取弦長為半徑畫圓弧，至該等分點之圓切線為止，接著以下一個等分點為圓心，連接所畫之圓弧，連續作圖畫弧，每次張角為 30 度，即可得一漸開線。以圓為底之漸開線被應用在一般齒輪之齒輪廓線上，稱為漸開線齒輪。

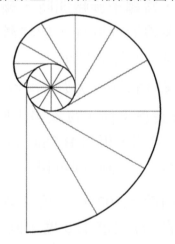

圖 5.104　漸開線畫法(四)

5.14.1　阿基米德螺旋線

當點沿直線作等速移動時，直線之一端恒在固定點上，作等角速度旋轉，點所移動之軌跡亦為一種漸開線，稱為阿基米德螺旋線(The Spiral of Archimedes)。如圖 5.105 所示，將圓及半徑長分成相同等分，如 12 等分，點由圓心 o 開始，當直線繞一周時，點由中心均勻等速移向圓弧，形成一漸開螺旋狀之曲線。

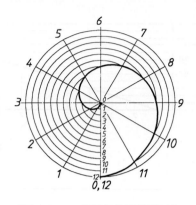

圖 5.105　阿基米德螺旋線

5.15　螺旋線

　　當一點在直線上作等速移動時，同時直角在一中心周圍作一固定方式之旋轉，稱為螺旋線(Helix)。直線與中心軸平行時，點移動之軌跡在一柱面上旋轉前進，屬於空間曲線，稱為柱面螺旋線。直線與中心軸成一角度時，點移動之軌跡在一圓錐面上旋轉前進，亦屬於空間曲線，稱為錐面螺旋線。當直線與中心軸成 90 度垂直時，點移動之軌跡在一平面上旋轉前進，屬於平面曲線，即為阿基米德螺旋線。參閱 5.14.1 節(圖 5.105)所述。

5.15.1　柱面螺旋線

　　常見如以車床自動切削螺紋所產生之切槽，當車床旋轉一周時，車刀所行逕之距離稱為導程(Lead)，如圖 5.106 所示，可將圓及導程作相同等分，如 12 等分或更多，按各等分點，投影在柱面上可得交點，連接各點即為一柱面螺旋線。若將柱面上之螺旋線展開，為一直角三角形，底為圓周長，高為導程，其夾角稱為導程角或螺旋角。

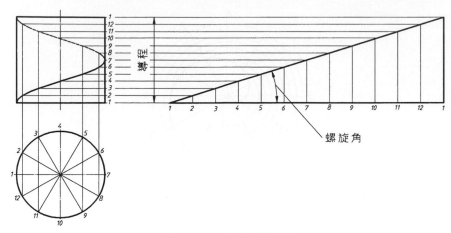

圖 5.106 柱面螺旋線

5.15.2 錐面螺旋線

　　如圖 5.107 所示為一圓錐，高為導程，點由頂點開始以等速下降至底圓，且以等角速度繞圓錐一周。作圖時可將圓錐之高以及底圓分成相同等分，如 12 等分，按各等分之位置投影，即可求得點在圓錐面移動之位置點，連接各點即為一錐面螺旋線。錐面螺旋線之上視圖，若視之為一平面曲線時，即為阿基米德螺旋線。

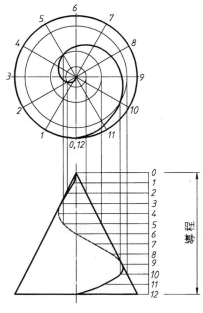

圖 5.107 錐面螺旋線

5.16　幾何形體

　　物體之形狀千變萬化，種類繁多，不易分類。因體之形成皆由面所組成，面則由線所組成，故以線及面來區分各種物體之幾何形狀較爲恰當。

5.16.1　線之分類

　　線分爲直線(Straight Line)與曲線(Curves)兩種，直線只有一種，曲線在平面上形成者稱爲平面曲線，屬於三度空間之曲線則稱爲空間曲線，線之分類如表 5-1 所示。

表 5-1　線之分類

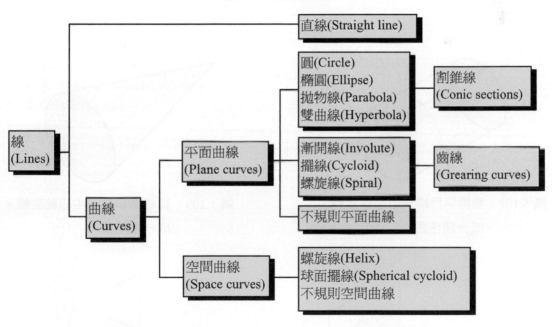

5.16.2　表面之分類

　　體(Solids)或稱爲立體，皆由各種不同之表面(Surfaces)所組成，其關係甚爲密切，因此體的種類可由表面之不同來區分，表面之分類(包括曲面)，通常可由直線在某種規則下移動所形成，稱為直紋面(Ruled Surface)，無法經由直線移動所形成者，則稱為複曲面(Double-curved Surface)，說明如下：

1. 直線之兩端分別在兩平行線或兩相交線上移動，可形成平面。

2. 直線平行繞一直線(中心軸)旋轉，如圖 5.108 所示，可形成一圓柱面。

3. 直線傾斜繞一中心軸旋轉，如圖 5.109 所示，可形成一圓錐面。

4. 直線之兩端分別在不同直線上及不同圓弧上移動，或兩空間任意直線上移動，其所形成之表面，稱為捩面(Warped Surfaces)或稱為撓曲面，各種捩面形成之體，如圖 5.110 至圖 5.114 所示。

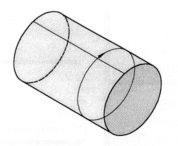

圖 5.108　直線平行繞一中心軸旋轉，
　　　　　成一圓柱面

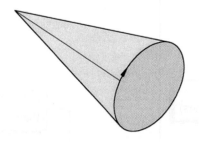

圖 5.109　直線傾斜繞一中心軸旋轉，
　　　　　成一圓錐面

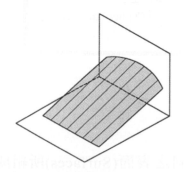

圖 5.110　錐面體(Conoid)

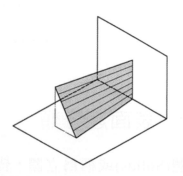

圖 5.111　雙曲拋物線體(Hyperbolic paraboloid)

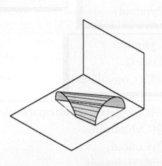

圖 5.112　柱面體(Cylindroid)

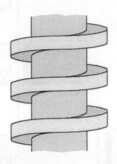

圖 5.113　螺旋面體(Helicoid)

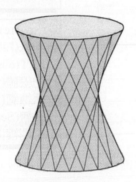

圖 5.114　迴轉雙曲線體(Hyperboloid of revolution)

5. 無法以直線之移動產生之面，屬於複曲面(Double-curved)，包
　 括有球、橢圓球、環、拋物線體、雙曲線體及蛇狀體等。

表面之分類如表 5-2 所示。

表 5-2 表面之分類

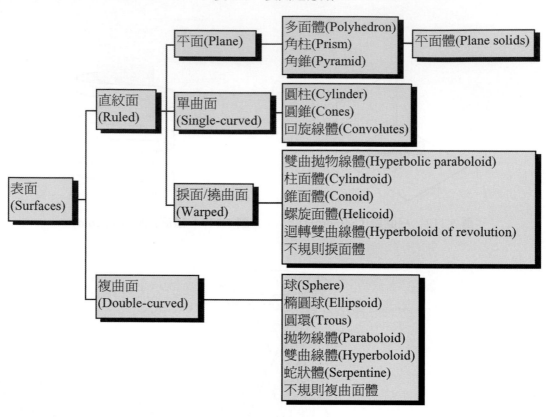

5.16.3　基本幾何形體

自然界及工程圖中常見之基本幾何形體，歸納如圖 5.115 所示。

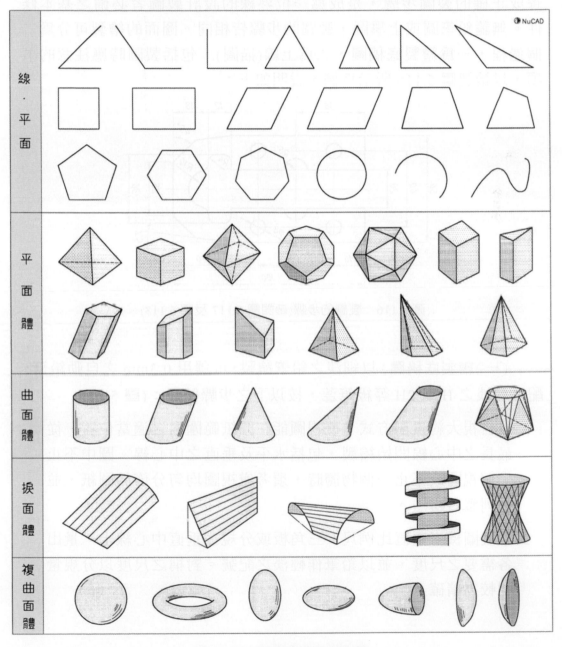

圖 5.115　常見基本幾何形體

5.17 製圖的步驟

　　遵循一定的製圖步驟，可正確及迅速的完成圖面的繪製，初學者養成正確的製圖步驟，是成為一位熟練的設計製圖者必備之基本條件。無論鉛筆圖或上墨圖，製圖的步驟皆相同。圖面的繪製可分為二個過程，一為繪製底稿圖，二為上線(描圖)，包括製圖時應注意的事項，以繪製圖 5.116 所示為例，說明如下：

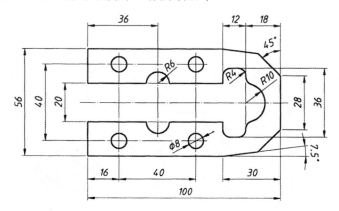

圖 5.116　製圖的步驟(參閱圖 5.117 及圖 5.118)

　　(一)繪製底稿圖：以細淡之鉛筆繪製，可選用 0.3mm 之自動鉛筆，配合較淡之 H 或 2H 等級筆蕊，按以下之步驟繪製：(圖 5.117)

1. 以目視大約量測方式，使視圖能在圖紙範圍內之適當位置。從最長之中心線開始繪製，包括水平及垂直之中心線。圖中不止一個視圖或不止一個物體時，須考慮視圖均勻分佈於圖紙，並排列整齊畫一。

2. 以製圖機之垂直比例尺、三角板或分規在垂直中心線上，量出各需要之尺度，並以鉛筆作輕淡之記號。對稱之尺度以分規量測較為精確。

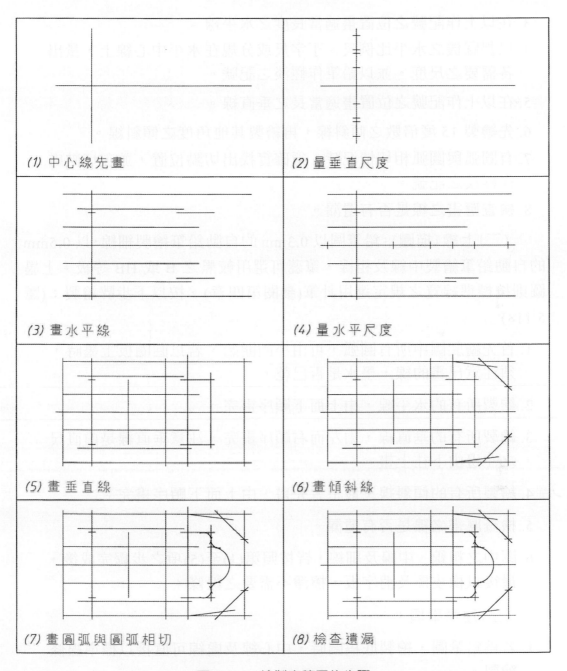

(1) 中心線先畫 *(2) 量垂直尺度*

(3) 畫水平線 *(4) 量水平尺度*

(5) 畫垂直線 *(6) 畫傾斜線*

(7) 畫圓弧與圓弧相切 *(8) 檢查遺漏*

圖 5.117 繪製底稿圖的步驟

3. 在以上作記號之位置畫適當長度之水平線。

4. 以製圖機之水平比例尺、丁字尺或分規在水平中心線上，量出各需要之尺度，並以鉛筆作輕淡之記號。

5. 在以上作記號之位置畫適當長之垂直線。

6. 先繪製 15 度倍數之傾斜線，再繪製其他角度之傾斜線。

7. 有圓弧與圓弧相切情況時，須確實找出切點位置，並在切點處作輕淡之記號。

8. 檢查應畫之線是否有遺漏。

（二）上線（描圖）：鉛筆圖以 0.3mm 的自動鉛筆繪製細線，以 0.5mm 的自動鉛筆繪製中線及粗線，筆蕊可選用較黑之 B 或 HB 等級。上墨圖則按標準線寬之規定選用針筆(參閱第四章)。按以下步驟繪製：(圖 5.118)

1. 首先繪製圖中所有圓弧，可由小圓開始，若以圓圈板上墨時，須注意已畫的線，墨水是否已乾。

2. 繪製所有的水平線，由上而下順序畫完。

3. 繪製所有的垂直線，由左而右順序畫完，注意垂直線是由直尺之左邊由下往上畫。

4. 繪製所有的傾斜線，最上者先畫，由上而下順序畫完。

5. 檢查應畫之線是否有遺漏。

6. 圖中之粗線、中線及細線，皆按照第(1)至(5)項之步驟完成後，最後以橡皮擦及消字板，擦淨不需要之線條。

（三）注意事項：

1. 若為鉛筆圖，繪製底稿圖時，中心線及虛線可直接以標準線條繪製。

2. 圖形複雜或視圖不止一個時，繪製底稿圖之第(2)，(3)，(4)，(5)項，無法一次量出時，可分段實施。

3. 圓及切兩直線之圓弧，可留在上線時繪製。

4. 多個圓弧連接成封閉曲線時，依順時鐘方向順序繪製各圓弧。

5. 原則上要減少更用儀器或筆的次數，務使該儀器或筆已儘量畫完圖面中所能繪製的線條。

6. 桌上的製圖用具應安置有序。

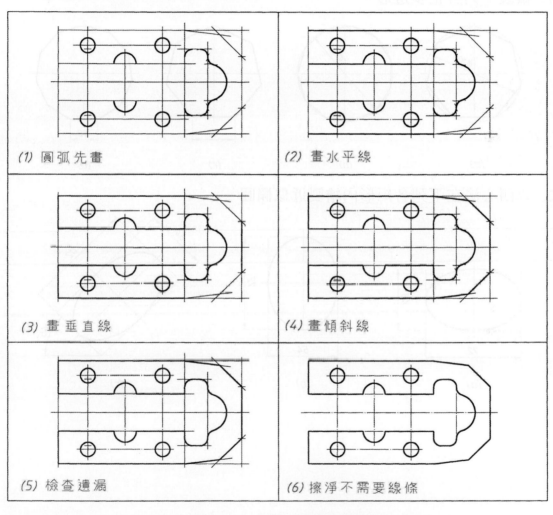

(1) 圓弧先畫　　　　(2) 畫水平線

(3) 畫垂直線　　　　(4) 畫傾斜線

(5) 檢查遺漏　　　　(6) 擦淨不需要線條

圖 5.118　上線(描圖)的步驟

❖ 習 題 五 ❖

1. 繪製下列各正多邊形。

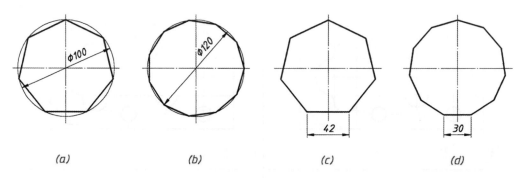

(a)   (b)   (c)   (d)

2. 以四心法在下列各矩形內繪製近似橢圓。

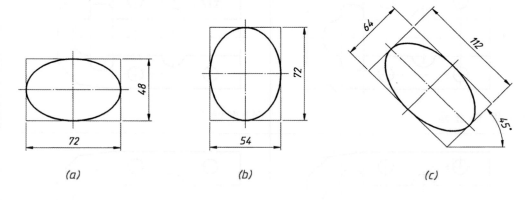

(a)   (b)   (c)

3. 以四心法在下列各菱形內繪製近似橢圓。

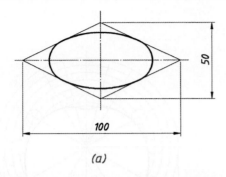

(a)

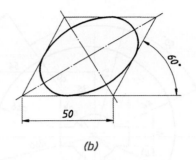

(b)

4. 繪製下面平行四邊形內之橢圓。

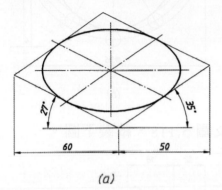

(a)

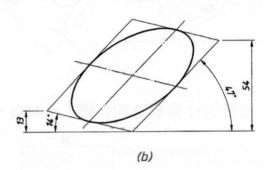

(b)

5. 以 35 度 16 分之橢圓，繪製下列之等角圖。

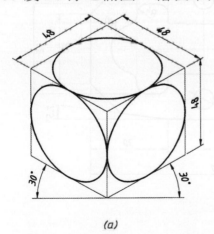

(a)

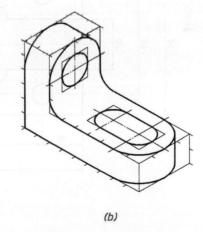

(b)

6. 以曲線板繪製下列凸輪之不規則曲線。

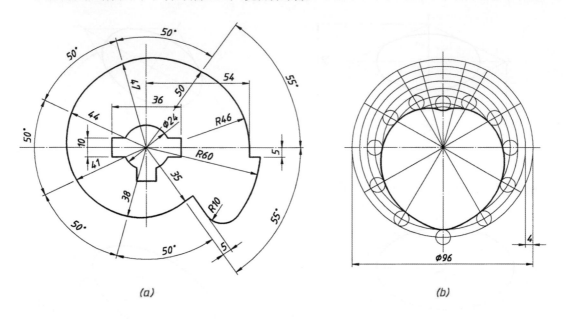

(a)　　　　　　　　　　　　　　(b)

7. 按第 5.17 節製圖的步驟，參閱圖 5.117 及圖 5.118，繪製下圖。

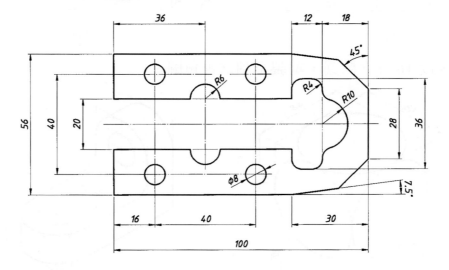

8. 按比例參閱第 5.17 節製圖的步驟，繪製下列各視圖。

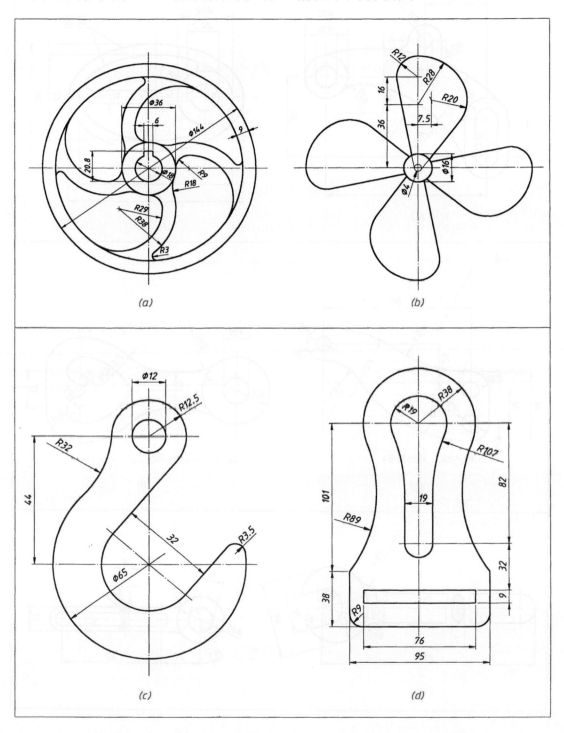

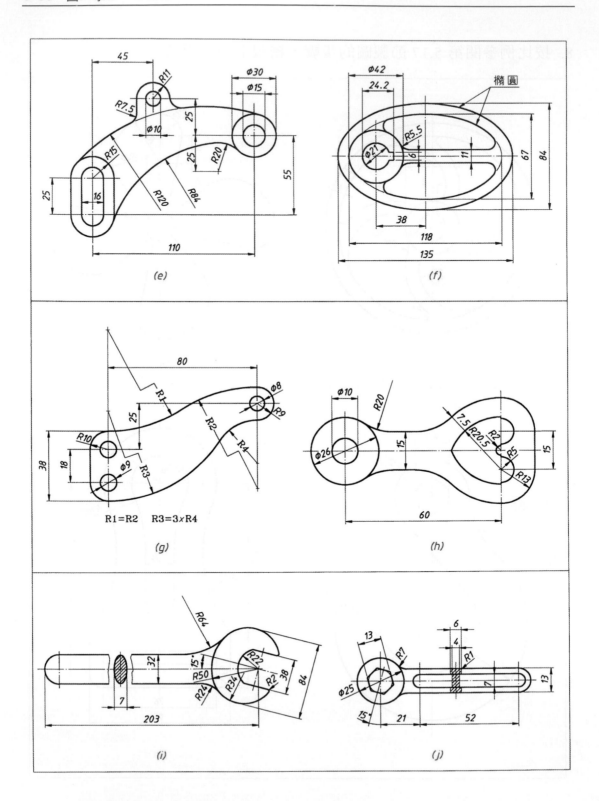

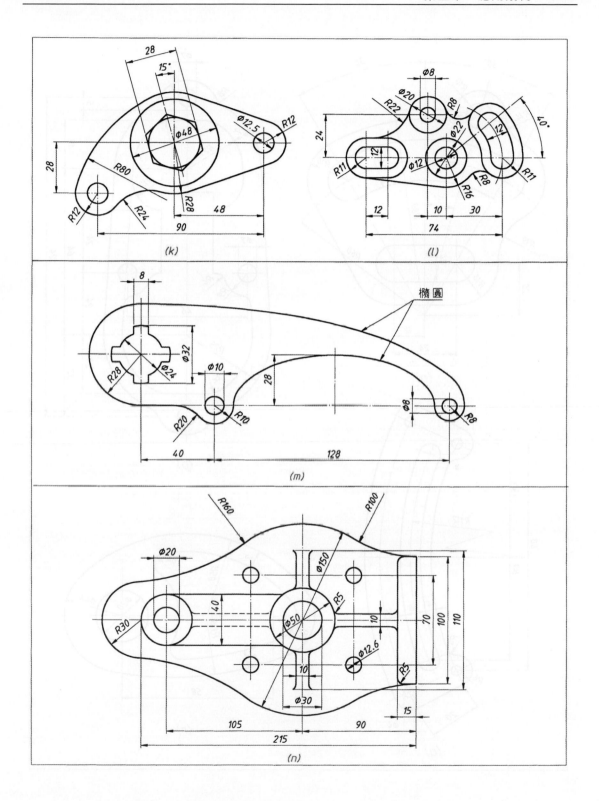

(k)

(l)

橢圓

(m)

(n)

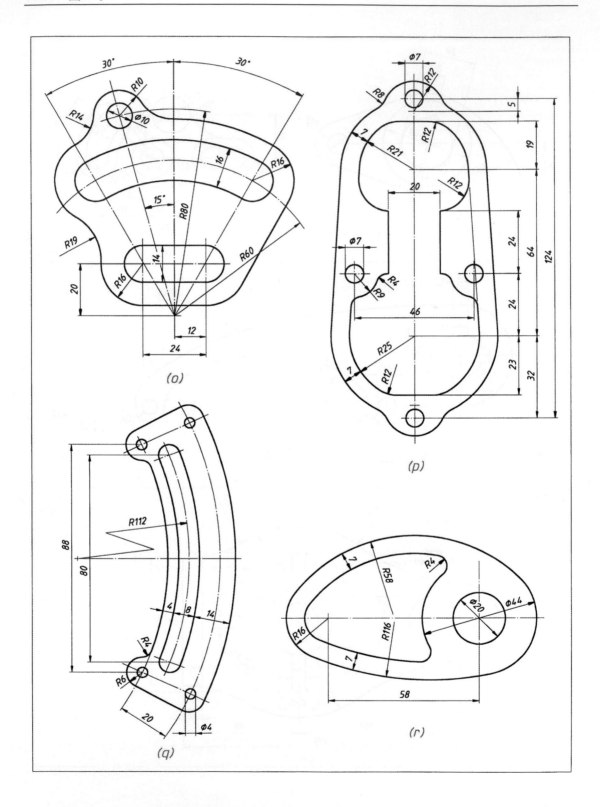

(o)

(p)

(q)

(r)

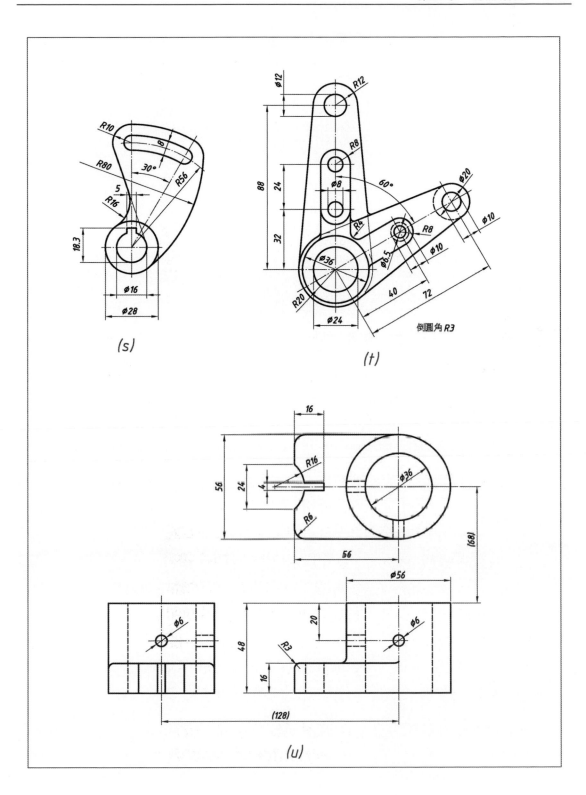

(s)

(t)

(u)

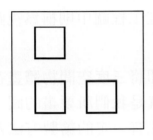

正投影

6.1 概說

投影(Projection)就如我們日常生活中常見的一個現象：『利用光線將物體的影子投射在牆壁上』。如圖 6.1 所示，蠟燭的光線將球的影子投射在牆壁上。這時把蠟燭的光源當成人的眼睛，即為視點(Sight Point)，簡稱 SP；把球當成被投影的物體(Object)；把蠟燭的光線當成投影線(Projection Lines)；把平的牆壁當成投影面(Projection Plane)；最後牆壁上的影子就成了畫面(Picture)了，畫面在工程圖中則稱為視圖(View)。

圖是將實際的物體畫在平面的圖紙上，亦即將三度空間物體畫在二度空間的圖紙上。所以在投影面上的畫面，就是我們所要畫的圖，它是以某種投影的原理所投影而成的畫面，因此有一定的繪製方法及過程，不像藝術家或畫家所畫之圖，可隨興依個人的技巧或感覺來畫。

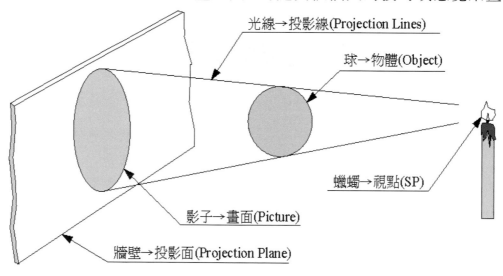

圖 6.1 投影

6.2　投影的要素

在投影的整個過程中，有五個要素即：視點、物體、投影面、投影線和畫面等。在這五個要素當中，畫面是由其他四個要素相互關係變化投影而成的，也就是說當此四個要素之相互關係有變化時，則將產生不同的畫面，舉例說明如下：

(a) 如果將物體左右移動時，則物體在投影面上的畫面，將變小或變大，如圖 6.2 所示。

(b) 如果將視點的位置移至無窮遠處，則所有的投影線將變成互相平行，如圖 6.3 所示，此時儘管將物體左右移動，投影面上之畫面尺度將保持不變，且與物體同樣大小。

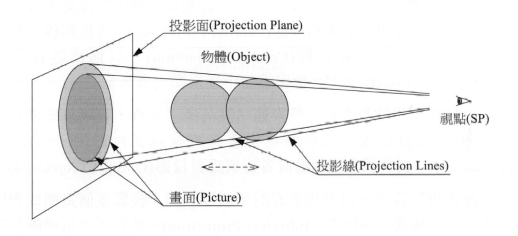

圖 6.2　物體左右移動，畫面將變小或變大

除了畫面之外，其餘四個要素相互關係的變化情況，將不止如以上說明，它將演變出各種不同的投影方法以及不同的畫面。

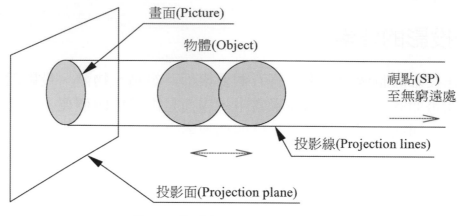

畫面(Picture)

物體(Object)

視點(SP)
至無窮遠處

投影線(Projection lines)

投影面(Projection plane)

圖 6.3　物體左右移動，畫面不變

6.3　投影的種類

投影方法的分類，如圖 6.4 所示。首先是依據投影線是否互相平行，而分成兩大類：(1)平行投影(Parallel Projection)，凡投影線互相平行者皆稱之。 (2)中央投影(Central Projection)，或稱為透視投影(Perspective Projection)，凡投影線集中在視點上者皆稱之。

平行投影根據投影線與投影面之夾角是否垂直，再區分成兩種：(1)當平行之投影線與投影面互相垂直時稱為正投影(Orthographic Projection)。(2)其餘非互相垂直者皆稱為斜投影(Oblique Projection)。

在正投影當中，以互相垂直的多個投影面，投影多個畫面或視圖來繪製時，稱為多視投影(Multiview Projection)，此投影法可清晰及細膩的描述物體的形狀，為工程設計製造時常用的投影方法，因它屬於正投影，有時則直接以正投影稱之。

在正投影中如果將物體放置在第一象限中投影時，稱為第一角投影(First-angle Projection)，放置在第三象限中投影時，稱為第三角投影(Third-angle Projection)，有關空間象限之區分，請參閱圖 6.6 或拙著『投影幾何』一書。另外在正投影的分類中，若只以一個投影面投影，且經常將物體傾斜放置，而造成畫面投影為一立體的影像，稱之為軸側投影(Axonometric Projection)，又稱為立體正投影，參閱第十章所述。在立體正投影當中，因立體圖之空間三主軸之夾角關係，又分成等角投影(Isometric Projection)，二等角投影(Dimetric Projection)，及不等角投影(Trimetric Projection)等三種。

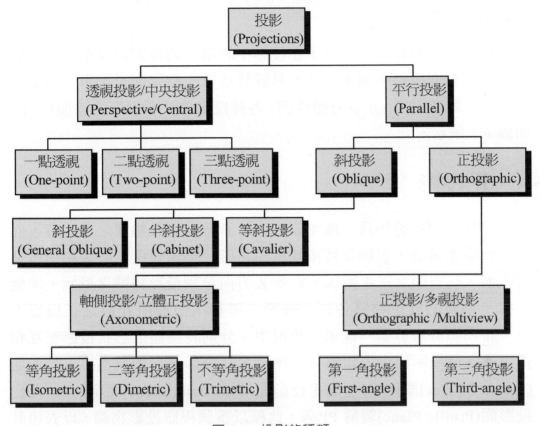

圖 6.4　投影的種類

　　凡投影線互相平行，但與投影面成一非直角者皆稱為斜投影，通常畫面皆為立體圖，參閱第十一章所述。因傾斜角度不同變化甚多，若傾斜成 45 度時，可使立體圖之深度，或稱後退長度，與實際長度相等，稱為等斜投影(Cavalier Projection)。若傾斜成 63 度 26 分時，可使立體圖後退長度為實際長度之二分之一，稱為半斜投影(Cabinet Projection)。除以上兩者外，將立體圖後退長度取實際長度的四分之三或三分之二，通常皆直接稱為斜投影(General Oblique Projection)。

在透視投影中，依其主軸上消失點的多寡分成一點透視(One-point Perspective)、二點透視(Two-point Perspective)及三點透視(Three-point Perspective)等三種，參閱第十二章所述。透視投影法因與照相的原理相同，故其畫面與人眼所見最爲相近，常用於商業看板及工業設計產品外型畫法等。

在投影的種類當中，除了正投影中的第一角投影以及第三角投影爲多個投影面投影多個畫面外，其餘皆爲單一投影面投影單一畫面，且皆爲立體圖。以一正立方體爲例，各種投影方法所投影之畫面比較，如圖 6.5 所示。

6.4　正投影

自然界之物體皆爲三度空間之立體形態，繪製物體之形狀時，立體圖雖清晰易讀，但物之背後及內部之形狀不易表達，必須利用多個投影面，從空間之三主軸 X，Y 及 Z 方向分別投影物體之形狀，才能正確及細膩的表達物體各部之細節。可利用前面所介紹之正投影方法，將物體放置於第一或第三象現中，分別將物體之形狀投影至互相垂直的多個投影面上，如圖 6.6 所示，在投影幾何中稱爲直立投影面(Vertical Plane)簡稱 VP、水平投影面(Horizontal Plane)簡稱 HP、及側投影面(Profile Plane)簡稱 PP 等。此種以多個視圖投影物體，以表達其形狀之投影方法，稱爲多視投影(Multiview Projection)，又稱爲正投影。

在工程設計製造時，設計工程師必須以此種正投影方法去描述物體(或零件)之形狀，生產製造之工程師則按設計工程師所設計之形狀生產製造該零件，故正(多視)投影爲設計與製造溝通之方法，爲一與工業有關之人員必須學習之重要知識與技能。

投影法	正方體視圖	名稱	物體與投影面	投影線	投影線與投影面
正投影	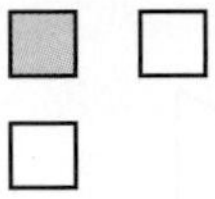	多視投影	平行	平行	垂直
立體正投影	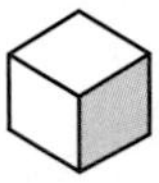	等角投影	傾斜 三軸與投影面 成等角	多視投影	垂直
	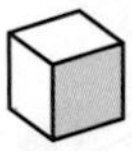	二等角投影	傾斜 二軸與投影面 成等角	多視投影	垂直
	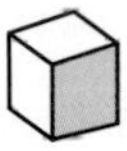	不等角投影	傾斜 各軸與投影面 均成不等角	多視投影	傾斜 45 度
斜投影	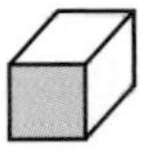	等斜投影	一面平行	多視投影	多視投影
	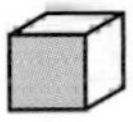	斜投影	一面平行	多視投影	傾斜 各種角度
		半斜投影	一面平行	多視投影	傾斜 63 度 26 分
透視投影		一點透視	一面平行	集中一點	各種角度
	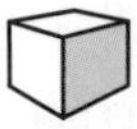	兩點透視	傾斜 垂直線平行於 投影面	集中一點	各種角度
	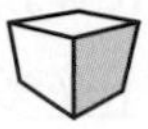	三點透視	傾斜 三軸均與投影面 傾斜	集中一點	各種角度

圖 6.5　各種投影法之比較

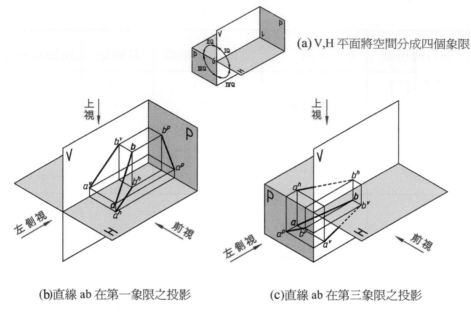

(a) V,H 平面將空間分成四個象限

(b)直線 ab 在第一象限之投影　　　(c)直線 ab 在第三象限之投影

圖 6.6　物體放置於第一或第三象現中之投影情況

　　由於零件之形狀變化繁多，有時以三個投影方向之視圖仍無法清晰的表達其形狀時，可依正投影之原理增加投影面，即以各投影面相互垂直之原則，最多可有上下、左右及前後等六個方向，而形成投影面以互相垂直之方式，圍成一個透明之投影箱，如圖 6.7 所示為第一及第三象限圍成投影箱之情形。

　　當物體被放置在第一或第三象限時，就如同被放置在一透明方盒內，可以正投影方法即：『投影線互相平行，垂直投影面』，從投影箱之六個投影面之方向投影物體之形狀，如圖 6.8 所示。六個投影面可投得六個視圖，按其實際之投影方向之名稱所得之視圖，分別稱為前視圖(Front View)、右側視圖(Right-side View)、左側視圖(Left-side View)、俯視圖(Top View)或稱上視圖、仰視圖(Bottom View)或稱底視圖及後視圖(Rear View)等六個視圖。此六個視圖即所謂正(多視)投影中之『六個主要視圖』(Six Principal Views)。

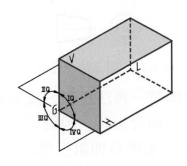
(a)第一象限之投影箱

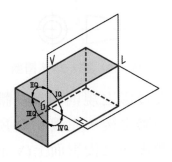
(b)第三象限之投影箱

圖 6.7　透明投影箱

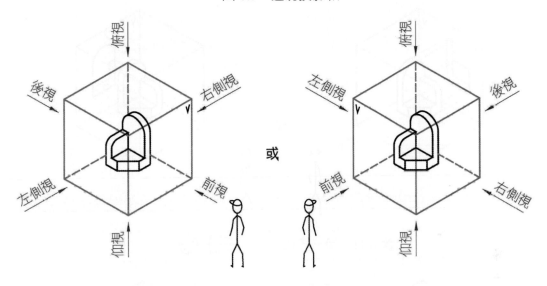

圖 6.8　投影箱的六個投影方向

6.5　第一角與第三角投影

　　物體投影在投影面之後，由於水平投影面 HP 必須使第一及第三象限張開之方式，轉成與直立投影面 VP 同一平面，故當物體被放置在第二及第四象限時，視圖會重疊，因此在實際之工程應用上只使用第一及第三象限之投影，稱為第一角法投影(First-angle Projection)及第三角法投影(Third-angle Projection)。在工程圖中之標題欄內，必須填寫使用之投影方法，或以符號表之，如圖 6.9 及圖 6.10 所示，分別為第一角法投影及第三角法投影之符號，兩種投影法在同一張圖中不可混用。

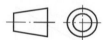

圖 6.9　第一角法符號

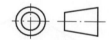

圖 6.10　第三角法符號

　　按投影之規則，當物體在第一象限時即第一角法投影，投影面必須在物體之後，如圖 6.11 所示，從物體之前面投影時，視圖必須投影在物體後面之投影面上(V 面)；當物體在第三象限時即第三角法投影，則投影面必須在物體之前，如圖 6.12 所示，從物體之前面投影時，視圖必須投影在物體前面之投影面上(V 面)。

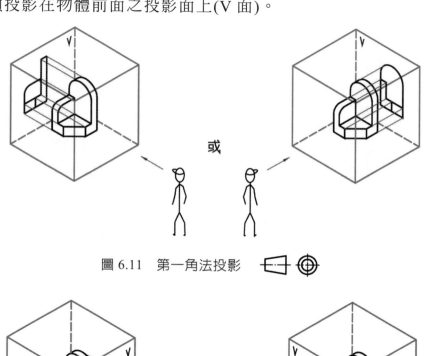

圖 6.11　第一角法投影

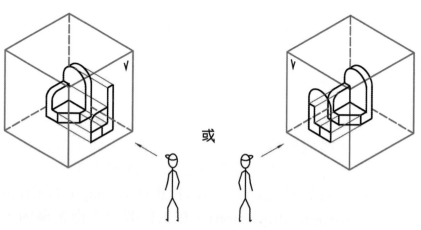

圖 6.12　第三角法投影

當六個投影面皆投影物體之視圖時，第一角法與第三角法投影相同物體所得之視圖，分別如圖 6.13 及圖 6.14 所示，可比較兩透明投影箱上之視圖有何相異之處。

6.6　投影面之張開

透明投影箱的六個投影面，按投影幾何之張開方式，所有投影面皆須張開與直立投影面 V 同一平面，以第一角法繪圖之前視投影方向，因 V 面在物體之後面，故透明投影箱之六個投影面必須以 V 面為主張開，如圖 6.15 所示，後視圖之投影面可連接在與 V 面相連之四個投影面中任何一個。同理當以第三角法繪圖時，因由前視方向投影之 V 面在物體之前，故六個投影面必須以前面之 V 面為主張開，如圖 6.16 所示，後視圖之投影面可連接在與 V 面相連之四個投影面中任何一個。兩種投影法之投影面的張開方式必須區分清楚，初學者常因不小心，使視圖投影時，造成上下及左右圖形顛倒之錯誤。

透明投影箱的六個投影面張開成同一平面時，第一角法投影之排列方式，如圖 6.17 所示，按圖 6.15 之張開結果，以前視圖為主，使得左側視圖在右邊，右側視圖在左邊，俯視圖在下方，及仰視圖在上方等情況，其各投影面上之視圖必須如投影面未張開時之視圖繪製。第三角法投影之排列方式，則如圖 6.18 所示，按圖 6.16 之張開結果，以前視圖為主時，剛好使得左側視圖在左，右側視圖在右，俯視圖在上，及仰視圖在下方等情況。此兩種投影法之視圖排列的相異之處，剛好為上下及左右對調。

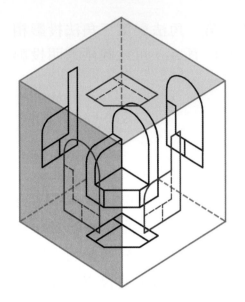

圖 6.13　投影箱上之六個視圖

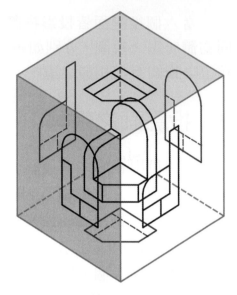

圖 6.14　投影箱上之六個視圖

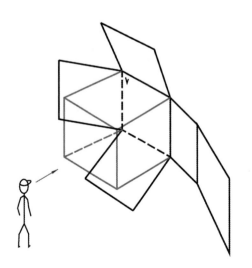

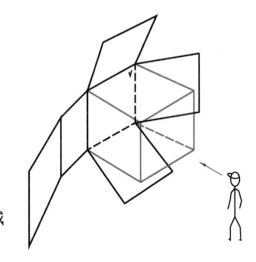

或

圖 6.15　第一角法張開方式

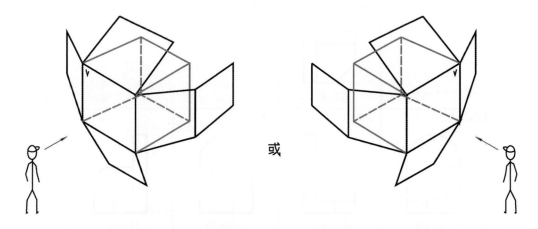

圖 6.16　第三角法張開方式

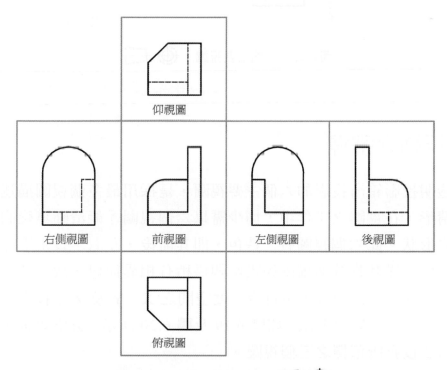

圖 6.17　六個主要視圖

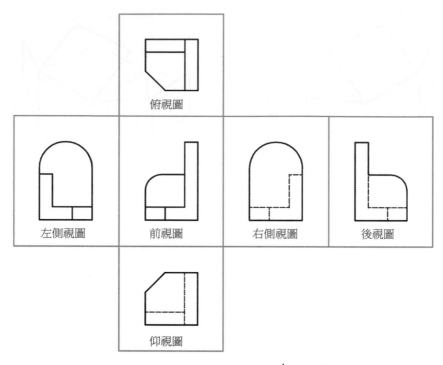

圖 6.18　六個主要視圖

6.7　視圖之選擇

　　透明投影箱所投影的六個主要視圖，是採用最多個視圖描述一物
體之情形，在實際之工作中，極少需以六個視圖才能清晰無疑的描述
物體之形狀。此六個視圖有一特色，即其前後，左右，及上下之視圖
外形相同，僅其實線與虛線因投影關係稍有相異而已，故通常可選其
中較少虛線之三個視圖，可符合三度空間之 X，Y 及 Z 之投影方向，
即可完全表達物體之形狀，如圖 6.19 及圖 6.20 所示，分別以第一角及
第三角法投影所選擇之三個視圖。

　　因為正(多視)投影視圖，常見以三個視圖來繪製物體之形狀，故
俗稱為『三視圖』；又因視圖通常顯視非立體之圖形，故又俗稱為『平
面圖』。

　　然有時因物體之形狀較複雜或特殊，當物體其他面之細節亦為重要時，為能清晰的表達物體之形狀，可在其重要面之方向，投影加繪視圖，如圖 6.21 所示，左右側視圖分別繪製兩側之細節，或改選成一直線之三個視圖，如圖 6.22 所示。甚至只需二個視圖即可表達簡單形狀之物體，如圖 6.23 所示。因此視圖應畫那幾個及如何選擇視圖，端賴所畫物體之形狀為何，以能清晰的表達物體之形狀為原則，來選擇適當之視圖。因此正(多視)投影視圖之數目最少為兩個，最多為六個，且所選之視圖必須為相鄰之視圖，因實際繪製時，投影面、投影線、以及視圖名稱皆不必標出，參閱後面第 6.8 節所述。

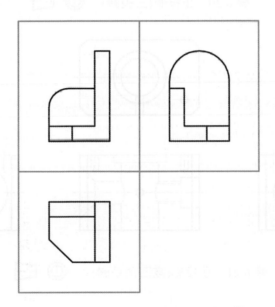

圖 6.19　正投影(三視圖)

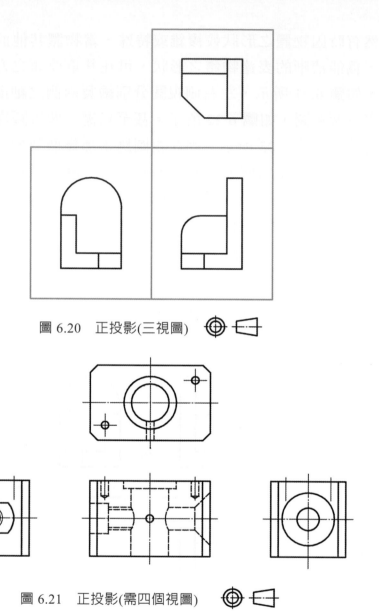

圖 6.20　正投影(三視圖)　

圖 6.21　正投影(需四個視圖)

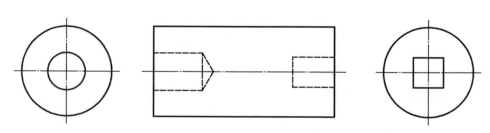

圖 6.22　正投影(三視圖成一直線)

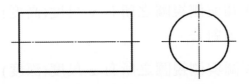

圖 6.23　正投影(兩視圖)　

　　在有標註尺度之工程圖中，因有尺度符號之助，簡單形狀之物體，可簡化成一個視圖，如圖 6.24 所示，因有直徑符號ϕ，知其爲圓可省略其側視圖；又如圖 6.25 所示，爲一相同厚度薄片形狀之物體，因標有厚度 t，故亦可省略其側視圖。

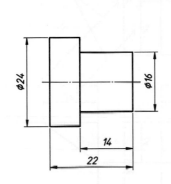

圖 6.24　單一視圖(因有直徑ϕ)

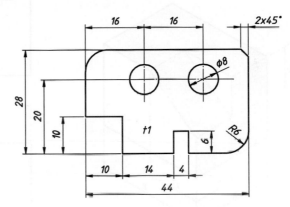

圖 6.25　單一視圖(因有厚度 t)

6.8　視圖之畫法

　　繪製三視圖時，投影面及投影線皆不必繪製，視圖名稱亦不必標示，但其所畫視圖則必須依其原來之相關位置排列，不可隨意移動。如圖 6.26 所示，以一有斜切口之長方體爲例，空間三主軸 x,y,z(即寬、高、深)之尺度位置，在繪製三視圖時必須對齊一致，如圖 6.27 所示，繪製三視圖時必須遵守之重要事項茲分別說明如下：

(a) 上下對齊：前視圖與上視圖之所有 x 尺度(寬度)，必須對齊，有仰視圖時仍須對齊。

(b) 左右對齊：前視圖與側視圖之所有 y 尺度(高度)，必須對齊，有左及右側視圖時皆須對齊。

(c) 深度一致：上視圖與側視圖之所有 z 尺度(深度)，必須一致，有左右側視圖時仍須保持相同。

(d) 視圖間隔適當：各視圖之間隔距離可不必完全相同，因投影面已省略不畫之故，只要清晰適當即可，且均勻分佈於圖紙並排列整齊畫一。

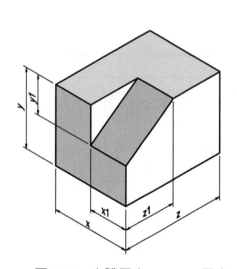

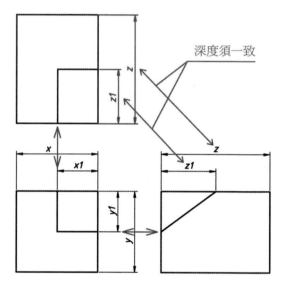

圖 6.26　立體圖之 x、y、z 尺度　　　圖 6.27　三視圖之 x、y、z 尺度須對齊一致

　　三視圖繪製之過程，必須同時進行，不可完成一視圖後再繪製另一視圖，因上下視圖相同寬度之 x 尺度，必須以垂直尺同時繪製，如圖 6.28 所示；左右視圖相同高度之 y 尺度，必須以水平尺同時繪製，如圖 6.29 所示。致於相同深度之 z 尺度，可用 45 度直線之兩邊相等三角原理投影取得，或以圓規或分規直接從已畫好之視圖上量取，分別如圖 6.30 至 6.32 所示，不必重新量取刻度。

　　有關視圖的繪製步驟，參閱第 5.17 節所述的步驟，必須遵守繪製底稿圖以及上線(描圖)的兩個過程，同時完成三視圖的繪製。

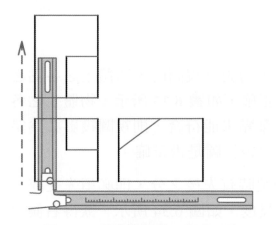
圖 6.28　垂直線對齊(x 尺度一致)

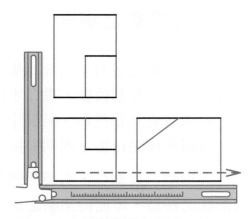
圖 6.29　水平線對齊(y 尺度一致)

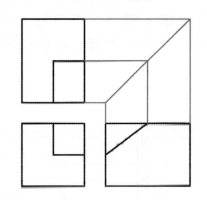
圖 6.30　深度 z 尺度一致(45°投影)

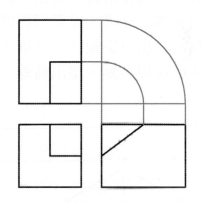
圖 6.31　深度 z 尺度一致(用圓規)

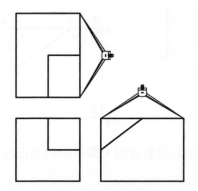
圖 6.32　深度 z 尺度一致(用分規)

6.8.1　點投影之規則

可在物體之各角落上標示數字，繪製三視圖時，物體上之各點必須能符合點之互相投影，視圖才為正確，如圖 6.33 所示，物體上之各點，必須皆能互相投影，若其中有某點未能符合，則視圖投影必為錯誤。可藉此種點投影之規則來檢查已畫視圖是否正確。

因物體形狀關係，有時視圖繪製時有先後之分，即必須先完成某處形狀之繪製，才能得某點之位置尺度，如圖 6.34 所示，欲得右側視圖點 a 及 b 之位置，必須先完成上視圖之繪製，得點 a 及 b 之後，再投影而得。此種情況常發生在曲線之投影，如圖 6.35 所示，必須先繪製右側視圖之圓弧，並習慣將圓弧等分，如 4 等分，可得點 1 至 5，再按點之互相投影規則，分別求得點 1 至 5 在前視圖之投影位置，再以曲線板連接各點，畫出曲線之投影。

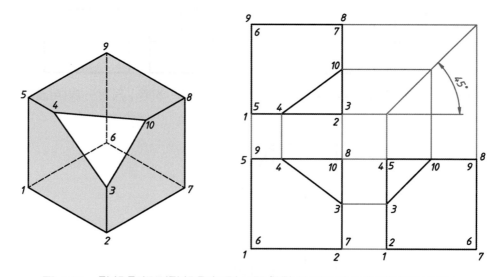

圖 6.33　點投影規則點投影規則，即各點必須在能互相投影的位置上

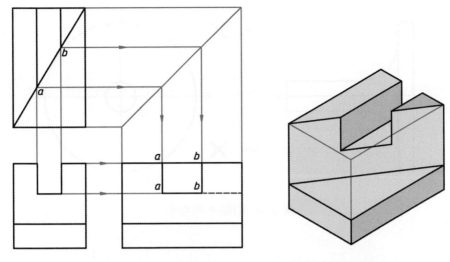

圖 6.34 右側視圖之點 a 及 b 由俯視圖投影而得

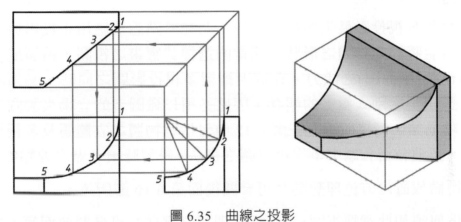

圖 6.35 曲線之投影

6.8.2 切點不可投影

在實際之工作中，常見將物體之形狀設計成有線條相切之情況，凡遇線條相切時，因其切點處並無痕跡，即無可見之輪廓線，故其切點不可投影。如圖 6.36 所示，視圖上有圓弧切於直線者，其切點處不可投影。

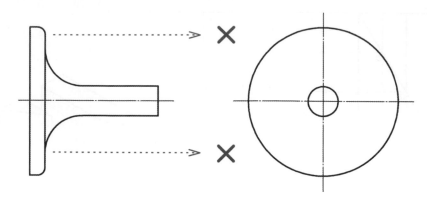

圖 6.36 切點不可投影

6.9 投影之練習

　　學習多視投影最主要目的之一，乃在於熟悉及應用正投影原理，並練習能將已知物體之形狀，適當的選擇其應畫之視圖，繪製成多視投影視圖(平面圖)之能力。在練習繪製多視投影圖之同時，必須認知『圖是繪製給別人看』的觀念，因此必須以識圖者的立場來製圖，才能清晰易讀，簡單明瞭。在圖 6.37 中包括有物體之立體圖及多視投影視圖，仔細分析各題中多視投影圖之畫法，研習時須考慮之要點如下：

1. 物體放置之方位理想嗎？可參閱後面第 6.10 節所述。

2. 為何須如此選擇視圖，是否為最理想之選擇？可參閱前面第 6.7 節所述。

3. 視圖繪製之數目是否恰當，需增加或減少嗎？

4. 物體上之各點，是否符合點投影之規則？

5. 被遮蓋之輪廓線投影，虛線之連接方法，是否正確？

6. 中心線之繪製，何處須畫中心線，可有遺漏？

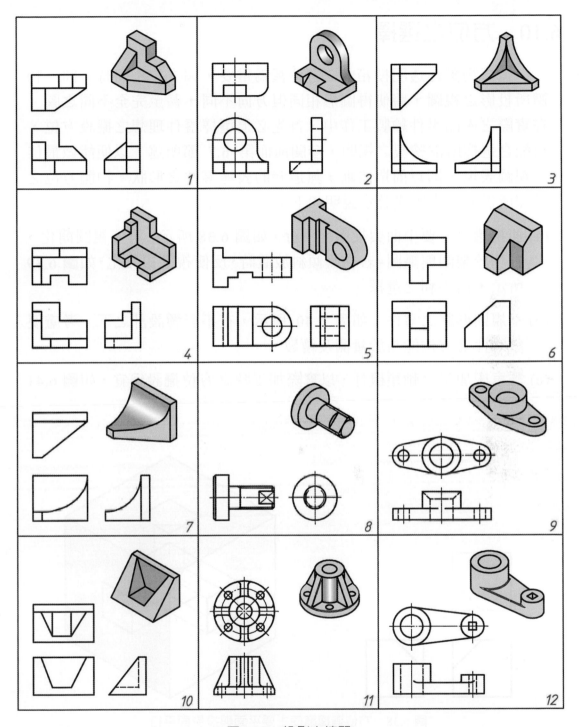

圖 6.37 投影之練習

6.10 方位之選擇

選擇物體在透明投箱內之方位甚為重要，因方位不同時，同一物體所投影之視圖，將使得圖形相同但方向不同，甚至完全不同之圖。在實際之產品零件繪製工作中，首先必須選擇零件理想之擺設方位，再配合選擇所欲繪製之視圖，參閱前面第 6.7 節所述，以便能做最佳之視圖表現，即以簡單清晰，無遺漏的表達零件之形狀。物體方位之選擇所需考慮之因素分別說明如下：

(a) 使物體之主要平面與投影面平行，如圖 6.38 所示，可使視圖簡化，有利於製圖與識圖。若物體傾斜放置時，反使視圖複雜化，如圖 6.39 所示，為不利之選擇。

(b) 不規則形狀之零件，如圖 6.40 所示，在不影響設計之下，考慮使該零件之方位能易於量測及繪製。

(c) 需車床加工之軸類機件，以實際加工時之方位擺設為宜，如圖 6.41 所示。

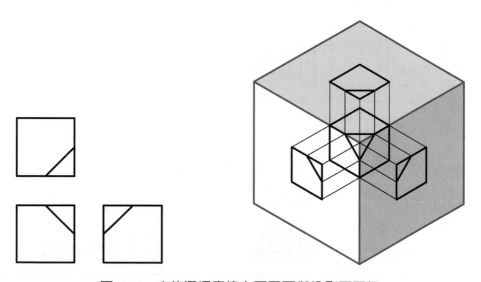

圖 6.38　方位選擇應使主要平面與投影面平行

(d) 選擇物體重要細節之平面為前視投影方向，如圖 6.42 及圖 6.43 所
　　示皆可，配合視圖之選擇可得清晰之視圖表現。

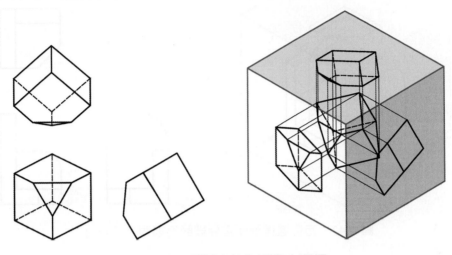

圖 6.39　傾斜方位為不良之選擇

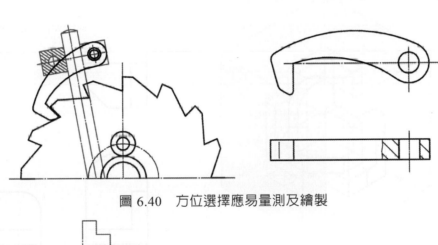

圖 6.40　方位選擇應易量測及繪製

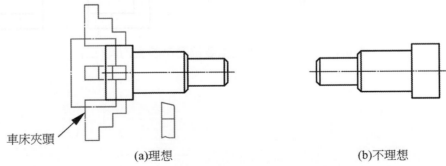

車床夾頭

(a)理想　　　　　　　　　　(b)不理想

圖 6.41　方位選擇應配合加工的方向

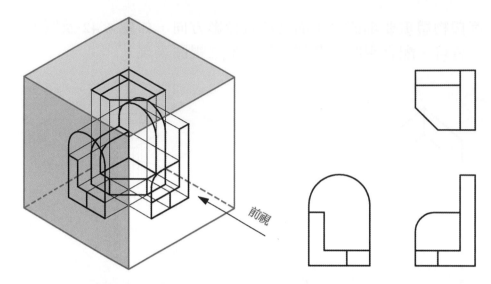

圖 6.42　方位選擇應使重要細節為前視方向(一)

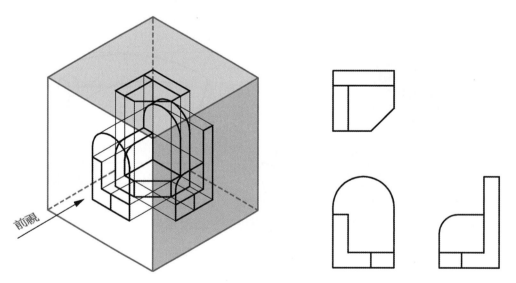

圖 6.43　方位選擇應使重要細節為前視方向(二)

6.11 形狀之判讀

　　學習正投影之目的，除了能將一物體以適當之平面圖繪製外，對於他人所繪製之平面圖，亦必須能迅速及正確的閱讀，此種能正確閱讀他人所畫之圖的能力稱為識圖能力，為圖學之基本知識與技能。無法正確閱讀他人所畫之圖，將無法與他人做圖學語言方式之意念溝通，可謂之為工業技術之文盲。

　　識圖為一心理過程，必須謹慎細膩的對圖中之任何線條作分析，解釋其存在之原因，從開始對物體形狀之一無所知，至終則瞭解物體形狀之所有細節為止。識圖能力可經由訓練而達成，其熟練與經驗必須共進，可藉由經常閱讀他人所畫之圖，而增進識圖之能力。初學者可由視圖中之一封閉之面積為一平面開始，練習判別其可能為各種面之情況，如圖 6.44 所示，前視圖與俯視圖看似平面，然則不一定為平面，從右側視圖(a)為平面開始，(b)為一傾斜之平面，(c)至(f)為平面與曲面之組合，(g)至(i)則皆為各種曲面之投影。既使物體之面皆為平面時，有時因其平面與投影面成一傾斜角度，使得該平面之投影變成縮小變形，導致判讀不易。

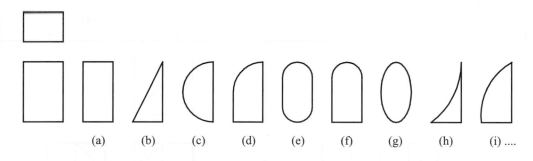

(a)　　(b)　　(c)　　(d)　　(e)　　(f)　　(g)　　(h)　　(i) ....

圖 6.44　形狀之判讀，前視圖與俯視圖看似平面其實不然

　　以第三角法為例，如圖 6.45 所示，可試著研判各題所繪製之物體形狀為何，研習時須考慮之重點如下：

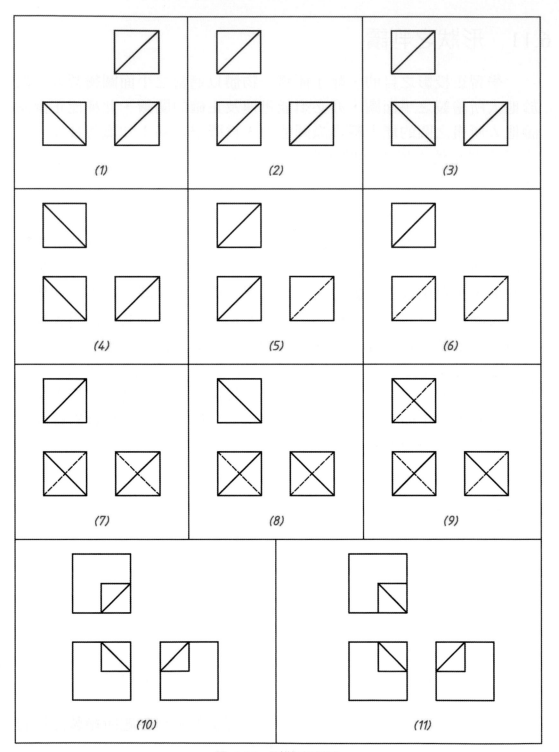

圖 6.45　形狀之判讀

(a) 物體之投影中，屬於實形或邊視圖之平面爲何？

(b) 可有兩種不同形狀之可能性？

(c) 被遮蓋之虛線投影是否與形狀完全符合？

(d) 是否有錯誤以至無法投影成一物體形狀之視圖？

6.12　倒圓角

　　在實際之工業產品設計中，因並非皆爲金屬零件，常見其他非金屬之零件，如塑膠等。在金屬零件之製造過程，因原材之供應來源關係，常見之原材如棒材，塊狀材，線材等，遇形狀特殊之零件則無法由原材中加工而製成，如圖 6.46 所示之形狀，除非以銲接(Welding)方式外，否則必須先做木模，再製作成中空的模型(砂模)，以鑄造方式將金屬加熱成半液體狀，再倒入模型中冷卻定型。

　　故金屬鑄造之零件必須設計成有小圓角之情況，其目的爲：

(a) 使其壁厚一致，包括塑膠材質類之零件，以防止冷卻時因應力不均勻或冷卻速率不同產生變形、凹陷、或龜裂等情事。

(b) 因鐵水爲黏稠狀，圓角之設計有利於鐵水之流動及退模作用。

(c) 零件銳利之邊緣容易造成傷害，外圓角之設計有利於握持，內圓角之設計則可增加零件之強度。

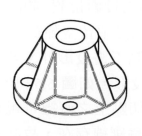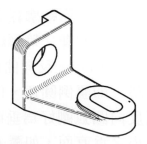

圖 6.46　鑄造之零件常須設計成有小圓角

(d) 圓角之半徑較大時，應屬零件外型之曲面，若圓弧半徑甚小時通常約 3mm 左右，其目的乃爲了消除零件之稜角或純屬製造上之需要，且通常設計成各處皆相同之情況，稱爲內外圓角(Fillets & Rounds)或倒圓角，與 45 度去角(Chamfer)不同。

6.12.1　倒圓角之交線

當機件必須以鑄造方式承製時，其設計之內外倒圓角，繪圖時不可省略。在投影時常因圓角關係衍生成交線，此種交線通常在兩平面相交的終止處，可依其消失位置，以近似之圓弧繪製即可，各種常見之倒圓角交線分別說明如下：

(a) 平面與圓弧面相交之倒圓角，如圖 6.47 所示，平面消失之處，會因倒圓角關係產生交線，可在其消失之處，以和倒圓角相同之半徑畫 45 度之圓弧。

(b) 當柱面之圓角大於柱面與圓弧相交之倒圓角時，則其交線會轉向柱面，如圖 6.48 及圖 6.49 所示，可投影得其消失點處及圓弧開始之處，以近似圓弧繪製即可。

6.12.2　因圓角消失之稜線

原來有明顯輪廓線之稜角，若以小圓角塡上時，其輪廓線將變成不明顯，依第四章線法中之規定，不明顯之輪廓線須以細實線繪製，細實線可畫在原輪廓線之位置，即兩直線相交點之投影位置，如圖 6.50 所示。若不明顯之輪廓線非爲圓時，其線之兩端必須留空隙約 1mm，如圖 6.51 所示。反向曲線之兩圓相切時，除切點不需投影外，若圓弧甚小時，即屬倒圓角，仍須以不明顯之輪廓線投影，如圖 6.52 所示。若兩反向圓弧剛好爲垂直角之反向曲線時，其切點上之直線可視爲一極限小之垂直面，如圖 6.53 所示，理論上仍有輪廓線存在，故必須投影繪製粗實線。

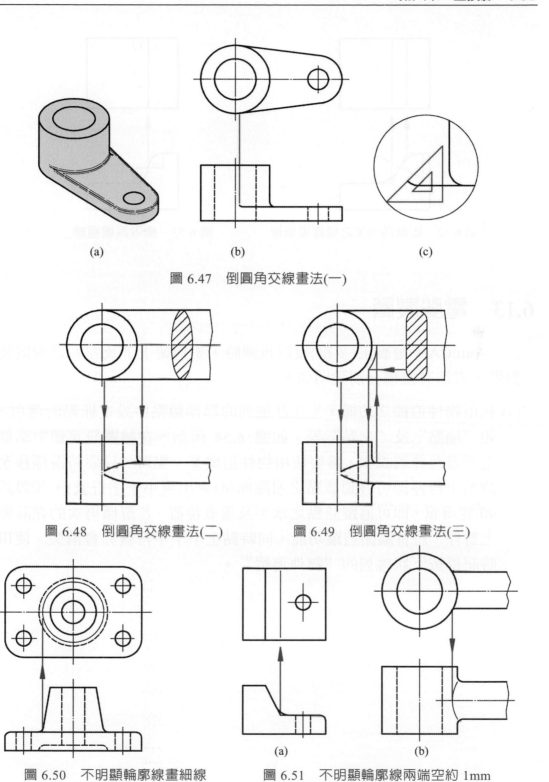

(a)　　　　　　　　(b)　　　　　　　　(c)

圖 6.47　倒圓角交線畫法(一)

圖 6.48　倒圓角交線畫法(二)　　　　　圖 6.49　倒圓角交線畫法(三)

圖 6.50　不明顯輪廓線畫細線　　　(a)　　　　(b)

　　　　　　　　　　　　　圖 6.51　不明顯輪廓線兩端空約 1mm

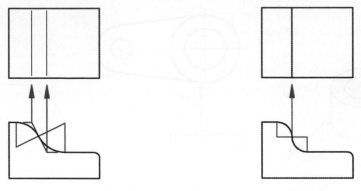

圖 6.52　因圓角消失之稜線畫細線　　　圖 6.53　極限面畫粗線

6.13　電腦製圖

　　AutoCAD 繪製正(多視)投影視圖時，如何使上下及左右之視圖能對齊，方法有幾種分別說明如下：

(a) 利用物件追蹤之功能，先在狀態列的物件鎖點中設定抓點的選項，如 "端點" 及 "交點" 等，如圖 6.54 所示，在繪圖設定值對話框之下方有詳細說明，當要使用物件追蹤某一點時，只要將游標移至該點上暫停即可啓動該點之追蹤向量(會出現小十字符號)，預設為 90 度增量，即可追蹤該點之水平及垂直位置。若游標再次的在該點上暫停，將會關閉追蹤功能，同時點上小十字符號亦會消失。使用時記得按下狀態列的 "物件追蹤"。

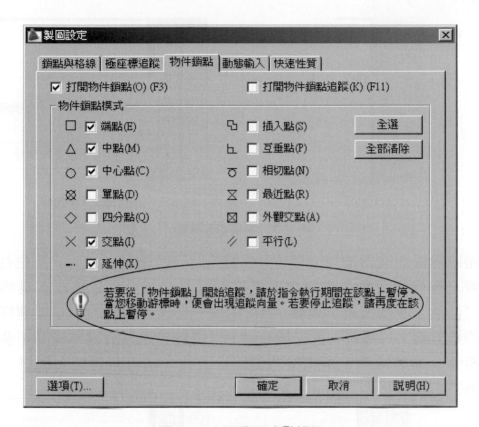

圖 6.54　以端點及交點追蹤

(b) 繪圖指令開始須輸入點之坐標位置時，可先用過濾(Filter)功能的指令 ".x" 或 ".y"，以抓點的功能(Osnap)取得與某點相同之 x 坐標或 y 坐標，當取得 x 或 y 坐標值後，必須再選任意點之 y 或 x 坐標，即將一個點之 x 及 y 坐標分兩次選取。故畫上下對齊之視圖用 ".x"，左右對齊時則用 ".y"。

(c) 在正交(Ortho on)的情況下，選按修改工具列之 "複製物件" 圖像按鈕，如圖 6.55 所示，操作分兩過程，一為選取要複製之物件(線條)，可複選，選完按右鍵，二為選按基準點，移動線條後再選按複製後之基準點即完成。或以指令 "copy" 對齊之線條至所需之位置，再作修正。

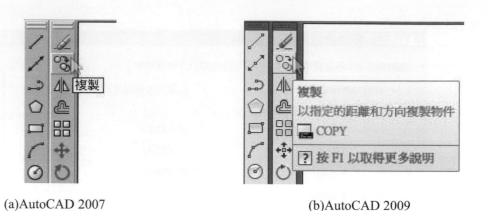

(a)AutoCAD 2007　　　　　　　　　(b)AutoCAD 2009

圖 6.55　複製物件按鈕

(d) 繪圖過程如儀器繪製一樣，可三個視圖同時繪製，將上下及左右對齊之線條畫成較長之線條，再將不需要之部份，以修改工具列之"修剪"圖像按鈕，如圖 6.56 所示，操作分兩過程，一先選修剪的邊界線，可複選，選完按右鍵，二選邊界線外或邊界線間不要之線條，亦可複選，選完按右鍵即修剪掉，結束時再按右鍵選"取消"。或以指令"trim"去除。

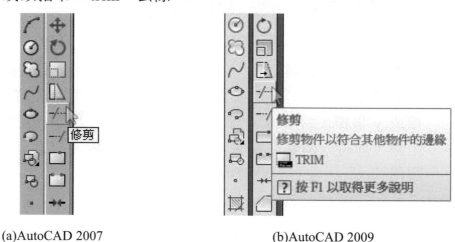

(a)AutoCAD 2007　　　　　　　　　(b)AutoCAD 2009

圖 6.56　修剪圖像按鈕

(e) 在正交(Ortho on)的情況下，以繪圖工具列按鈕"線"或以指令"line"畫水平或垂直之作圖(投影)線，以取得正確之投影位置，刪除不需要線條時，以修改工具列之"刪除"圖像按鈕，如圖 6.57 所示，或以指令"erase"。操作過程：選取想刪除之物件，選到該物件會顯示點線，可複選，選完按滑鼠右鍵即刪除所選物件。或先選好欲刪除之物件，再按"刪除"圖像按鈕亦可。

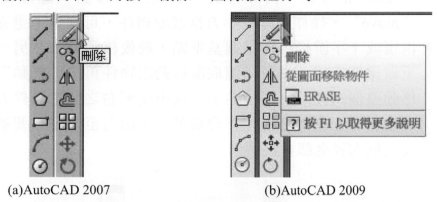

(a)AutoCAD 2007　　　　　　　　(b)AutoCAD 2009

圖 6.57　刪除圖像按鈕

視圖之繪製，如同儀器繪製一樣，可經由繪製底稿圖的過程，參閱第 5.17 節所述製圖的步驟，再用各種修改指令修正，說明如下：

(a) 繪製平行線用修改工具列之"偏移複製"或指令"offset"，操作請參閱前面圖 5.11 所示。

(b) 剪斷線條用修改工具列之"修剪"或指令"trim"，操作請參閱圖 6.56 所示。

(c) 畫倒圓角用修改工具列之"圓角"或指令"fillet"，操作請參閱前面圖 5.25 所示。

(d) 畫 45 度去角用修改工具列之"倒角"，如圖 6.58 所示，或用指令"chamfer"，操作時內定為 45 度去角，2000 版距離皆為 10mm，2004 版則為 0，若非 10mm 或 0 時，請先鍵入 D，並輸入第一條線倒角距離，再輸入第二條線倒角距離，內定為相同可直接按<Enter>或輸入不同值，此時 2000 版會結束，須重新執行倒角指令，2004 版則可繼續，確定倒角距離後只要選兩條線，則為依所輸入的距離做倒角，當距離皆為 0 時，則倒角後可使兩線確實剛好相交。

(e) 移動視圖時為保持垂直及水平對齊,請先確定按下狀態列之正交 (Ortho on)按鈕,再以修改工具列之"移動"圖像按鈕或指令 "move",操作過程以小方框選取物件,可複選,選完按右鍵,恢復成十字游標,再點選基準點,最後移動游標至另一基準點按下做鍵即完成。亦可先選取欲移動之物件再按"移動"圖像,在移動整個視圖時可用由右至左或由左至右之框選物件方法,由左至右完全在框內之物件才會被選到,由右至左則只要被框所碰到及在框內者全部會被選到。

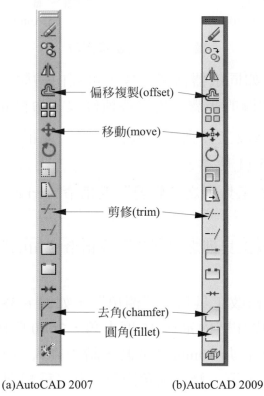

(a)AutoCAD 2007   (b)AutoCAD 2009

偏移複製(offset)

移動(move)

剪修(trim)

去角(chamfer)

圓角(fillet)

圖 6.58   修改工具列之按鈕

(f) 繪製已知角度之線可用"@100<30"相對極座標方式,即畫一長度為 100 單位角度 30 度的直線。

(g) 虛線及中心線開始通常直接以實線繪製,視圖完成後,以一次選取所有中心線或虛線修改較省事,如選取所有中心線後再選按圖層或物件性質工具列之顏色、線條式樣等，如圖 6.59 所示，將線條式樣改成中心線式樣或顏色改成紅色等。注意線條式樣必須先載入才有中心線式樣可選，或可將所有中心線改至另一個圖層，若該圖層中已設定顏色及線條式樣時，則會同時被修改顏色及式樣。可在開啓圖面時，選用書後所附 CD 片中 CNS 資料夾中之 CNS 標準環境規劃圖檔(*.dwg)或樣板檔(*.dwt)開始繪圖，即可直接將線條修改至另一圖層，並同時改式樣及顏色。

(a)AutoCAD 2007

(b)AutoCAD 2009

圖 6.59　圖層及物件性質工具列

　　其他有關視圖繪製時所需之指令，請參閱前面第五章各節中 AutoCAD 之繪圖指令操作方法。AutoCAD 以 3D 指令繪圖，再將物體轉至某平面方向亦可得平面圖，請參考其他專門介紹 AutoCAD 3D 繪圖的書籍。

　　習題後有 "(*)" 者附電腦練習圖檔，在書後磁片 "\EX" 目錄下。

❖ 習 題 六 ❖

1. 依視圖之畫法，按比例放大三倍抄繪下列各題，並思考物體形狀為
　　何？

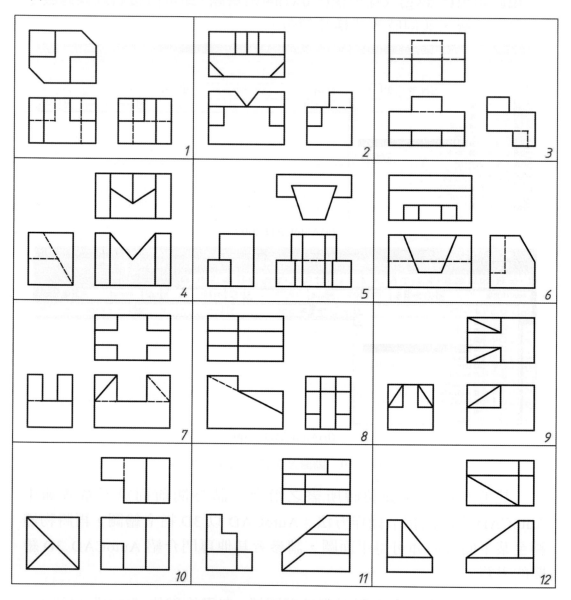

2. 按尺度比例抄繪下列各題，並思考物體形狀為何？

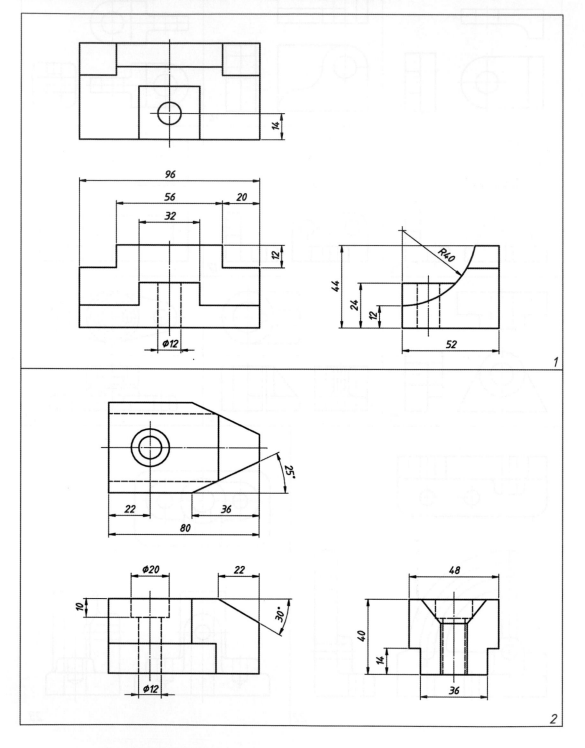

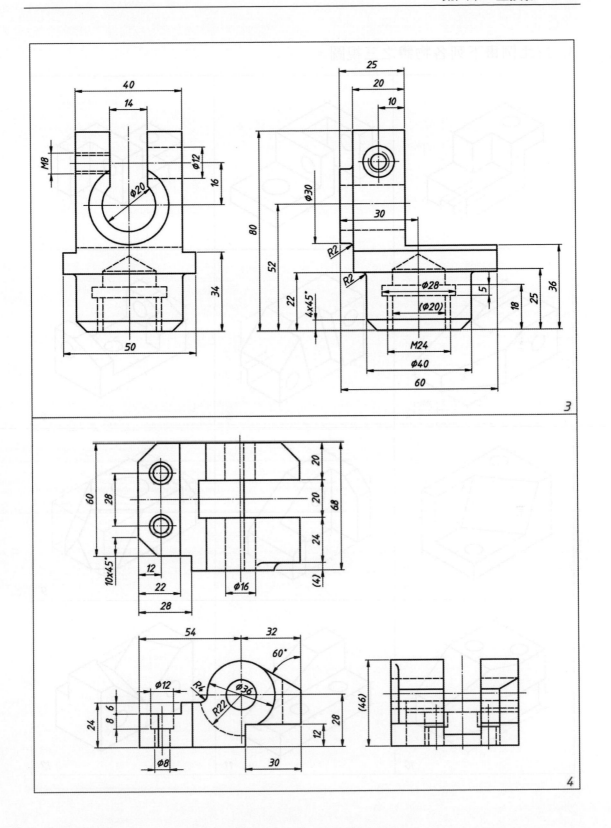

3

4

3. 按比例畫下列各物體之三視圖。

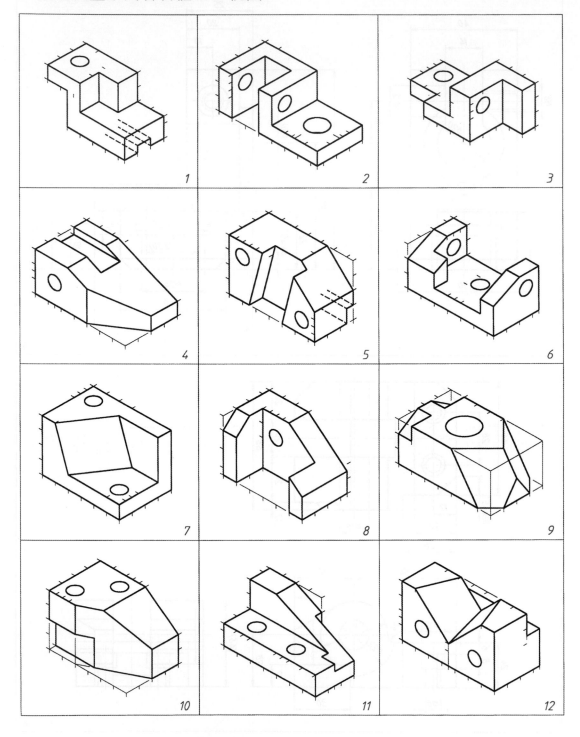

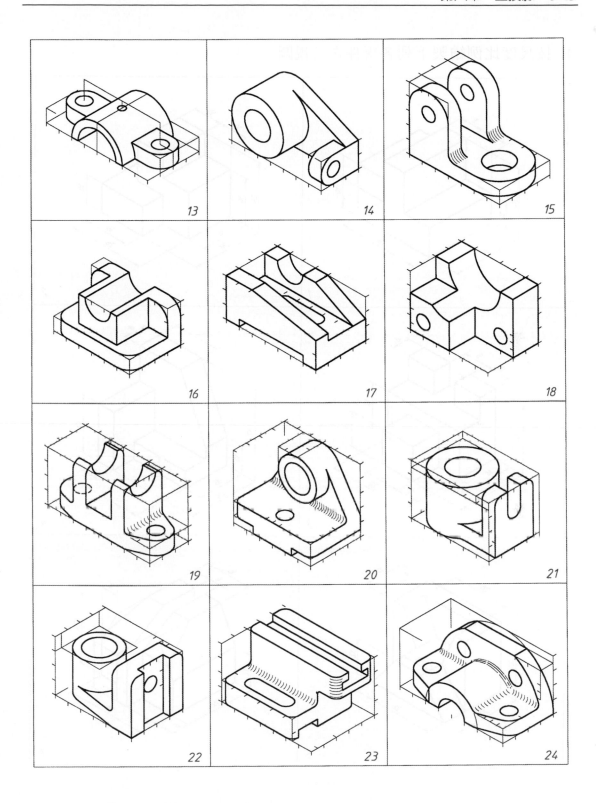

4. 按尺度比例繪製下列各零件之三視圖。

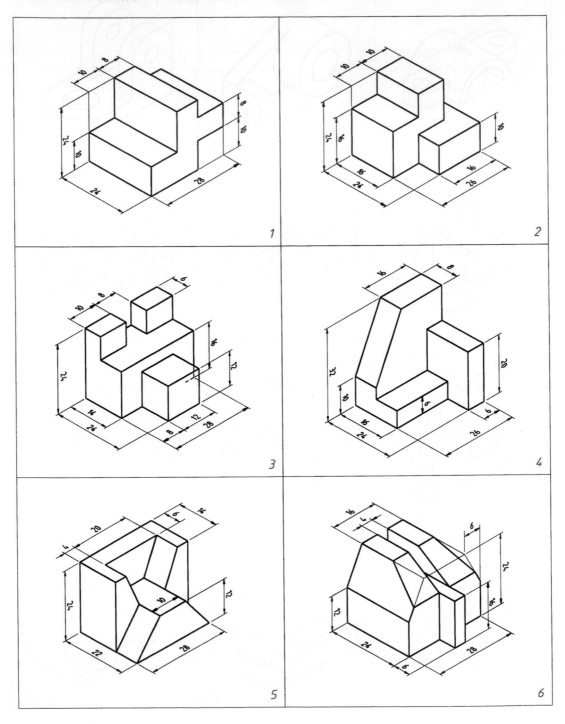

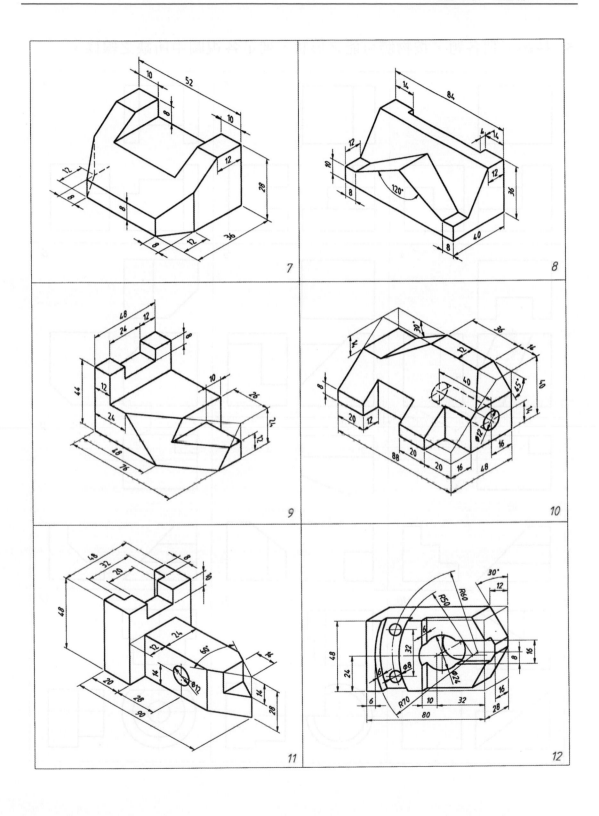

5. 抄繪下列各題，按物體可能之形狀，補足各視圖中所缺之線條。

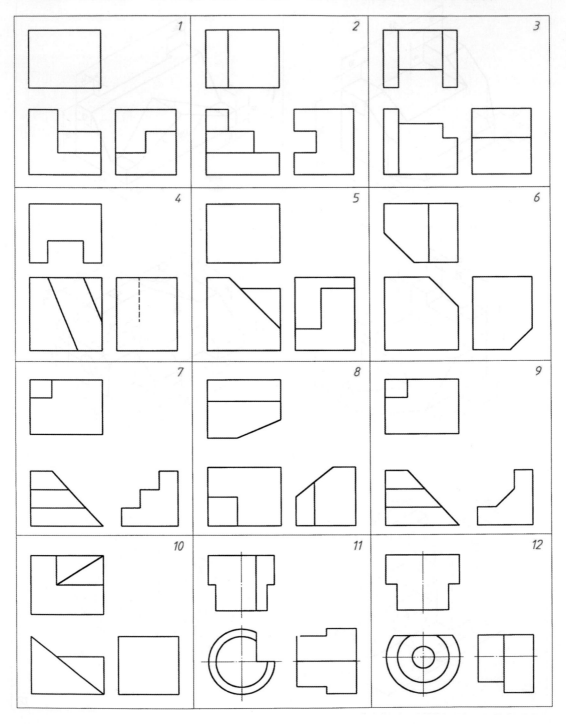

6. 抄繪下列各題已知兩視圖，按物體之形狀，補繪另一視圖。(*)

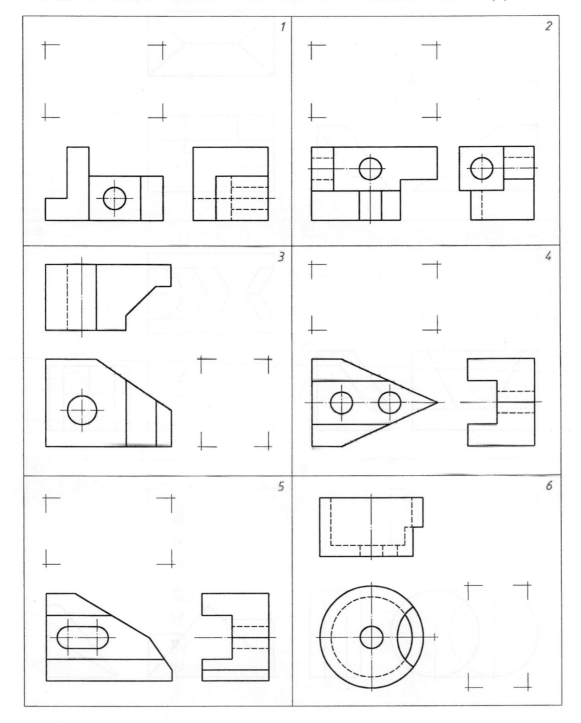

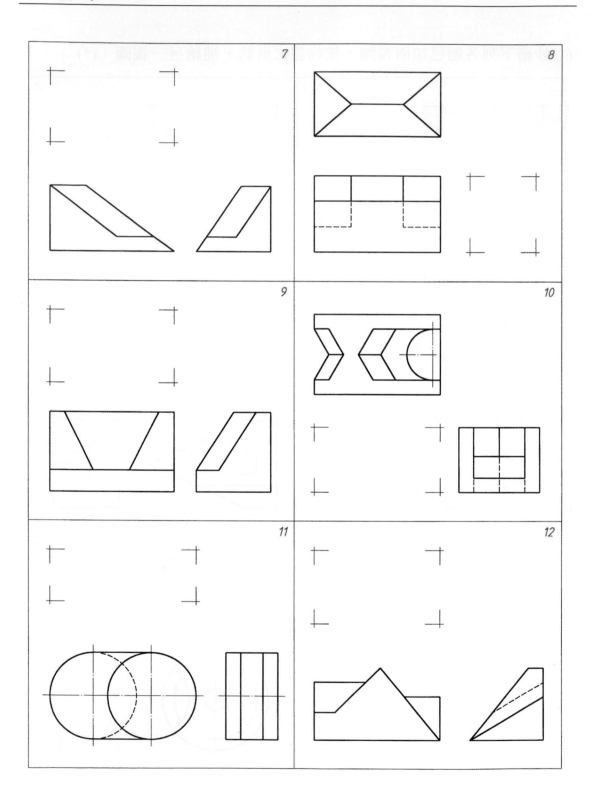

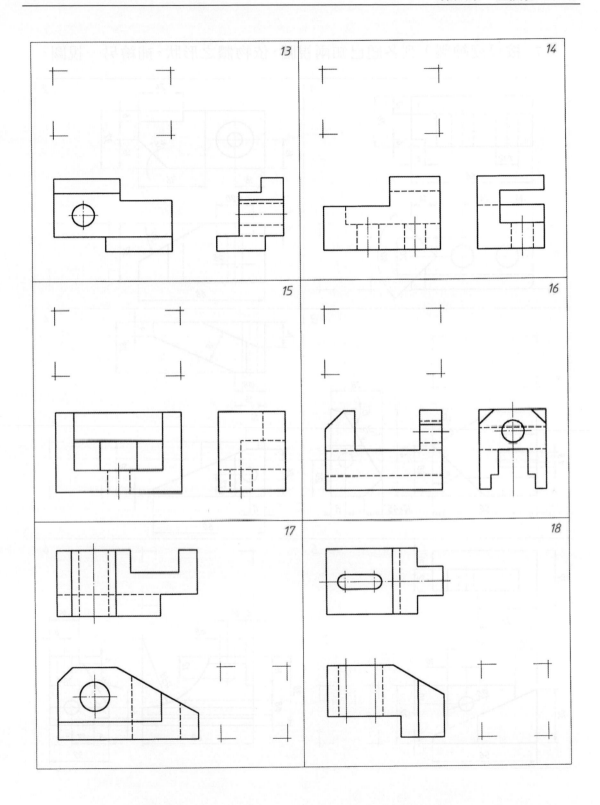

7. 按尺度繪製下列各題已知兩視圖，依物體之形狀，補繪另一視圖。

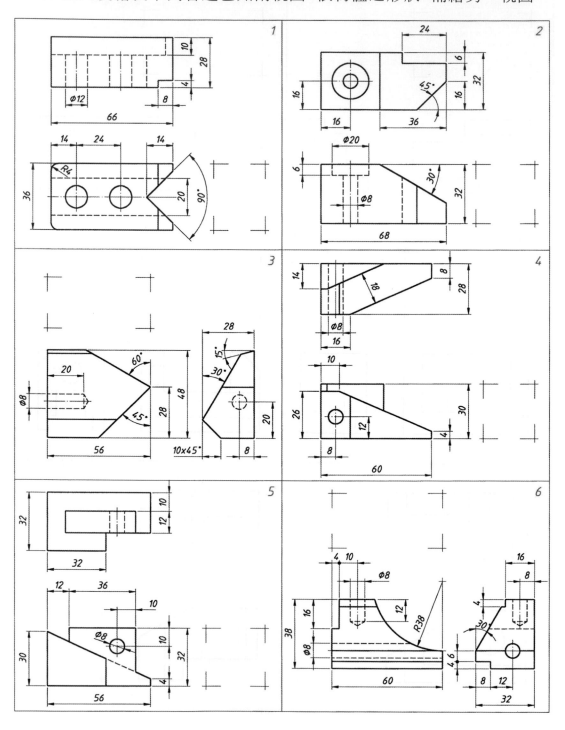

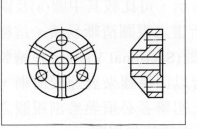

剖視圖

7.1　概說

　　繪製工程圖之主要目的是藉著圖面來描述物體之形狀，以便能與識圖者互相溝通，使識圖者能完全了解物體各部形狀之細節及其特徵。此即前面所介紹之正投影視圖，然在實際應用上若遇有內部構造特徵之物體時，在正常投影之結果，因物體內部形狀有隱藏之輪廓線，必須以虛線繪製，因此對物體形狀之描述仍嫌不夠清晰。遇此情況可用一種假想切割之方法，將物體切割後再作投影，即可清晰的畫出物體內部之形狀。如圖 7.1 所示，可比較其中圖(a)及圖(b)，以切割方式所畫之視圖比沒有切割所畫之視圖清晰易讀。這種以假想切割方法所投影之視圖，稱為剖視圖(Sectional View)。在繪製工程圖時，凡零件有內部形狀時，通常皆以剖視圖來表達較清晰，因此剖視圖在工程圖中為極常用之方法，初學者必須熟悉剖視圖之畫法，以及如何適當的選擇假想切割位置來繪製剖視圖。

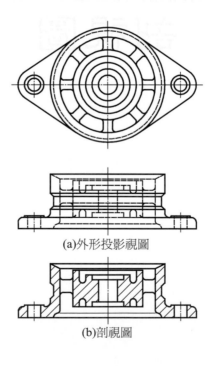

(a)外形投影視圖

(b)剖視圖

圖 7.1　剖視圖較清晰易讀

7.2　剖視圖

　　以剖面方式將物體切割時，通常選其中心位置，如圖 7.2 所示，切割後必須將前面遮蓋之部份移除，以便能確實投影其內部之形狀。對物體被切割平面所切到之實體部份，必須繪製剖面線(Sectional Lines)，其被切割之位置，通常可繪製割面線並標示剖視圖之投影方向，以方便割面線及剖視圖之互相對照。如圖 7.3 所示，為一以剖面方式所繪製之正投影視圖，前視圖中有剖面線屬於剖視圖，俯視圖中有該剖視圖之割面線及投影方向。

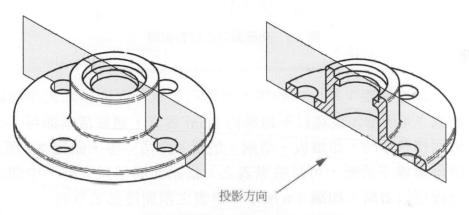

投影方向

圖 7.2　剖視圖可投影內部之形狀

7.2.1　剖面線

　　為了區分物體被平面切割後所投影之圖形，何處為實體何處為空檔，一般皆以 45°平行等距之細實線填繪製於實體部份之面積內，稱為剖面線。繪製剖面線須注意之事項茲分別說明如下：

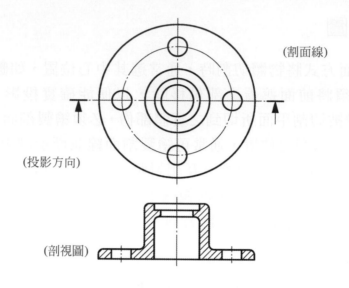

(割面線)

(投影方向)

(剖視圖)

圖 7.3　有剖面之正投影視圖

(a) **剖面線之間距**：為一大約值，可依物體或剖面面積之大小而定，如圖 7.4 所示，最寬以不超過約 5mm 為宜，適當清晰即可。當剖面面積狹小時，如鐵板、型鋼、墊圈、彈簧…等，如圖 7.5 所示，因剖面線不清晰，可以塗黑表之；當剖面面積甚大時，中間之剖面線可以省略，如圖 7.6 所示，所畫之剖面線必須整齊。

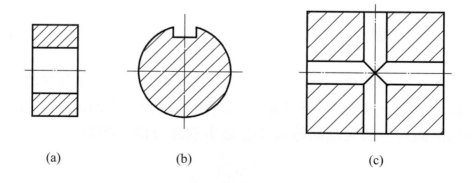

(a)　　　　　　　　　　(b)　　　　　　　　　　(c)

圖 7.4　剖面線之間距依物體大小而定
最寬以不超過約 5mm 為宜

圖 7.5　當剖面面積狹小時以塗黑表之

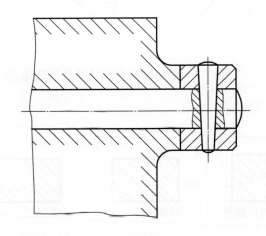

圖 7.6　當剖面面積甚大時中間之剖面線可以省略

(b) 剖面線之方向：同一零件之剖面線方向及間距須一致。通常皆以 45° 或 135° 之細實線繪製。當遇剖面面積之外形或主軸不為水平或垂直時，才可改變剖面線之角度，使剖面線與剖面面積之外形或主軸盡量成 45° 之均勻平行線，如圖 7.7 所示。

(c) 剖面線之圖樣：通常在組合圖中，若有需要特別表示各零件材質之不同時，亦可考慮用如圖 7.8 所示之各種剖面線之圖樣(非 CNS 之規定)，各圖樣所代表者只表示某種材質之類別，詳細使用之材料規格，則必須填寫於零件表中。

(d) 剖面線之繪製：剖面線不可任意省略，免畫剖面線之條件請參閱第 7.7 節所示。其間距可以目示方式量測，盡量保持一致，不必以直尺精確量測，繪製時則必須以儀器工具使各直線間隔均勻且互

相平行。如圖 7.9 所示為繪製剖面線時常見之錯誤，其中除圖(a)
為正確外，其餘皆有缺陷應避免。

圖 7.7 使剖面線與面積之外形盡量成 45°

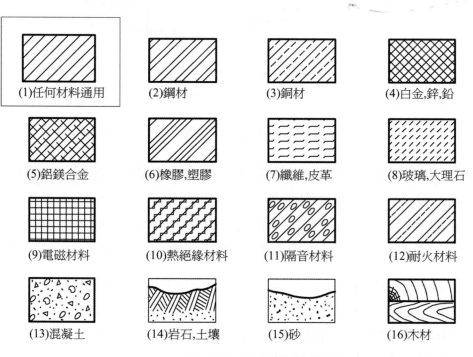

(1)任何材料通用 (2)鋼材 (3)銅材 (4)白金,鋅,鉛

(5)鋁鎂合金 (6)橡膠,塑膠 (7)纖維,皮革 (8)玻璃,大理石

(9)電磁材料 (10)熱絕緣材料 (11)隔音材料 (12)耐火材料

(13)混凝土 (14)岩石,土壤 (15)砂 (16)木材

圖 7.8 各種材料剖面線之圖樣

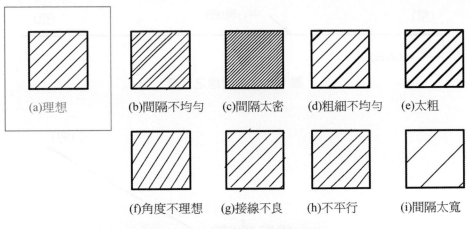

圖 7.9　常見之不良剖面線畫法

7.2.2　割面線

當正投影視圖中有一剖視圖，在其相鄰之視圖中理應有一割面線，以表示該剖視圖之切割位置。因割面線通常皆在心中線之位置上，故設計成在中心線之兩端加長繪製一短粗線，最長為 10mm，中間為以小點開始之中心線，如圖 7.10 所示為割面線之式樣，其兩端之短粗線必須在剖面範圍之外約 10mm 左右。當割面線有偏置(Offset)或轉折時，在轉彎處可以最長約 5mm 之短粗線表之，其式樣如圖 7.11 所示，偏置及轉折割面線之應用請參閱第 7.4.1 節所述。

在割面線兩端之短粗線處通常必須加繪箭頭，以表示剖視圖之投影方向，此箭頭通常較尺度標註之箭頭稍大，可考慮約為尺度標註字高之 $\sqrt{2}$ 倍，短粗線約為字高之 2.5 倍，字高請參閱第四章所述，若字高為 3mm 時，箭頭長約為 5mm，短粗線長約為 7.5mm，夾角恒為 30°，如圖 7.12 所示。在第一角及第三角法投影之視圖中，因投影方向關係，箭頭繪製之方向剛好相反，如圖 7.13 所示，有關第一角及第三角法之投影方向，請參閱前面第 6.2 節所述。

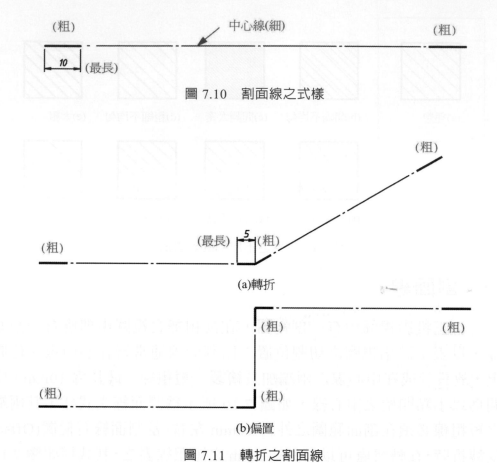

圖 7.10　割面線之式樣

(a)轉折

(b)偏置

圖 7.11　轉折之割面線

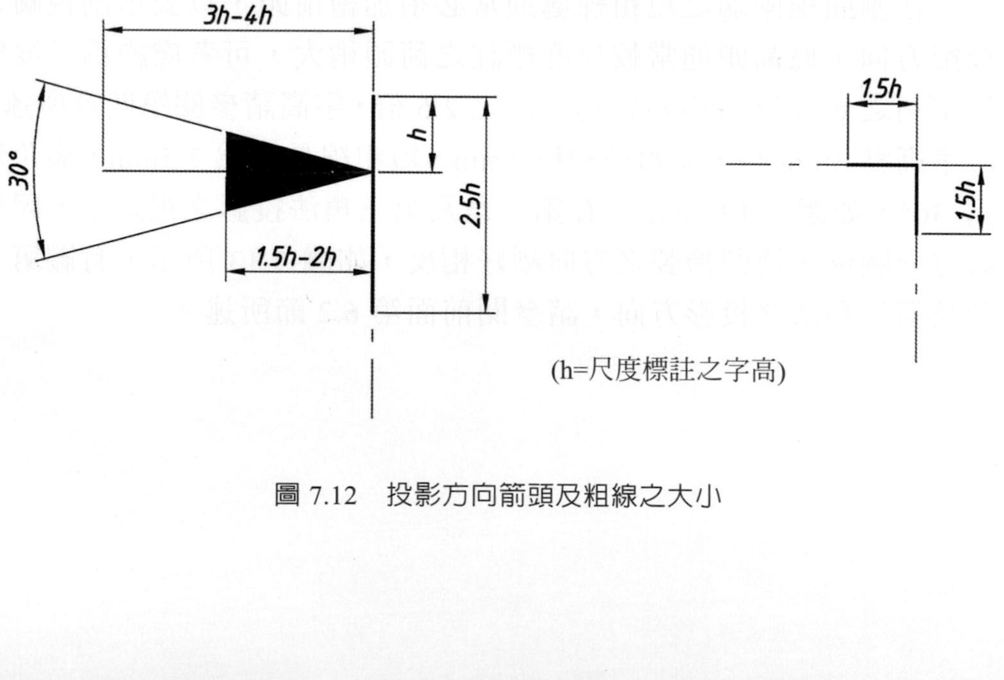

(h=尺度標註之字高)

圖 7.12　投影方向箭頭及粗線之大小

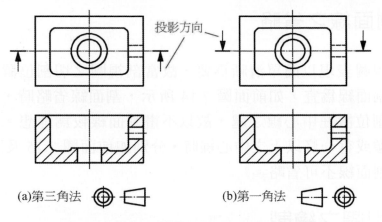

圖 7.13　第一角及第三角法之投影方向相反

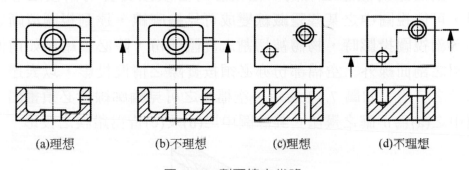

(a)理想　　　(b)不理想　　　(c)理想　　　(d)不理想

圖 7.14　割面線之省略

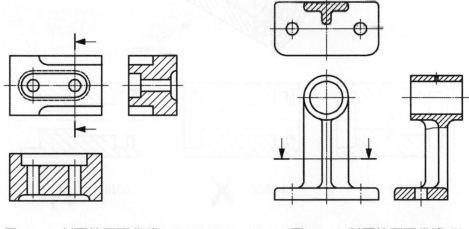

圖 7.15　割面線不可省略(一)　　　　圖 7.16　割面線不可省略(二)

7.2.3 割面線之省略

　　因視圖表現以簡單清晰爲要，故當剖視圖之切割位置明顯時，以省略割面線爲宜，如前面圖 7.14 所示，割面線省略時，仍可知剖面之切割位置在中心線之處，故以不畫割面線較爲理想。若切割位置不明顯或有一條以上之中心線時，分別如前面圖 7.15 及圖 7.16 所示，則割面線不可省略。

7.3 剖視圖之繪製

　　剖面雖爲假想之切割，但投影時必須以眞實切割後之形狀繪製，可使視圖中之某些隱藏線變成可見輪廓線，達到視圖清晰之效果。剖視圖投影時，物體被切割之實體部份，除必須繪製如前面所介紹之剖面線外，空檔部份亦必須按實際之情況投影，以表達空檔部份之結構，如圖 7.17 所示，空檔後之可見輪廓線皆必須畫出，如圖中之(a)爲正確之畫法，其餘圖中之(b)及(c)皆爲錯誤之投影。

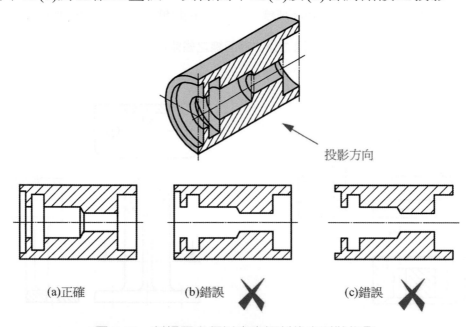

圖 7.17 剖視圖必須以真實切割後之形狀投影

7.3.1　剖視圖中之虛線

　　虛線在剖視圖中除非有必要，通常以省略不畫為宜，因虛線通常為物體背後之輪廓線，對形狀描述並非絕對需要，繪於剖視圖中時，常使視圖反而變得不清晰，如圖 7.18 所示，比較圖(a)及(b)，圖(a)較清晰易讀，即使不畫虛線亦不影響其形狀之描述。若剖視圖中之虛線省略，使得物體某部份之形狀無法確認時，如圖 7.19 所示，則可考慮加繪虛線，否則必須多畫其側視圖，才能完全表達物體之

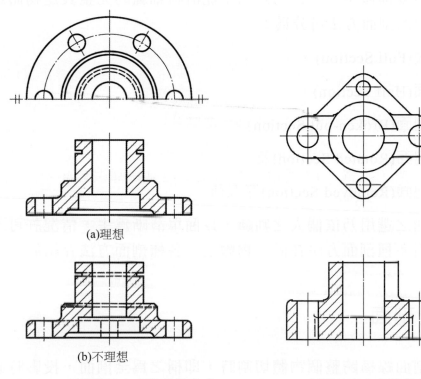

(a)理想

(b)不理想

圖 7.18　剖視圖中之虛線通常省略　　圖 7.19　剖視圖中之虛線畫出重要細節

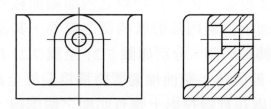

圖 7.20　剖視圖中之虛線顯示重要圓角

形狀。又如圖 7.20 所示,虛線畫出重要之圓角,若省略則該處之圓角可能被誤認為一般之小塡圓角,將造成錯誤。

7.4 剖面方法

假想切割物體之方式不同,而衍生出各種不同的剖面方法,剖視圖所使用之剖面方法不需在圖中註明。剖面方法乃為了針對物體形狀之需要而產生,其目的乃為了能清晰細膩的完整表達物體之形狀。主要的剖面方法可分為:

(a) 全剖面(Full Section)。

(b) 半剖面(Half Section)。

(c) 局部剖面(Broken-out Section)。

(d) 旋轉剖面(Rotated Section)及

(e) 移轉剖面(Removed Section)等五種。

剖面之選用乃依個人之判斷,以簡單清晰為主,情況許可,可同時使用多種剖面方法在同一物體上,各種剖面方法介紹於以下各節。

7.4.1 全剖面

當割面線橫跨整個物體切割時,即稱之為全剖面,投影時必須移去所切割之前面部份,以便能投影物體切割後之形狀,對於物體外表之形狀將無法投影,因此當物體之內部細節較外表重要時,可採用此法。全剖面依物體內部形狀特徵之需要,其割面線可平直、偏置(Offset)、或轉折切割,分別如圖 7.21 至圖 7.23 所示,轉折之割面線參閱第 7.6.4 節所述;割面線偏置時稱為偏置全剖面(Offset Full Section),其轉彎處在實際投影上雖有明顯之輪廓線,但視圖繪製時不可投影,如圖 7.22 所示。

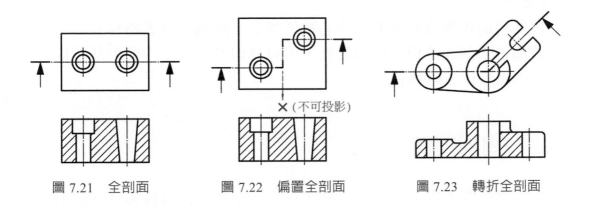

圖 7.21　全剖面　　　圖 7.22　偏置全剖面　　　圖 7.23　轉折全剖面

7.4.2　半剖面

　　當物體為對稱之形狀時，且其內部及外表之細節皆為重要，可只切割中心線對稱之任一半，以投影其內部形狀，另一半則可投影其外表形狀，如圖 7.24 所示，稱為半剖面。須注意在實際切割投影時，其中心線位置雖有明顯之輪廓線，但視圖繪製時不可投影，只能畫中心線。CNS 標準中規定，半剖面方法乃使用在對稱之零件上，

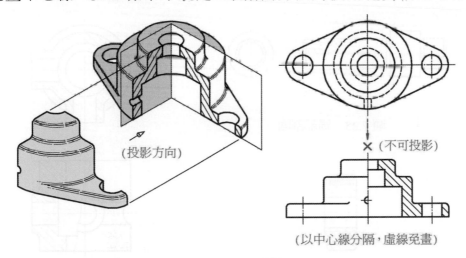

圖 7.24　半剖面

因其割面線應皆在明顯之中心線位置上,故通常以省略為宜。半剖視圖中未剖面部份之內部形狀,因與有切割部份之內部形狀相同,其虛線皆以省略為宜。

7.4.3　局部剖面

當物體不需全剖又非對稱,只想切割某部份以投影其內部形狀時,可將物體任意斷裂所需之部位投影其內部形狀,稱為局部剖面,如圖 7.25 所示,其所斷裂之範圍必須以徒手細實線繪製如斷裂痕跡樣,故又稱為斷裂剖面。局部剖面之應用,如圖 7.26 所示,可只留下一小部份之外形投影,以便表示零件之外表需輥花(壓花)。又如圖 7.27 所示,因零件非完全對稱,可從中心線附近斷裂,以代替半剖面之方法。

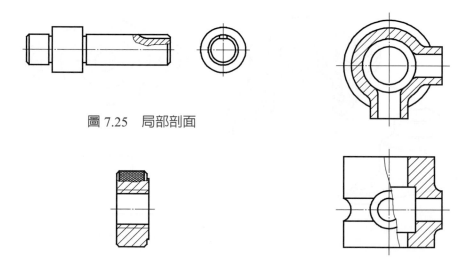

圖 7.25　局部剖面

圖 7.26　局部剖面(留下部份外形)　　　圖 7.27　局部剖面(代替半剖面)

7.4.4　旋轉剖面

　　將物體之斷面切割之後，並不移除任何部份，直接將其斷面之形狀(必須為對稱)旋轉 90°，以細實線重疊繪製在原切割之位置上，稱為旋轉剖面。如圖 7.28 所示，旋轉剖面將幫助了解該零件之斷面為 T 字型，其斷面各處之圓角細節亦可清晰表達。旋轉剖視圖所繪製之處即為切割位置，故無需再繪製割面線。

　　旋轉剖視圖重疊繪製時，若覺得不清晰或發生視圖之外形有干涉情況，可將原視圖斷裂，使旋轉剖視圖凸顯，如圖 7.29 所示，此情況下斷面形狀之輪廓線必須恢復成以粗實線繪製，其斷裂線必須以細實線徒手繪製。旋轉剖面亦常被應用在表示補強肋之斷面，如圖 7.30 所示，肋之旋轉剖面必須與肋之邊緣垂直，斷面無需全部繪

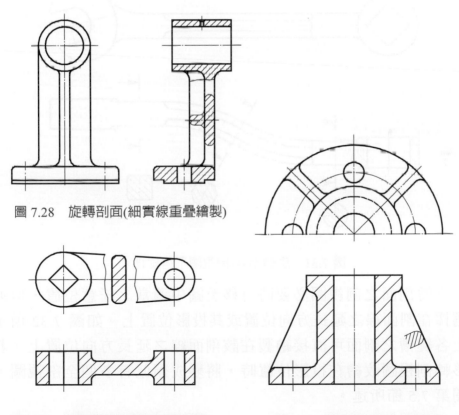

圖 7.28　旋轉剖面(細實線重疊繪製)

圖 7.29　旋轉剖面(圖形斷裂讓開)　　　圖 7.30　旋轉剖面(肋之斷面)

製,只需適當表示一部份即可,但後面線條必須切齊。有關肋之投影請參閱第 7.7.1 節所述。當物體之斷面形狀不對稱時,必須改以移轉剖面繪製,見下節所述。

7.4.5 移轉剖面

將旋轉剖面之斷面圖移至視圖之外繪製時,稱爲移轉剖面,原則上皆選擇在割面線之延長位置。如圖 7.31 所示,板手上不同斷面之剖視圖可直接繪製在該割面線之延長位置上,且通常視圖之方向須依原剖視之方向不得旋轉。移轉剖圖爲獨立之視圖,不像上節之旋轉剖圖,其剖視圖外形必須以粗實線繪製。

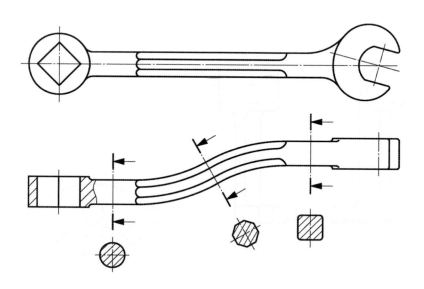

圖 7.31 旋轉剖面(剖視圖不得旋轉)

旋轉剖面之剖視圖必要時可移至圖中適當之任意位置,但通常皆選擇在割面線之延長方向位置或其投影位置上。如圖 7.32 所示,軸上各鍵槽之剖面可直接繪製在該剖面線之延長方向位置上。若將各移轉剖視圖改繪在投影位置時,將變成類似有多個全剖視圖,請參閱第 7.5 節所述。

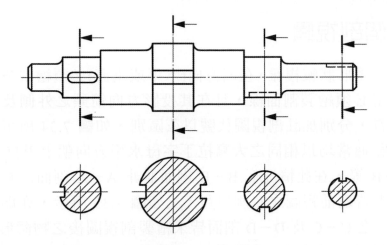

圖 7.32　旋轉剖面(剖視圖在割面線之延長位置)

　　遇複雜變化之曲面，如扇葉或 3C 產品曲面等，移轉剖面可以環形陣列方式切割，各斷面之剖視圖可旋轉至同一方向對齊排列，如圖 7.33 所示，以方便讀圖，且各剖視圖必須以字母代號區分之。

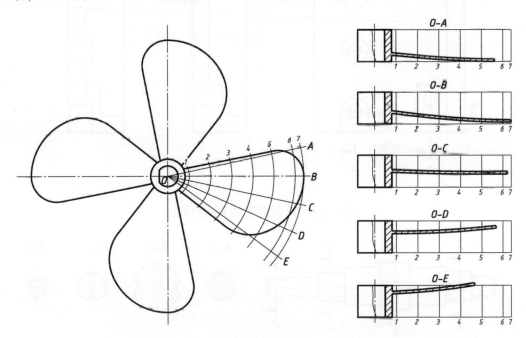

圖 7.33　旋轉剖面(剖視圖排列整齊)

7.5 多個剖視圖

當物體形狀較複雜，在同方向(水平或垂直)必須繪製多個剖視圖時，通常必須繪製割面線，且在其投影方向箭頭之外側及該剖視圖之正下方，分別加註剖視圖代號以茲區別，如圖 7.34 所示，每一剖視圖代號通常均以相同之大寫拉丁字母水平方向朝上書寫，如 A－A，B－B 等，在此情況下 B－B 剖面並非 A－A 剖面之右側視圖，而是兩者皆為前視圖之右側視圖。又如圖 7.35 所示，亦為多個剖視圖，其中之 C－C 及 D－D 剖面皆未繪製剖視圖後之物體形狀，此乃為移轉剖面之剖視圖，參閱第 7.4.5 節所述。

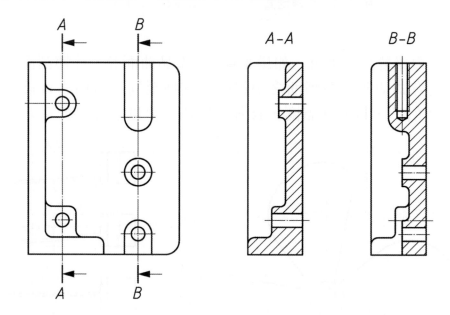

圖 7.34　多個剖視圖(全剖面)

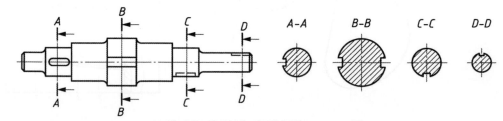

圖 7.35　多個剖視圖(移轉剖面)

比較圖 7.34 及圖 7.35，分別爲全剖面與移轉剖面之剖視圖，得一結論：『若有需要投影剖視圖後之物體形狀時，則投影之，即爲全剖面；不需要時，則可只繪製切割面之斷面圖，即爲移轉剖面』。

7.6　特殊視圖

在特殊情況下，與一般正常投影之視圖稍有不同，但仍屬必要之視圖表達方式，稱爲特殊視圖，特殊視圖之使用乃爲了能更簡單清晰的繪製正投影視圖。特殊視圖之種類有：局部視圖、半視圖、中斷視圖、轉正視圖、局部放大視圖、虛擬視圖及展開圖等多種，茲分別介紹於以下各節。

7.6.1　局部視圖

當視圖投影有大部份重覆或不重要，無需全部繪製時，可只繪製其重要之細節，稱爲局部視圖。如圖 7.36 所示，可只將鍵槽之形狀繪製在投影之相關位置上，無需繪製整個俯視圖，因俯視圖會大部份與前視圖重覆。局部視圖原則上可移至圖中任意適當位置，但必須加繪投影方向箭頭及視圖代號。如圖 7.37 所示，投影方向箭頭之大小與割面線之投影方向箭頭相同，參閱第 16.2.2 節所述。視圖代號通常以單一之大寫拉丁字母水平方向朝上書寫，可寫在投影方向箭頭之側邊及局部視圖之正上方。局部視圖通常必須加繪斷裂線，以表示視圖未完整；不繪斷裂線之局部視圖可視情況而被允許(見圖 7.36)，只繪製孔洞之局部視圖。局部視圖亦常應用在輔助投影視圖之繪製，請參閱第八章所述。

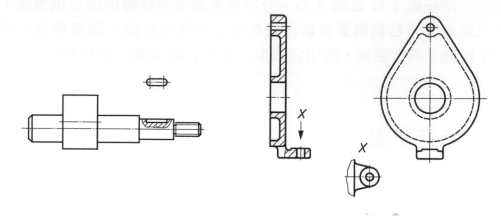

圖 7.36　局部視圖　　　　圖 7.37　局部視圖(有投影方向及視圖代號)

7.6.2　半視圖

　　為了節省繪圖時間及圖紙空間，對於對稱之零件，以中心線為界可只繪其一半之視圖，兩旁加兩細線之短畫，長為字高，間隔為字高之 1/3。稱為半視圖。半視圖之選擇不可任意為之，須配合第一角及第三角法以及剖面或未剖面之投影規則，選擇應繪製之半視圖。如圖 7.38 及圖 7.39 所示，分別為第一角及第三角法配合全剖面所應畫之半視圖。當視圖未剖面時則應畫之半視圖剛好相反，如圖 7.40 所示，為第三角法配合不剖面應畫之半視圖。

　　又如圖 7.41 所示，所選之半視圖無法互相投影，為錯誤之畫法宜避免。有關第一角及第三角法投影時之區別，請參閱前面第 6.5 節所述。

　　半視圖必須以中心線為界線，即保留原來之中心線，只畫剛好一半之視圖，若將中心線畫成粗實線，則物體之形狀將變成一半而非半視圖，如圖 7.42 所示，初學者常犯此錯誤宜小心。

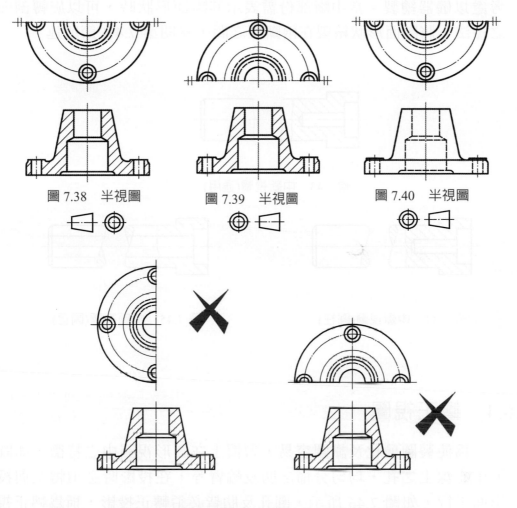

圖 7.38　半視圖　　　圖 7.39　半視圖　　　圖 7.40　半視圖

圖 7.41　錯誤半視圖(無法投影)　　圖 7.42　錯誤半視圖(非整個零件)

7.6.3　中斷視圖

　　零件有狹長形狀之特徵時，可考慮將形狀一致之狹長部份中斷，以節省圖紙空間，如圖 7.43 所示，稱為中斷視圖，其斷裂線須以細實線徒手繪製。當中斷部份為圓柱或圓管時，其斷裂線亦可繪製成如圖 7.44 及圖 7.45 所示之如 S 型之形狀(非 CNS 之規定)，其式樣須使上下錯開，通常以細實線徒手繪製即可，當直徑較大時，可

考慮以儀器繪製。當中斷部份需表示其斷面形狀時,可以旋轉剖面
之畫法,將斷面形狀繪製在兩斷裂之間,參閱第 7.4.4 節所述。

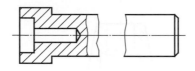

圖 7.43 中斷視圖(通用)

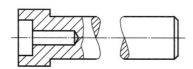

圖 7.44 中斷視圖(圓柱)

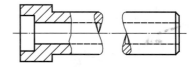

圖 7.45 中斷視圖(圓管)

7.6.4 轉正視圖

為使製圖簡化及識圖容易,習慣上在圓形視圖中之特徵,如圓
形中心線上之孔,均勻分佈之肋及輪臂等,在投影時必須轉至與投
影面平行,如圖 7.46 所示,圓孔及肋皆必須轉正投影,稱為轉正視
圖,此圖例之割面線可以省略,其中肋免畫剖面線請參閱第 7.7.1 節
所述。當割面線有轉折時,傾斜部份之切割面必須轉正投影,如圖
7.47 所示,其割面線用以表示切割定位銷孔,不可省略。轉正投影
屬習用畫法,參閱第 7.7 節所述,在沒有剖面之視圖投影仍須遵守轉
正之規則,如圖 7.48 所示。轉正視圖之其他應用,如圖 7.49 所示,
扳手柄為平板材料彎曲而製成,可考慮以轉正投影之方法繪製,此
情況亦可以輔助視圖之投影方法繪製,參閱第八章所述。

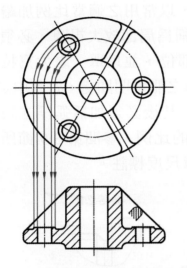

圖 7.46　轉正投影(割面線省略)

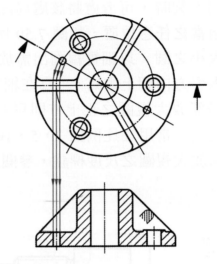

圖 7.47　轉正投影(須割面線)

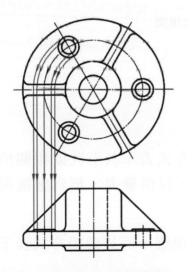

圖 7.48　轉正投影(不剖面時)

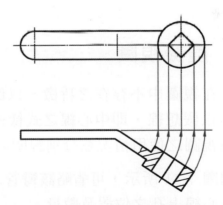

圖 7.49　轉正投影(可用輔視圖取代)

7.6.5　局部放大視圖

　　零件中有某部位之形狀較小，按比例繪製時不清晰或尺度標註空間不夠時，可考慮將該處局部放大，以常用之適當比例加繪於圖中適當之任意位置，如圖 7.50 所示，稱爲局部放大視圖。必須以適當大小之圓，以細實線圈出需放大之部位，並以單一之大寫拉丁字母水平方向朝上書寫，可寫在細實線圓之側邊明顯處，如圖中之 X，在局部放大視圖之正上方則只寫 "X" 其後必須加括弧標註該視圖之比例。常用之比例爲 2，5，10 倍數的比例，參閱第 3.9 節所述。局部放大視圖之尺度標註，參閱第九章尺度標註。

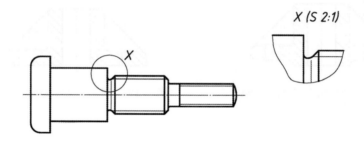

圖 7.50　局部放大視圖

7.6.6　虛擬視圖

　　在視圖中不存在之特徵，以假想方式表示其形狀或相關位置，必須以假想線，即中心線之式樣繪製，以供參考，稱爲虛擬視圖。虛擬視圖之使用情況茲分別說明如下：

(a) 如圖 7.51 所示，可省略該彎管之端視圖，而以虛擬方式表示圓形中心線上孔之位置及數量。

(b) 因剖面關係，使得某特徵因移走而不存在，如圖 7.52 所示，可以虛擬方式繪出其形狀及相關係位置。

(c) 爲表示另一零件之配合情況，可以虛擬方式繪出該零件之相關位置，以供參考，如圖 7.53 所示。

(d) 當零件上某部份特徵，必須與另一零件配合後加工方式製造時，如推拔銷孔等，如圖 7.54 所示，另一零件及推拔銷則以虛擬方式表示。

(e) 機件裝配後某部份須切除時，亦可以虛擬方式表之，如圖 7.55 所示，以假想線繪出須切除部份之機件形狀，以供裝配之參考。

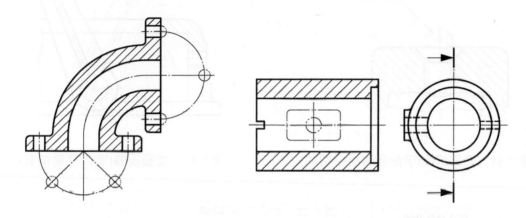

圖 7.51　虛擬視圖(孔位置及數量)　　圖 7.52　虛擬視圖(特徵移走不存在)

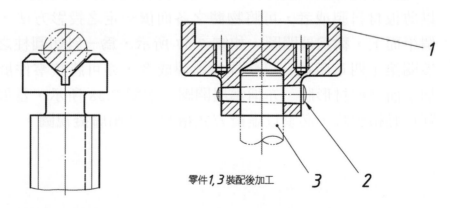

零件1,3裝配後加工

圖 7.53　虛擬視圖(零件配合情況)　　圖 7.54　虛擬視圖(零件配合後加工)

(f) 組合圖中須特別表示某零件之移動情況,亦可以虛擬方式繪製,如圖 7.56 所示。

虛擬視圖之線條必須全部以假想線之式樣(兩點鏈線)繪製,需要時可與視圖重疊,假想線之繪製可參閱第 4.6 節所述假想線之繪製規則。

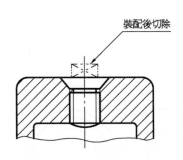

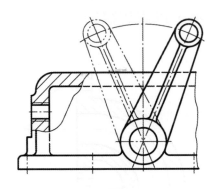

圖 7.55 虛擬視圖(裝配後某部份切除)   圖 7.56 虛擬視圖(零件移動情況)

7.6.7 展開圖

零件由薄板狀或條桿材料,經彎折而製成,為取材加工之需要,以薄板材料製成者,可將物體之各面依一定之投影方法,展平在一個平面上,稱為展開圖,如圖 7.57 所示,為一斜切圓柱之展開圖,參閱第十四章所述。以條桿材料製成者,亦可將該零件展成未摺折加工前之取材形狀,亦稱為展開圖,如圖 7.58 所示,當展開圖與視圖重疊繪製時,必須以虛擬方式繪製,亦屬虛擬視圖。

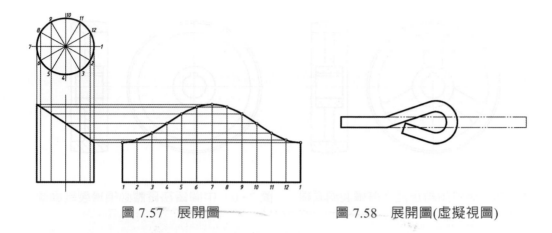

圖 7.57　展開圖　　　　　　　　　圖 7.58　展開圖(虛擬視圖)

7.7　習用畫法

　　零件上某些特徵，在投影及剖面時與一般正常投影及剖面之結果表示之方式不同，稱為習用畫法。習用畫法之表示可使視圖更加清晰易讀，凡零件上有需以習用畫法表示之特徵時，必須以習用畫法表之，否則即屬錯誤。習用畫法之使用茲分別介紹於以下各節。

7.7.1　免畫剖面線與轉正投影

　　圓形之零件於整個 360 度圓上常見有均勻分佈之孔洞或缺口，因而形成輪臂、齒等；或常見有均勻分佈凸出，因而形成肋、耳等。繪製剖視圖時，這些特徵必須轉正投影，使得切割位置剛好在其上，無論是否為實體皆不得繪製剖面線，參閱第 7.6.4 節所述。茲分別以圖例說明如下：

(a) 輪臂：如圖 7.59 所示，皮帶輪之剖視圖，無論割面線是否通過輪臂，輪臂必須轉正且不得繪製剖面線。其目的乃為了區分如圖 7.60 所示之皮帶輪，其中間皆為實體。

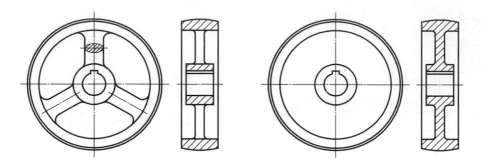

圖 7.59 輪臂須轉正且不得繪製剖面線   圖 7.60 中間皆為實體必須繪製剖面線

(b) 肋：如圖 7.61 所示，肋分佈於圓形視圖上時，投影時必須轉正，
剖面時皆不得繪製剖面線。肋為補強之設計，故通常分佈在零件
上某處，故凡沿肋平行切割時，肋之部份皆不得繪製剖面線，以
區分如圖 7.62 所示之實體。如圖 7.63 所示，非圓形視圖上，割面
線沿肋平行切割，肋的部份仍免畫剖面線，但肋被垂直切割，即
切割其斷面時，則必須繪製剖面線，如圖 7.64 所示。

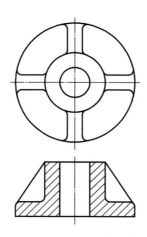

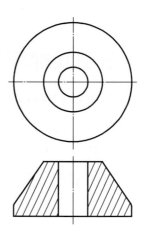

圖 7.61 肋平行切割不得繪製剖面線   圖 7.62 實體必須繪製剖面線

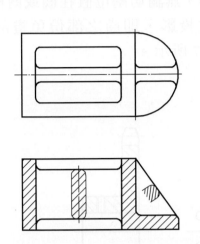

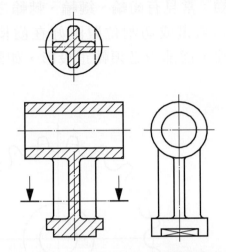

圖 7.63 肋平行切割不得繪製剖面線
但垂直切割則須繪製剖面線(一)

圖 7.64 肋平行切割不得繪製剖面線
但垂直切割則須繪製剖面線(二)

(c) 耳：零件上凸出之耳，習慣上切割時，亦不得畫剖面線，如圖 7.65
所示，耳分佈於整個圓上，投影時必須轉正，剖面時不得畫剖面
線。與耳類似之凸緣，如圖 7.66 所示，則必須依一般正常之投影
繪製剖面線。

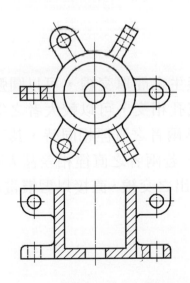

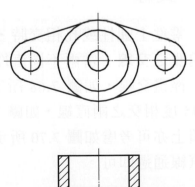

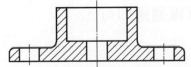

圖 7.65 耳必須轉正不得畫剖面線

圖 7.66 凸緣須畫剖面線

(d) 齒：常見有齒輪、鏈輪、棘輪之齒等，無論切割位置在齒或齒槽，必須畫成切割位置剛好在齒槽內之投影，即齒之部份免畫剖面線，齒部份必須轉正投影，如圖 7.67 所示。

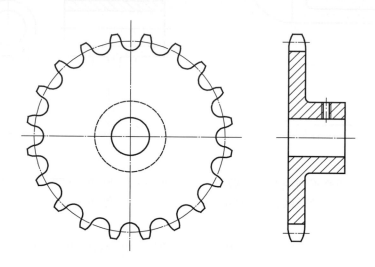

圖 7.67　齒必須轉正不得畫剖面線

7.7.2　交線

零件上圓柱或孔相交時，所自然產生之簡單交線，可以圓弧取代真實之交線。當兩不同直徑之圓柱或孔相交，可以較大者之半徑為半徑畫交線，如圖 7.68 所示之 R。當兩者之直徑相同時，其交線為 45 度相交之兩直線，如圖 7.69 所示。若兩者之直徑相差甚大時，習慣上亦可考慮如圖 7.70 所示，不畫凸出之交線，直接以習慣畫法，畫直線通過即可。

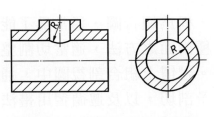
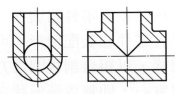

圖 7.68　圓柱或孔產生之交線　　　圖 7.69　直徑相同時交線為直線

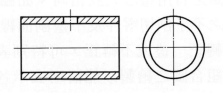

圖 7.70　直徑相差甚大時以直線通過

7.7.3　圓弧面上之削平部份

　　圓弧面上有部份為平面，常見如孔內或軸上之削平部份，為凸顯圓弧面上之某部份為平面，可在平面上加畫對角交叉之細實線，如圖 7.71 所示，有交叉細實線之部份皆為平面。在圓柱內之方孔，為防止識圖時誤認為圓孔，亦可加畫交叉之細實線，如圖 7.72 所示。

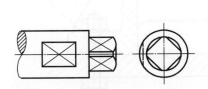
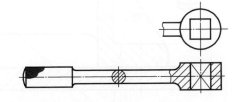

圖 7.71　交叉細實線代表平面　　　圖 7.72　交叉細實線代表平面
　　　　（圓弧面上之削平部份）　　　　　　（圓柱內之方孔）

7.8　組合圖

　　繪製多個零件組裝在一起之圖,稱為組合圖,通常為了能清晰表示各零件之裝配情形,可採用各種剖面之方法,適當切割整個組合機構,以組合剖視圖之方式表示。習慣上組合剖視圖中,通常必須對實心,即無內部形狀之零件不予剖切,以及遵循習用畫法中之規定,對某些特徵不予繪製剖面線。除了轉正投影之習用畫法稍不同外,與繪製零件圖之習用畫法大致相同。如圖 7.73 所示,圖中以指線註明者為常見之不予剖切零件及不畫剖面線之特徵。圖 7.73 之組合圖中有些孔只轉正一邊或不轉正,可特別表示孔非偶數或孔有轉正投影之情況。組合圖之繪製以能清晰表示各零件組合之相關位置為主要目的,各零件形狀之細節則在零件圖中表示。

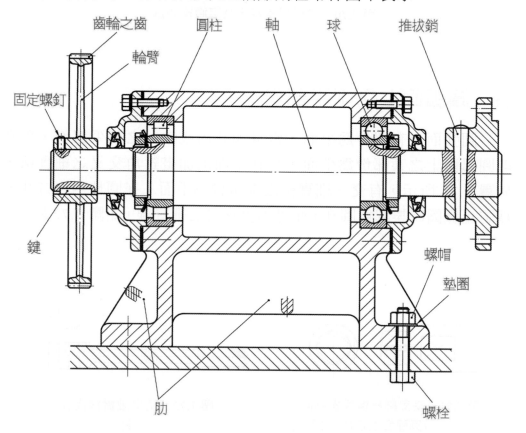

圖 7.73　常見不予剖切零件及不畫剖面線之特徵

7.8.1　組合圖之剖面線

　　依各零件之大小，繪製適當之剖面線間距，盡可能使相鄰之零件剖面線方向相反，無法避免時則使間距不同，如圖 7.74 所示，同一零件之剖面線無論在圖中何處，必須保持方向及間距一致。即使在不同視圖中，同一零件之剖面線仍須保持一致為原則。

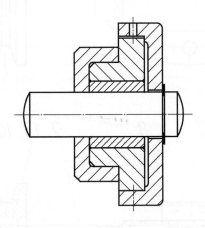

圖 7.74　組合圖之剖面線

7.8.2　件號

　　凡圖中不只繪製一個零件時，即必須給予編號區分，以便填寫各零件之資料於零件表中，稱為件號，參閱前面第 1.9 節所述。組合圖中必須將各不同之零件給予順序編號，且必須詳盡填寫零件表中之各項資料。

　　件號字體之大小為尺度標註數字高之二倍，字高請參閱第四章所述。件號以不加圓圈為原則，且須排列整齊，如圖 7.75 所示。件號線必須以細實線繪製，避免垂直或水平，且盡量與圖中之線條相交叉為原則，以凸顯件號所指之零件。件號線須對準件號數字之中心，另一端由該零件內引出，且在線端加繪約 1mm 直徑之小黑點，

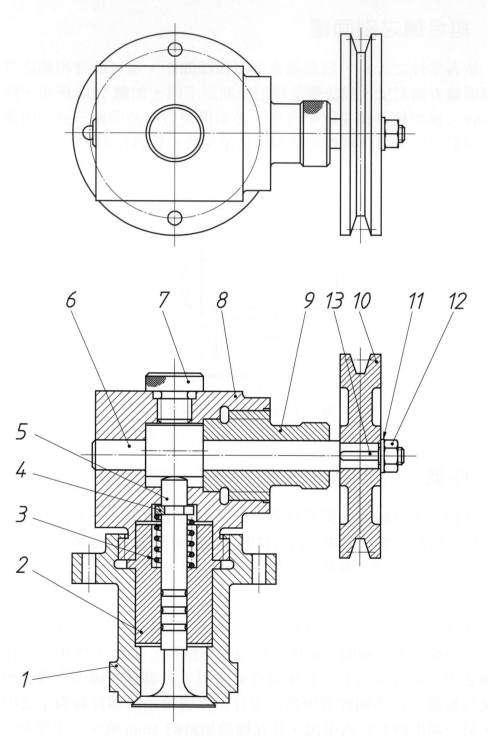

圖 7.75 組合圖中之件號(須排列整齊)

當小黑點在零件中不清晰時，才可改以箭頭指向該零件，如圖中之件號 3 及 11。

　　單一零件之圖中不須加註件號及件號線。當多個零件圖繪於同一張圖紙上時，不須繪製件號線，通常將件號寫在該零件視圖之上方為原則，如圖 7.76 所示。工程圖中件號旁通常加註表面符號之資料，表面符號請參閱拙著工程圖學與機械製圖等書。

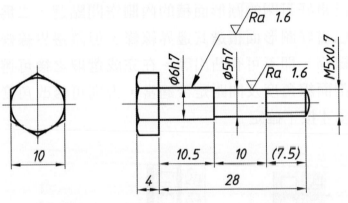

圖 7.76　件號寫在視圖之上方為原則
(實際大小)

7.9 電腦製圖

　　以電腦製圖繪製剖視圖時，所需用到之 AutoCAD 2D 指令分別說明如下：

(a) 剖面線：必須在一個封閉的圖形面積當中才能繪製剖面線，可以功能表之"繪圖"再選"剖面線…"，或以繪圖工具列之"剖面線"圖像按鈕，如圖 7.77 所示，或輸入指令"bhatch"等，將出現剖面線與漸層對話框，如圖 7.78 所示，在樣式中選常用之 45 度剖面線，代號為 ANSI31，選畫剖面線有兩種方法，一為點選點，即在一已畫好封閉的圖形面積的內側空間點選，二為選取物件，即在一已畫好圖形面積選其邊界線條，但該邊界線條必須為剛好封閉之線條，即不可有凸出等。在完成選取之後可選以預覽觀查所畫之剖面線角度及間距是否適當，否則可修改角度及比例之數值，最後才按下確定。

(a)AutoCAD 2007　　　　　　　(b)AutoCAD 2009

圖 7.77　剖面線圖像按鈕

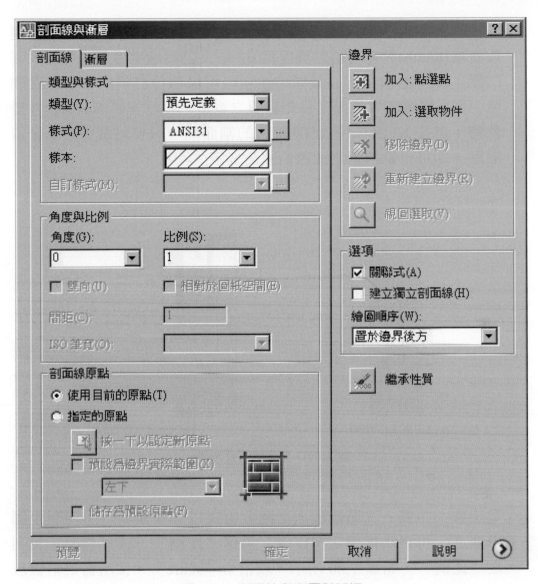

圖 7.78　剖面線與漸層對話框

(b) 割面線：割面線的投影方向箭頭比一般的尺度標註箭頭稍大，其
　　箭頭為實心，如前面圖 7.12 所示，有兩種方式可繪製實心箭頭，
　　一以功能表之 "繪圖" 再選 "曲面" 下之 "2D 實面"，或輸入指
　　令 "solid"，選取實心箭頭的三個頂點位置即可畫出。二以功能
　　表之 "繪圖" 再選 "聚合線"，或以繪圖工具列之 "聚合線" 圖

像按鈕，如圖 7.79 所示，或以指令 "pline" 輸入第一點之後，選取寬度(width)設定啓始點寬度爲 0，結束點爲適當寬度，再輸入第二點，即可繪製一實心箭頭。注意短粗線部份必須與中心線之顏色不同，出圖時才能設定爲粗實線之寬度。若已安裝 NuCAD 外掛軟體，選按 NuDraw(繪圖)功能中的割面線，只要點選中心線之兩端點，即可自動繪製割面線箭頭及文字。

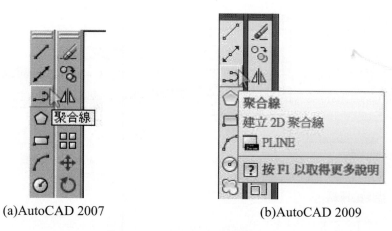

(a)AutoCAD 2007　　　　　　　　(b)AutoCAD 2009

圖 7.79　聚合線圖線按鈕

(c) 局部放大視圖：先將欲放大之圖形線條以 "複製物件" 複製至圖中他處，再以功能表之 "修改" 再選 "比例"，或以修改工具列之 "比例"，如圖 7.80 所示，或指令 "scale"，按所需之倍數放大，放大時須輸入一個基準點，各物件依基準點位置之關係位置及放大倍數放大圖形。

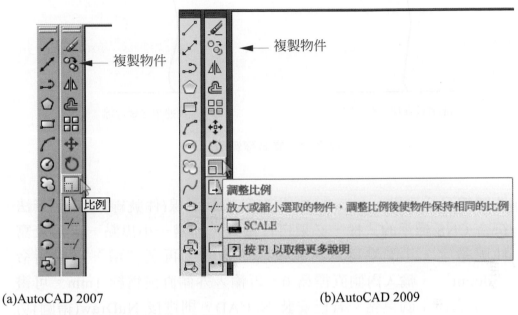

(a)AutoCAD 2007　　　　　　　　　　　　(b)AutoCAD 2009

圖 7.80　比例圖像按鈕

(d) 徒手畫斷裂線：斷裂線為尖銳狀，如木材類，可直接以畫直線連
　　續完成，唯注意開始及結束必須以物件鎖點選 "最近點"，鎖點
　　在應相接之線條上。如斷裂線為不規則連續線，則必須改用前面
　　提過之 "聚合線"，以寬度 0 繪製，先完成直線連接如圖 7.81(a)
　　所示，然後再以功能表之 "修改" 再選 "聚合線"，2004 版則再
　　選 "物件" 最後選 "聚合線"，在指令區輸入 F，即 Fit 聚合，即
　　完成如圖 7.81(b)所示，將連接直線改成滑順之不規則連續線。或
　　以指令 "pedit" 選直線連接形式之聚合線，再輸入 f，亦可將聚合
　　線改成滑順之不規列連續線。

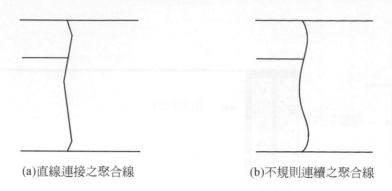

(a)直線連接之聚合線　　　　　(b)不規則連續之聚合線

圖 7.81　斷裂線畫法

(e) 件號線及小黑點：AutoCAD 的自動標註引線(件號線)之設定無法符合 CNS 標準的式樣，必須自行繪製，即畫一小黑點一直線及寫件號數字，小黑點可以功能表之"繪圖"再選"環"，或指令"donut"，輸入內側直徑為 0，再輸入外側直徑為約 1mm。可畫 1mm 直徑小圓黑點。若已安裝 NuCAD，則選按 NuDraw(繪圖)功能，只要畫件號線及輸入件號即可自動繪製有小黑點或箭頭形式之件號線。

(f) 組合圖：AutoCAD 2000 版之後因可同時開多張圖面，因此可直接由零件圖中將需要之視圖，經由標準工具列之"複製到剪貼簿"及"從剪貼簿貼上"之圖像按鈕，如圖 7.82 所示，直接將視圖複製到另一張圖上，再做適當之編輯，在複製之前可先將尺度標註層(Layer)關閉，即顯示沒有尺度之視圖，但必須事先將所有尺度標註在另外同一層中才可。

(a)AutoCAD 2007 之複製到剪貼簿及從剪貼簿貼上

(b)AutoCAD 2009 之複製到剪貼簿及從剪貼簿貼上

圖 7.82　複製及貼上視圖

　　另一種組合圖繪製方法，將零件圖之尺度標註層(Layer)關閉後，以指令“wblock”，將所要之視圖分別另建圖檔(沒有尺度之視圖)，存在磁片或硬碟中。在組合圖中先設成不同顏色之層，再以指令“insert”或“ddinsert”插入組合圖中適當位置，使各零件顯示不同的顏色，可借此方便先檢查各零件上之尺度及裝配情況是否正確，爲機構設計之重要必須過程，然後再以指令“explode”，將各零件爆炸，最後再修正編輯成正確的組合圖。另外亦可改以指令“xref”外部參考方式，製作組合圖中之各零件視圖，此法可隨著零件圖之修改自動修正組合圖，詳細過程請參考其它 AutoCAD 專門介紹此方法的書籍。

　　習題後有“(*)”者附電腦練習圖檔，在書後磁片“\EX”目錄下。

❖ 習　題　七 ❖

1. 依割面線所切割位置，放大三倍改畫未剖面之視圖爲剖視圖。

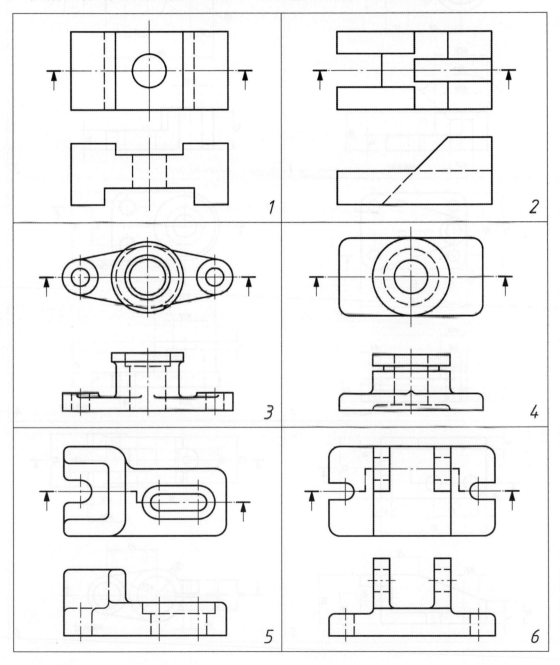

2. 按尺度 1:1 及割面線所切割位置，改畫未剖面視圖為剖視圖。

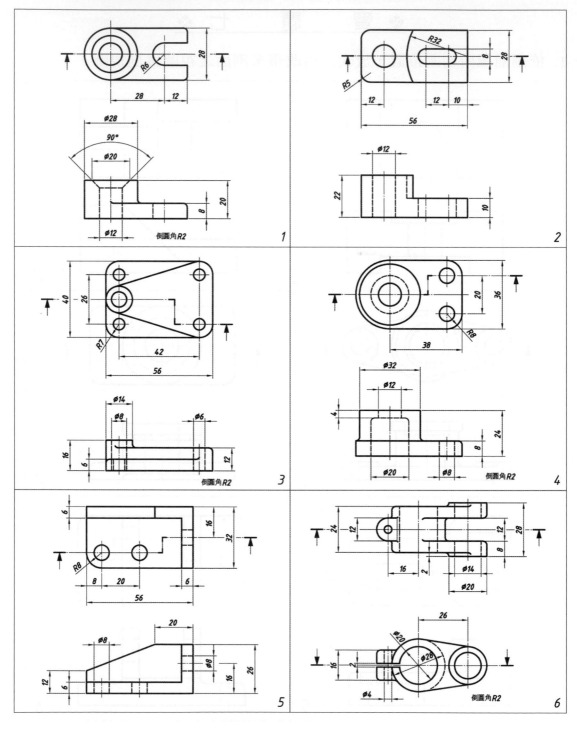

3. 按尺度比例抄繪下列各題，並改繪右側視圖為全剖面視圖。

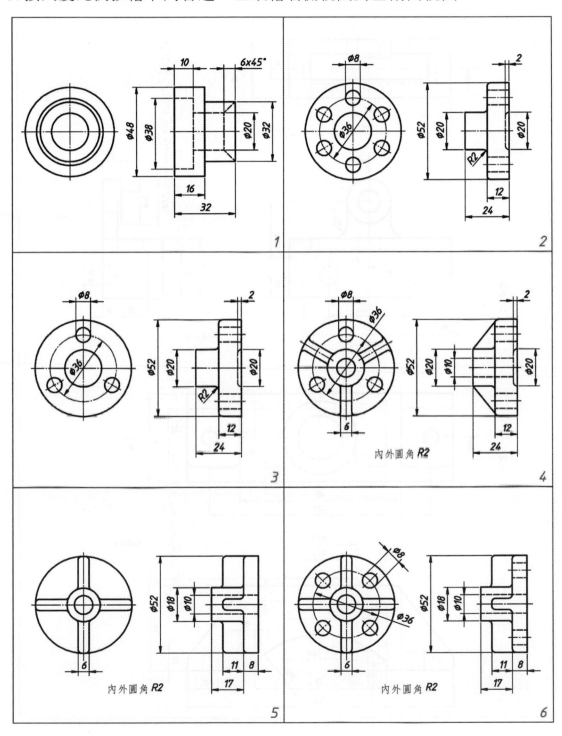

4. 抄繪下列各題，依割面線位置，改(加)畫未剖面之視圖爲剖視圖。

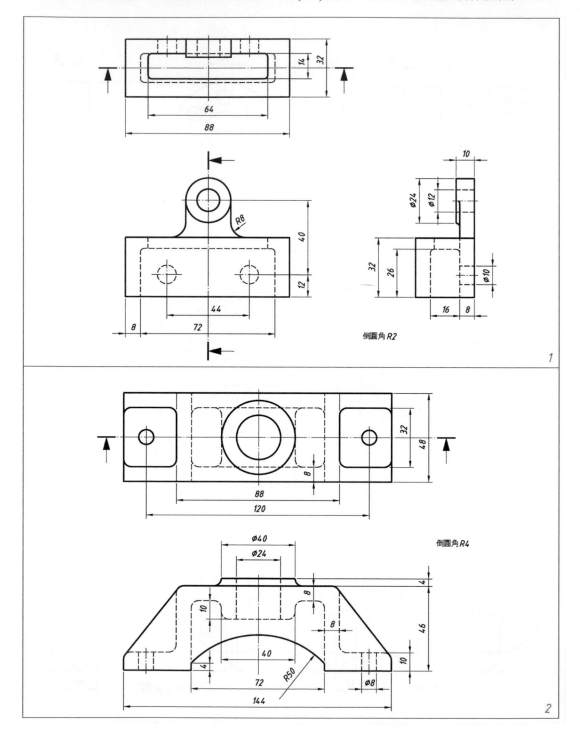

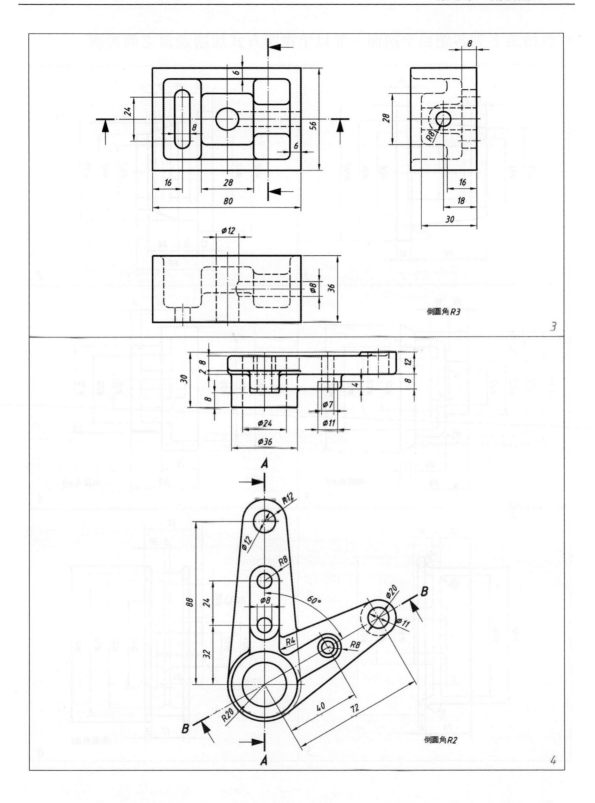

倒圓角 R3

倒圓角 R2

3

4

5. 改繪製下列各題為半剖面，並以半視圖方式加繪適當之側視圖。

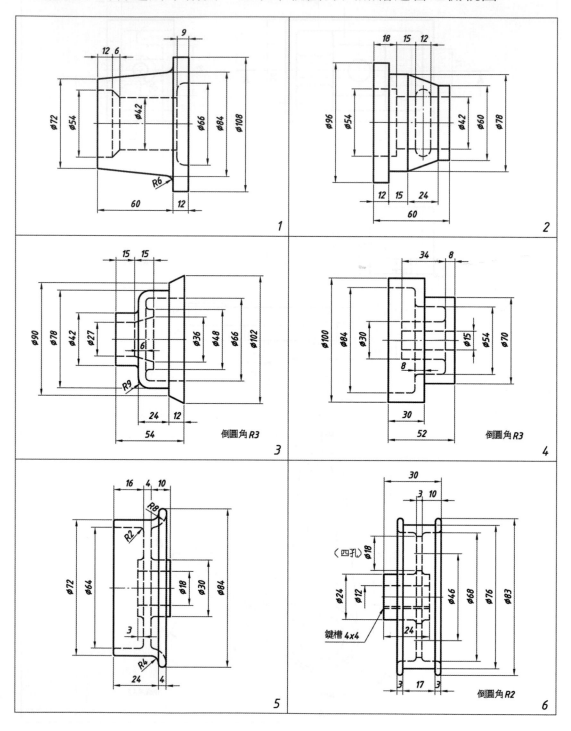

6. 依需要改繪製下列各題爲剖視圖。

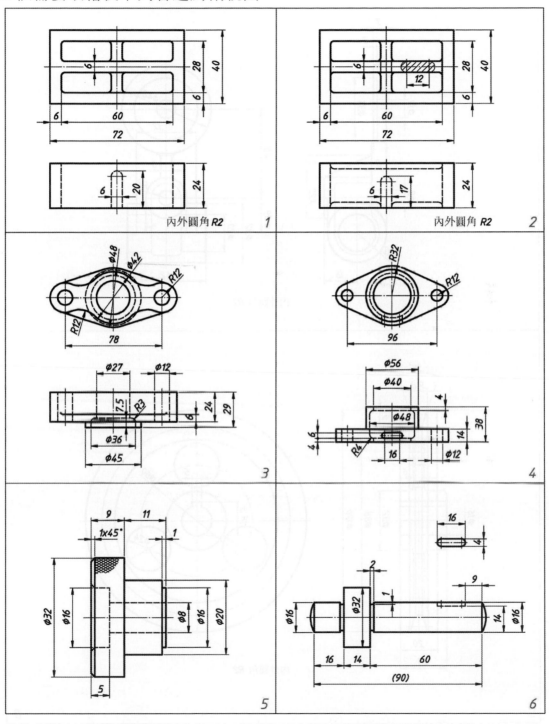

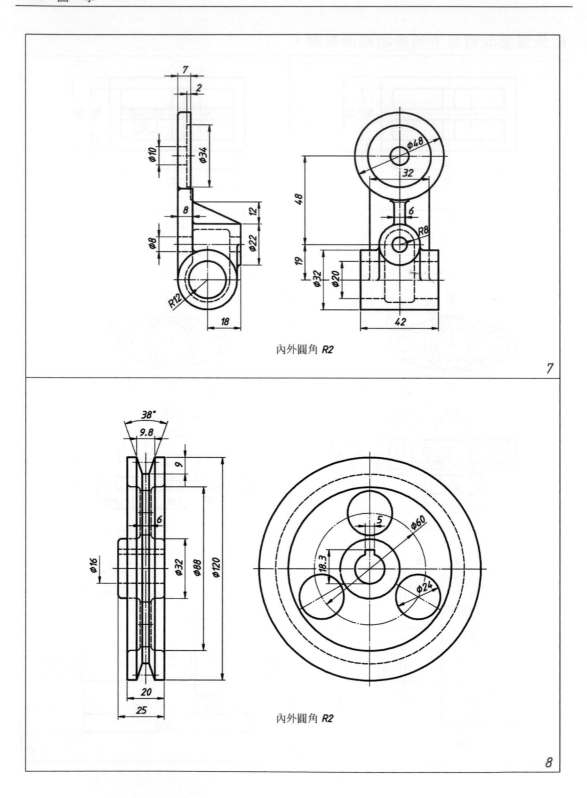

內外圓角 *R2*

7

內外圓角 *R2*

8

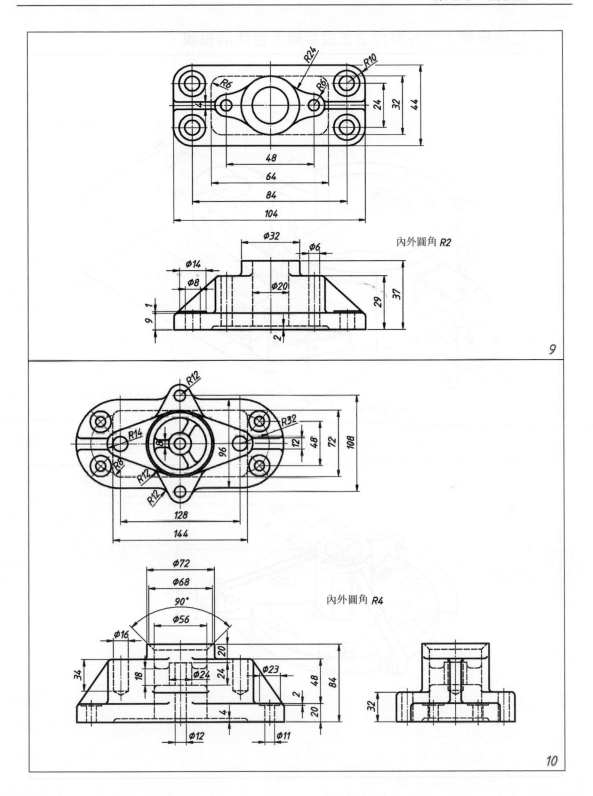

內外圓角 *R2*

9

內外圓角 *R4*

10

7. 按比例繪製下列各零件之正投影圖，包括剖視圖。

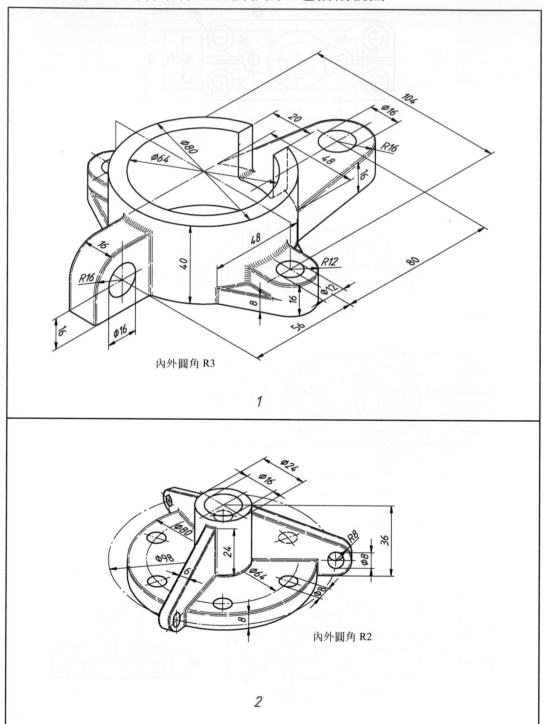

內外圓角 R3

1

內外圓角 R2

2

8. 按比例改繪下列各組合圖為剖面之視圖，包括零件表之填寫。(*)

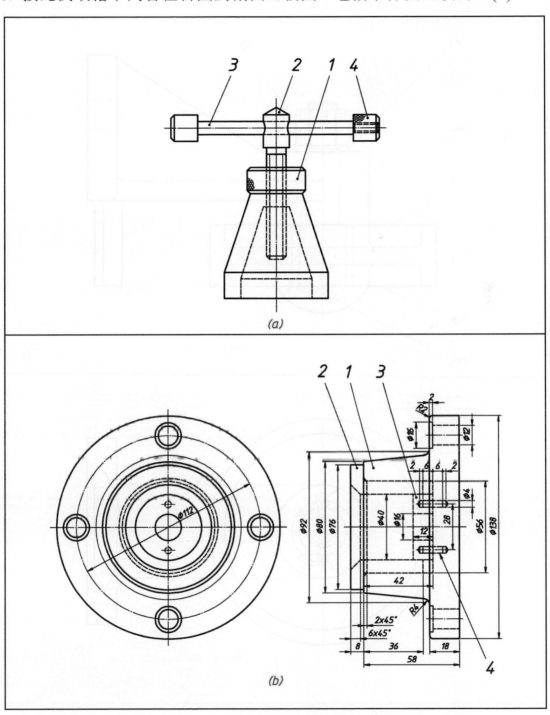

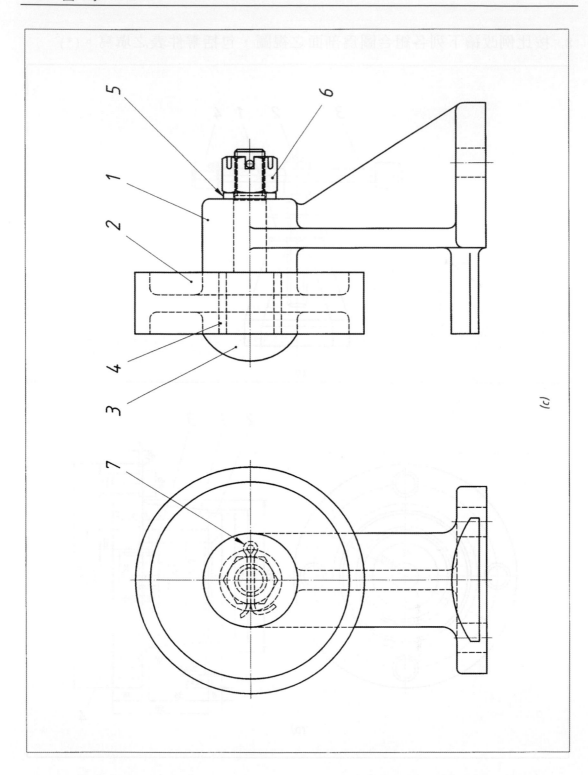

(c)

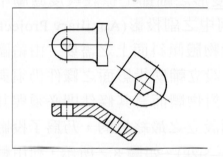

輔助視圖

8.1 概說

　　在多視投影中以投影箱利用正投影原理，可細膩的描述物體之所有細節，投影箱之各投影面皆互相平行或垂直，對於被投影之物體，若其傾斜面上有重要之細節時，則其所投影之視圖仍嫌不夠清晰，因在正投影原理中凡與投影面不平行之平面，投影時會產生縮小變形之情形。當傾斜面上之重要細節，在縮小變形之情況下，不但讀圖時對物體形狀特徵會產生誤解，而且無法明確的標註尺度。如圖 8.1 所示，傾斜面上之細節無法清晰表達，在變形之細節上標註尺度應屬不理想。為彌補此一缺點，可使用投影幾何中之副投影(Auxiliary Projection)方法，又稱為輔助投影方法，可針對物體傾斜面上之需要，由繪圖者自行設立投影面，稱為輔助投影面。設立輔助投影面之條件仍須與某投影面垂直，而與其他投影面傾斜。對物體而言其條件則必須與其上之某傾斜面平行或垂直。輔助投影面設立之最終目的，乃為了投影物體傾斜面之真實形狀，簡稱實形(True Size)。如圖 8.2 所示，利用輔助投影之方法，可投影物體傾斜面上之實形，對物體傾斜面上細節之描述較為清晰。

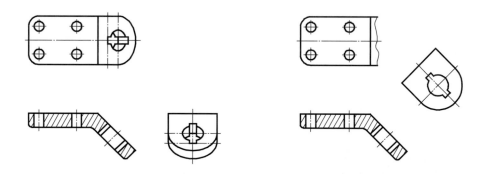

圖 8.1　傾斜面上之細節無法清晰表達　　　圖 8.2　輔助投影清晰描述傾斜面上之細節

8.2　輔助視圖

　　以輔助投影面所投影之視圖，稱爲輔助視圖(Auxiliary Views)，輔助投影面通常依物體傾斜面上特徵之需要而設立，以簡單物體第三角法投影爲例，如圖 8.3 所示，在原正(多視)投影之投影箱中可另加一輔助投影面，使其與物體之傾斜面平行，以正投影之原理投影物體之形狀於輔助投影面上，在輔助投影面上可得物體傾斜面之實形 TS(Ture Size)。

　　輔助投影面之張開方式，必須配合原投影箱之張開方式(參閱第6.6 節所述)，如圖 8.4 所示，必須以輔助投影面與直立投影面 V 之相交線爲軸，張開成與 V 面同一平面。原則上輔助投影面必須與其垂直之投影面的相交線爲軸張開，當輔助投影面與水平投影面 H 或側投影面 P 垂直時，必須先張開成與 H 面或 P 面同一平面後，再一起旋轉至與直立投影面 V 同一平面。輔助投影面張開之後，輔助視圖上之深度 d，必須與俯視圖及右側視圖上之深度 d 一致。

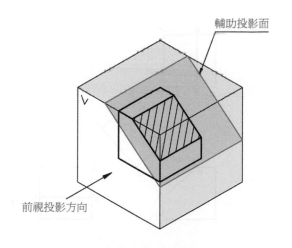

圖 8.3　設立輔助投影面與傾斜面平行

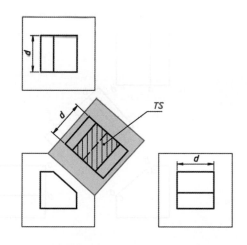

圖 8.4　輔助投影面之張開，深度 d 須一致

8.3　輔助視圖之繪製

　　根據投影箱及輔助投影面之張開方式，如上節所述，移除投影面之後，輔助視圖之位置應該在：『傾斜面邊視圖之平行投影方向』。如圖 8.5 所示，圖中之平面 abcd 為傾斜面，前視圖中之重疊直線 abcd 為傾斜面之邊視圖，輔助視圖之位置須在邊視圖之平行投影方向相關位置上，且其上之平面 abcd 為實形。在習慣上由於繪製輔助視圖之目的，主要是為了能得傾斜面之實形 TS，故通常只以傾斜面實形部份之局部視圖表之，如圖 8.6 所示，輔助視圖可只繪製傾斜面部份之視圖。以局部視圖表示之輔助視圖，若傾斜面之界線明顯時，可省略斷裂線。

　　輔助視圖之位置安排，除必須保持在相關之投影方向外，不可與其他視圖重疊，各視圖間須保持一適當之間隔距離。

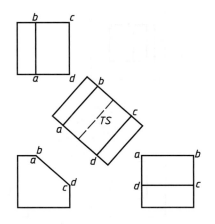

圖 8.5　輔助視圖須在邊視圖之
　　　　平行投影方向位置上

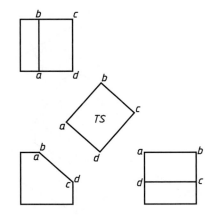

圖 8.6　輔助視圖可只繪製傾斜面部份
　　　　以局部視圖表示

8.3.1　輔助視圖之深度量取

　　輔助視圖乃由另一方向，投影同一物體所得之視圖，除了深度尺度可由其他視圖上取得外，其深度量取之方向必須符合輔助投影面張開時之方向。在深度之尺度量取時，可考慮採用一與投影方向垂直之假想參考平面(Reference Plane)，簡寫為 RP 當基準，做為量取輔助視圖中之深度尺度及方向。如圖 8.7 所示，參考平面 RP 在物體之後邊時，各深度尺度皆往前視圖之方向量取；當參考平面 RP 設在物體之前邊時，如圖 8.8 所示，各深度尺度皆往遠離前視圖之方向量取。深度尺度必須沿著投影方向量取，即與投影方向平行。

8.3.2　輔助視圖之圓弧投影

　　由於輔助視圖之投影方向關係，當物體之傾斜面上有圓弧之特徵時，若主要視圖中為圓弧，則投影至輔助視圖中為橢圓弧；若輔助視圖中為圓弧，則投影至主要視圖中為橢圓弧。圓弧投影必須由有圓弧之視圖先畫，然後在圓上取若干點投影繪製橢圓弧。通常可將圓等分，如圖 8.9 所示，先在右側視之圓上面作 12 等分，再將各等分點投影至輔助視圖上，如圖中等分點 2 及 10 之投影過程。按第 8.3.1 節所述，以圓之垂直中心線為 RP，取得各等分在輔助視圖上之深度尺度位置，如圖中之 d 及 d_1，因以等分方式分點，故 d 與 d_1 應相等。最後依順序以曲線板連接所求之等分點，即可得圓弧之投影為橢圓弧。

　　圓弧之啟始與結束為重要之投影點，若沒有剛好在等分點上時，必須額外投影之，如圖中之點 x 及其深度 l。橢圓之連接亦可考慮採用接近所求橢圓弧之橢圓板，當做曲線板連接較方便，或按已知條件以近似橢圓之畫法(四心法)繪製，請參閱第 5.10.3 節所述。

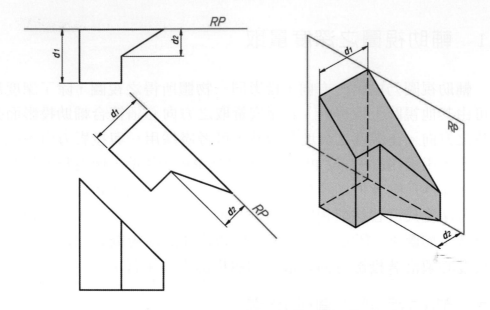

圖 8.7　輔助視圖深度之量取，參考平面 RP 在物體之後

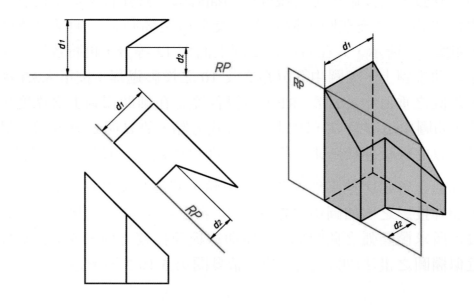

圖 8.8　輔助視圖深度之量取，參考平面 RP 在物體之前

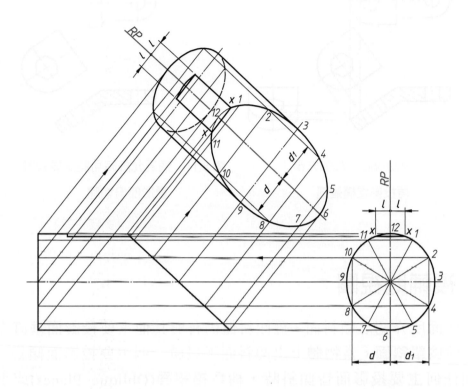

圖 8.9　輔助視圖之圓弧投影，通常將圓等分

　　在實際之零件繪製時，通常輔助視圖上為圓弧，而在主要視圖上為橢圓弧，如圖 8.10 所示，此時必須先畫輔助視圖上之圓弧，再依前面介紹之圓弧投影方法，繪製上視及右側視圖中之橢圓弧。當物體形狀之描述已夠清晰及情況允許時，可將圖 8.10 中上視圖變形部份切除，以局部視圖之方式表示，並省略右側視圖，如圖 8.11 所示，對物體形狀之描述仍無影響。注意：當主要視圖以局部視圖方式表示時，其斷裂線不可省略。

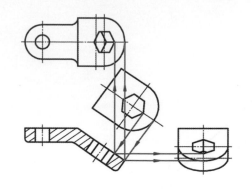 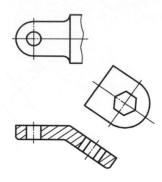

圖 8.10　輔助視圖之圓弧先畫　　　圖 8.11　情況允許時可將主要視圖

再投影畫橢圓弧　　　　　　　變形部份切除

8.4　複輔助視圖

　　前面所介紹之傾斜面，雖傾斜但仍有與其他主要投影面垂直之現象，稱爲單斜面。當物體上之傾斜面不只與一個主要投影面傾斜，而是和任何主要投影面皆傾斜時，稱爲複斜面(Oblique Planes)或歪面(Skew Planes)。如圖 8.12 所示，物體上之平面三角形 abc，與任何主要投影面皆傾斜，其在各主要視圖上之投影仍爲三角形。

　　依前面第 8.3 節所述，能繪出傾斜面實形之輔助視圖，其位置應該在『傾斜面邊視圖之平行投影方向』。因任何主要視圖上均無三角形 abc 之邊視圖，故必先畫輔助視圖求出三角形 abc 之邊視圖，才能繪製三角形 abc 實形之輔助視圖。因此物體上之傾斜面爲複斜面時，必須繪製兩個輔助視圖，才能求其實形，稱爲複輔助視圖(Secondary Auxiliary Views)，在投影幾何中稱爲二次副投影，請參閱拙著『投影幾何學』一書。

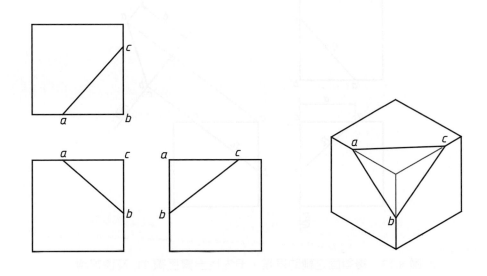

圖 8.12　與主要投影面皆傾斜之複斜面 abc

8.4.1　複斜面之邊視圖

　　欲求複斜面之邊視圖，須先找出複斜面上之實長線 TL，通常在主要視圖中必可找到，如圖 8.13 所示，複斜面三角形 abc 中之實長線 TL，通常會在與正垂面之相交線上，在上視圖中為直線 ac，前視圖中為直線 ab，右側視圖中為直線 bc 等共有三條。由實長線之垂直方向作輔助投影面，所得之視圖可使三角形 abc 成一直線，因投影時實長線上之兩端點會重疊之故。從任一條實長線之垂直方向投影，皆可求得三角形 abc 之邊視圖，取其一即可。如圖中右側視圖上之直線 bc，由其垂直方向依第 8.3.1 節所述之方法繪製輔助視圖，可得點 b 及 c 皆在參考平面 RP1 上重疊，點 a 之深度為 d。注意參考平面 RP1 必須與投影線垂直。

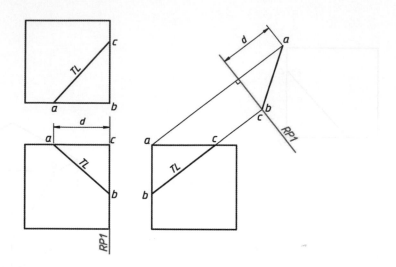

圖 8.13　複斜面之輔助視圖，須先找出實長線 TL 及邊視圖

8.4.2　複斜面之實形

　　由複斜面之實長線求得邊視圖後，可以相同之求作原理及方法，再由邊視圖之平行投影方向，再求作輔助投影面，所得之輔助視圖，即為複斜面之實形 TS。如圖 8.14 所示，參考圖 8.13 所求之邊視圖，由其平行投影方向再求作輔助視圖，設參考平面 RP2 在點 c 位置，得點 a 之深度為 l_1，點 b 之深度為 l_2，所求得之三角形 abc 為實形 TS。注意參考平面 RP2 必須與投影線垂直。

　　求複斜面實形之複輔助視圖過程歸納如下：

(a) 在主要視圖中找複斜面之實長線 TL。

(b) 由實長線 TL 延長之方向，求作輔助視圖，可得邊視圖。

(c) 由複斜面邊視圖之平行方向，求作輔助視圖，可得實形 TS。

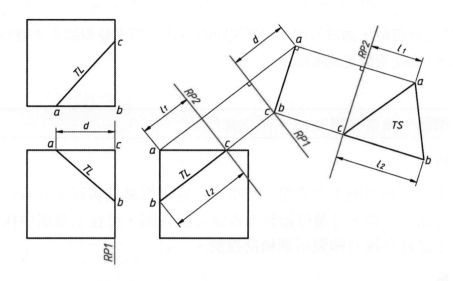

圖 8.14　複斜面之輔助視圖，由邊視圖畫出可得實形 TS

8.5　複輔助視圖之繪製

　　零件上之傾斜面為複斜面，且其上有重要特徵時，必須繪製複輔助視圖，才能清晰描述其形狀。繪製零件之多視投影視圖須考慮之過程分別說明如下：

(a) 適當選擇零件在投影箱中之擺設方位。

(b) 配合方位選擇適當之主要視圖，以便能由實長線開始繪製輔助視圖。

(c) 按上節所述之方法，找出應畫之兩個輔助視圖之方向及位置，由於視圖佈置較複雜，須先預估各視圖之適當位置，以避免視圖重疊或超出圖框外。

(d) 在實際之零件圖繪製，主要視圖中通常有部份為變形，可先完成未變形之部份，預留變形部份之視圖空間，按二個輔助視圖之規劃位置，先畫已知未變形之部份，通常第二個輔助視圖為實形可先完成，再經由第一個輔助視圖投影回各主要視圖中畫變形部份之視圖。

(e) 情況許可時,通常考慮以局部視圖的方式,將主要視圖中之變形部份切除,而使視圖更清晰簡化。

> 例題:繪製如圖 8.15 所示之零件。

說明:

零件之複斜面上有重要之特徵,必須以複輔助視圖求其實形,按零件之擺設方位,可選擇繪製上視圖及前視圖,可在上視圖中找到複斜面上之實長線及繪製兩個輔助視圖。

解:

適當安排視圖位置之後,如圖 8.16 所示,可先繪製前視圖及俯視圖未變形部份,然後繪製複輔助視圖,一為零件之邊視圖,二為複斜面之實形,如圖中箭頭所示之過程。俯視圖中之變形部份不適合切除,其變形部份可由複斜面之實形反投影求得,前視圖之變形部份則可適當切除,以簡化圖面,完成之正(多視)投影視圖,如圖 8.17 所示。

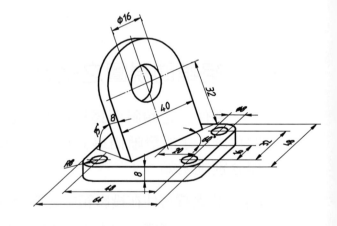

圖 8.15 複斜面上有特徵之零件

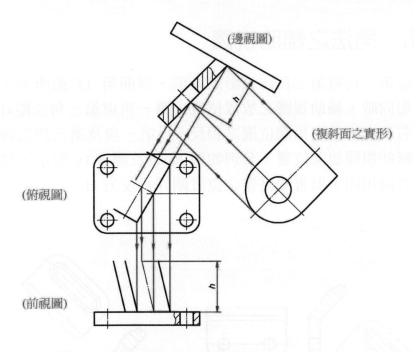

圖 8.16　安排視圖位置，先繪前視圖及俯視圖未變形部份，
　　　　然後繪製複輔助視圖

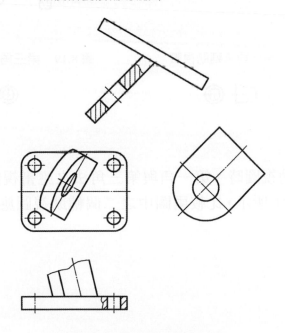

圖 8.17　完成之複輔助視圖

8.6 第一角法之輔助視圖

由於第一角與第三角法投影之區別，參閱第 15 節所示，使得投影方向相同時，輔助視圖之放置位置，第一角與第三角法剛好相反，例如左右及上下投影相關位置之相反。以第一角及第三角法繪製同一零件之輔助視圖放置位置，分別如圖 8.18 及圖 8.19 所示，輔助視圖之投影方向相同，但視圖應畫之位置剛好為反方向。

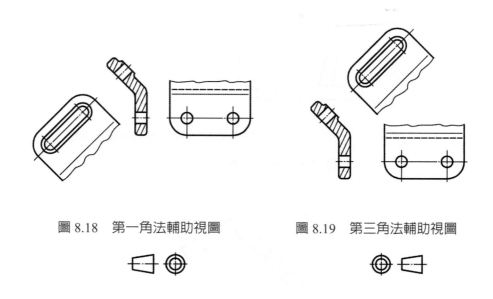

圖 8.18　第一角法輔助視圖　　　　　圖 8.19　第三角法輔助視圖

繪製複輔助視圖時，第一角與第三角法之應畫視圖位置，分別如圖 8.20 及圖 8.21 所示，比較兩圖中之二個輔助視圖應畫位置之不同。

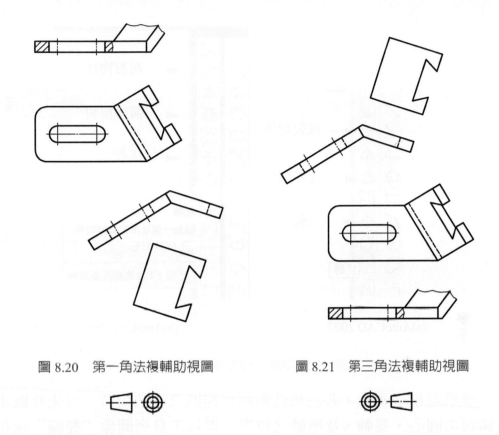

圖 8.20　第一角法複輔助視圖　　　　圖 8.21　第三角法複輔助視圖

8.7　電腦製圖

　　輔助視圖與主要視圖最大不同為：輔助視圖須旋轉某一角度以配合投影之相關位置，因此可考慮先繪製未旋轉之視圖，再以修改工具列之"旋轉"及"移動"，如圖 8.22 所示，或以功能表"修改"下之"旋轉"及"移動"，或以指令"rotate"旋轉及指令"move"移至正確之投影位置上。輔助視圖之位置必須以作圖方式求之，可找與投影方向相同之傾斜線，以"複製物件"指令"copy"做為作圖線或以畫平行線之"偏移複製"，指令"offset"作圖，找出輔助視圖應畫之適當位置。

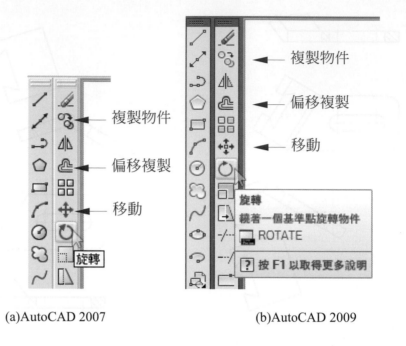

(a)AutoCAD 2007   (b)AutoCAD 2009

圖 8.22　旋轉及移動等圖像按鈕

　　變形部份之視圖，若已知為橢圓或橢圓之一部份時，可先作圖求出橢圓之圓心、長軸、及短軸之位置，再以工具列圖像 "橢圖" 或指令 "ellipse" 直接繪製橢圓。若為不規則曲線，則必須先畫作圖線投影，求得不規則曲線上之若干點，再以畫多重線之指令 "pline" 連接各點，然後再以編輯指令 "pedit" 選擇該多重線之後，最後再以副指令 "fit"，即可將多重線編輯成不規則曲線。注意多重線之寬度 "width" 須設成零。

　　習題後有 "(*)" 者附電腦練習圖檔，在書後磁片 "\EX" 目錄下。

❖ 習　　題　　八 ❖

1. 按已知尺度和參考面(RP)抄繪下列各題及加繪輔助視圖。

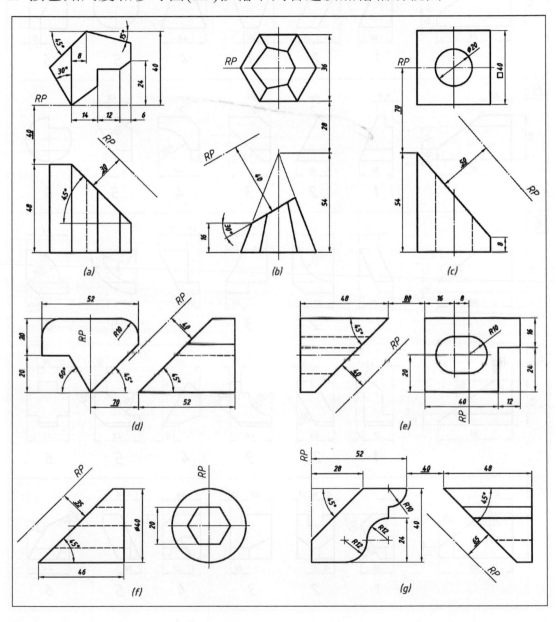

2. 輔助視圖投影練習。下列各排中已知前視圖及各種右側視圖，按比例
   選擇抄繪，並加繪俯視圖以及傾斜面之輔助視圖。

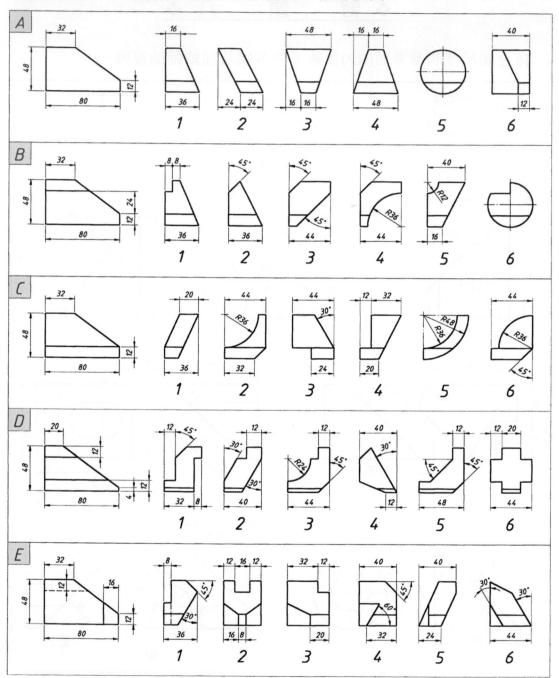

3. 按比例抄繪下列各題，並加繪俯視圖及側視圖。

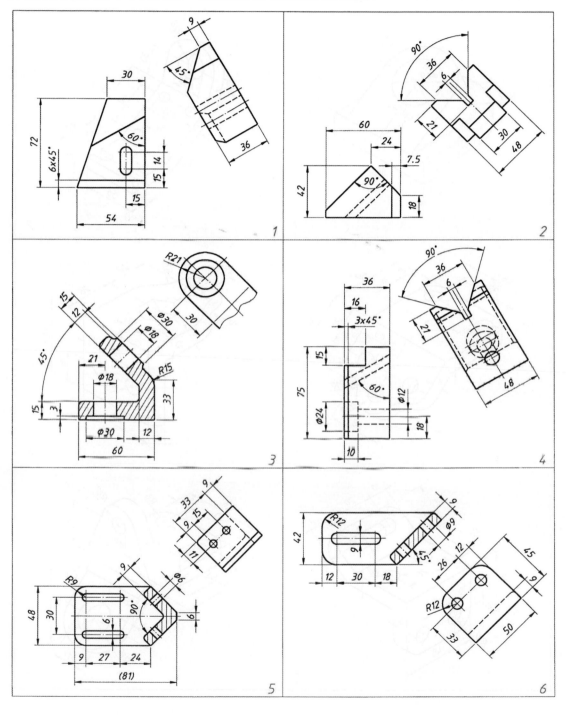

4.繪製下列各零件需要之視圖，包括單斜面之輔助視圖。

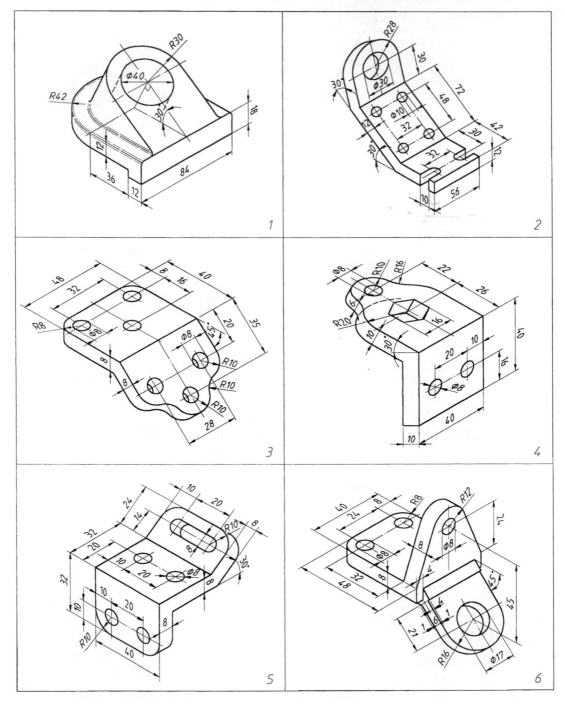

5.複輔助視圖投影練習。按已知尺度和參考面(RP1,RP2)繪下列各題，
並以複輔助視圖繪製該物體複斜面之實形。(*)

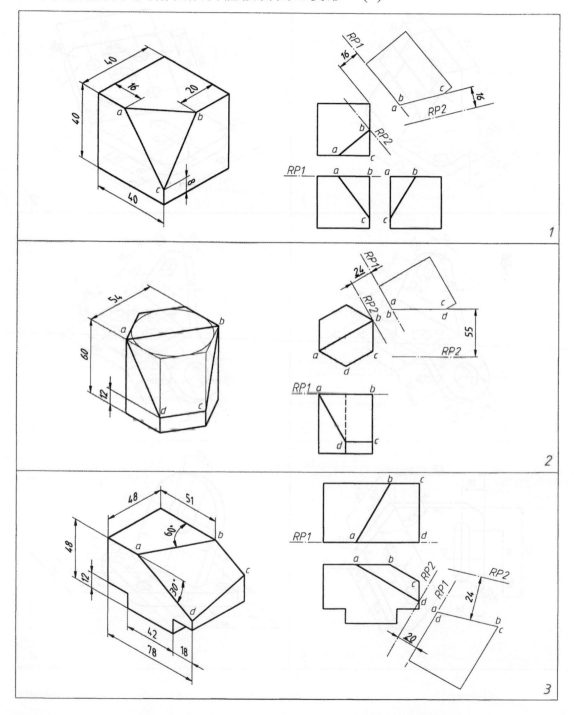

6. 繪製下列各零件需要之視圖，包括複斜面之實形。

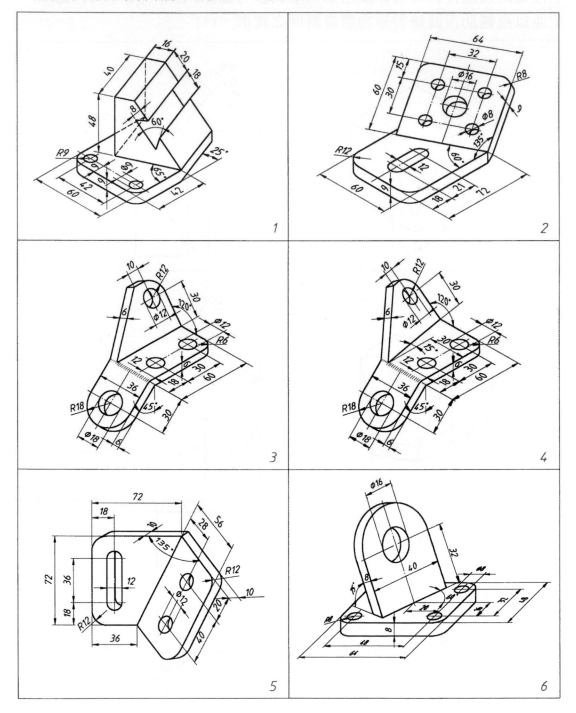

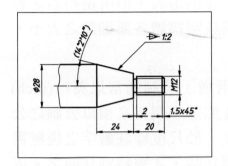

尺度標註

9.1 概說

　　以多視投影視圖可完全描述物體各部形狀之細節，但有內部形狀或不規則形狀之特徵時，可採用繪製剖面視圖之方式；有重要細節在物體之傾斜面上時，則可採用繪製輔助視圖之方式。在多視投影視圖中配合剖面視圖及輔助視圖的繪製，可更清晰明確的描述單一零件之形狀及整體機構之裝配情形。視圖通常按比例繪製，但所畫物體之實際大小，則必須以標註尺度之方式，詳細註明物體各部細節之大小，不可依賴所繪視圖之大小定其尺度。

　　尺度標註之單位可分為英制及公制兩種，英制通常以英吋(inch)為單位，公制則以公厘(mm)為單位。CNS 標準中規定必須以公制之公厘(mm)為單位，繪製工程圖及標註其尺度，於尺度標註數字之後無需加註 mm 單位，當圖中有使用其他單位標註時，才需特別註明之。或亦可將尺度單位填註於標題欄中。

　　工程圖中標註尺度有一定之方式，不可隨意標註，本章將依 CNS 標準之規定，介紹基本尺度標註之方法及原則，其他較特殊專業之標註方法，如建築類及鋼架結構等，請參閱其他相關之書籍。

9.2 尺度標註

　　零件圖中有標註尺度即可做為製造生產之用，稱為工作圖(Working Drawing)，故尺度標註必須正確及完整不可遺漏，否則除無法順利製造該零件。為了能使圖面清晰簡單，尺度標註無需重複，剛好即可。零件工作圖中尺度標註之名稱，如圖 9.1 所示，長度及角度之尺度及公差(Tolerance)係利用尺度界線、尺度線、箭頭、符號及數字等標註，註解說明係利用指線(Leader)標註，表面粗糙係利用表面符號標註，形狀位置公差係利用幾何公差符號標註等。

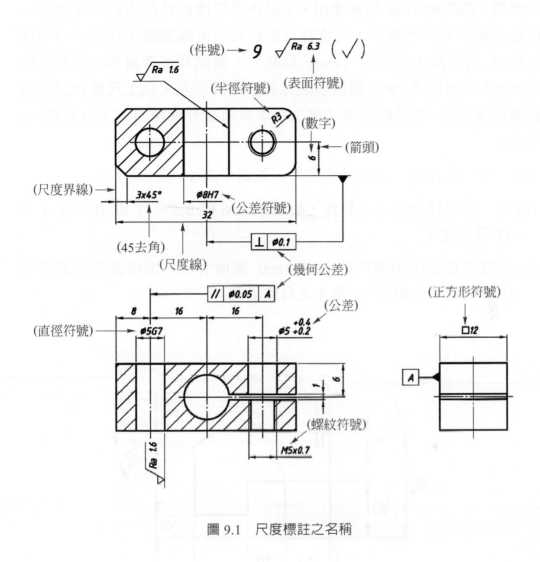

圖 9.1　尺度標註之名稱

9.3　尺度標註之規則

工程圖中之尺度標註，亦為圖學語言中與他人溝通之一環，必須按一定之規則標註。尺度通常標註於視圖之外，為能使圖中之尺度清晰易讀，尺度標註所使用之線條必須全部以細線繪製。以 CNS 標準線條 0.5 組(0.5,0.35,0.18)為例，參閱第四章所述，必須以 0.18mm 繪製尺

之兩端，相距約 1mm 延伸畫出，至最後之尺度線外凸出約 1 至 2mm。為能清晰書寫尺度數字，尺度線之間距及尺度線與圖中任何線條可保持約 3 倍字高，可以約 10mm 為基準。箭頭長可考慮與字高相等約 3.5mm，夾角恆為 20°，箭頭塗黑以徒手繪製即可。以上尺度標註之各線關係及大小，標註時必須注意之基本事項茲分別說明如下：(如圖 9.2 所示)

(a) 小的尺度在內，大的尺度在外，如圖中之 15 及 28 尺度。

(b) 同一層之尺度線必須對齊，如圖中之 6 與 3.5，12 與 10，及 4 與 15 等尺度。

(c) 尺度界線必須由圖形端空約 1mm 延伸引出，即使圖形在視圖之中，如圖中之數字 15 及 4 之尺度界線。

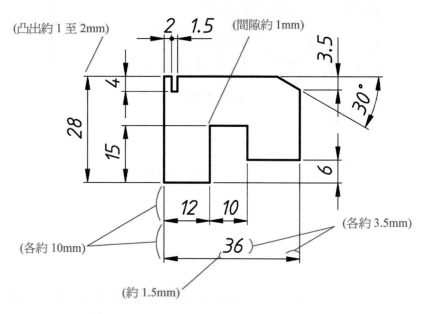

圖 9.2　尺度標註之基本規則(實際大小)

(d) 數字通常沿尺度線書寫在其中間之位置，水平朝上垂直朝左，其他角度參閱第 9.4 節所述。數字距尺度線取字高之半約 1.5mm 左右，不可碰到尺度線。

(e) 小尺度箭頭無法繪製於尺度界線內時，才可將箭頭移至尺度界線之外側，如圖中之 6 及 3.5 尺度，參閱第 9.5 節所述。

(f) 數字原則上應寫在尺度界線之間，寫不下時通常移至右側尺度界線之外書寫，如圖中之 3.5 尺度。

(g) 當小尺度並排，箭頭皆需外移時，才可改用約直徑約 1mm 之小黑點取代相鄰之兩箭頭，如圖中之 2 及 1.5 尺度。

(h) 標註角度之圓弧尺度線，其圓心必須在夾角兩直線之交點上，如圖中之 30° 圓弧尺度線。

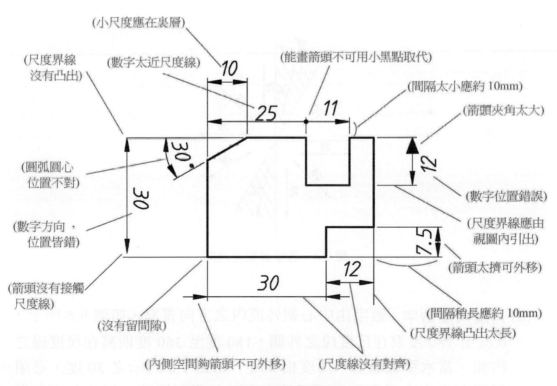

圖 9.3　常見錯誤的標註方式

(i) 箭頭以徒手繪製即可,其尖端必須與尺度界線接觸。

　　初學者常犯之錯誤及不理想之標註方式,如前面圖 9.3 所示,宜避免之。

9.4　數字書寫之方向

　　尺度數字書寫之方向,可分為單向制與對齊制兩種,單向制之書寫方向皆朝上,因較不美觀雜亂不一。目前大部份國家標準皆採用對齊制,即數字必須沿尺度線方向書寫,尺度線不得中斷,較整齊美觀。CNS 標準規定以對齊制書寫尺度數字,茲分別說明如下:

(a) 長度尺度數字:尺度線為水平時數字朝上書寫,為垂直時朝左書寫,其他傾斜之尺度線數字書寫之方向,如圖 9.4 所示,圖中畫陰影部份 30° 範圍,因書寫不易,宜盡量避免。

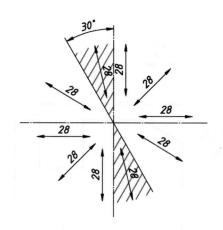

圖 9.4　數字書寫之方向

(b) 角度尺度數字:數字由中心朝外或內之方向書寫,如圖 9.5 所示,0 度至 180 度寫在尺度線之外側,180 度至 360 度則寫在尺度線之內側。當水平線之上下角度相等時,如圖 9.6 所示之 30 度,必須以朝左之方向書寫。當水平線之上下角度不等時,以佔角度多者之方向書寫為原則，如圖 9.7 所示，右邊之 30 度須寫在外側，左邊之 30 度須寫在內側。所有角度數字以沿直線方向書寫即可，如圖 9.8 所示。

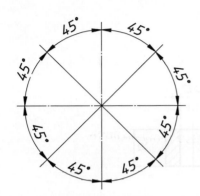

圖9.5　角度數字書寫方向從
　　　　水平線區分內外

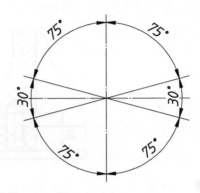

圖 9.6　角度數字書寫方向
　　　　上下相同時朝左

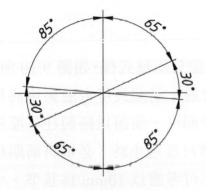

圖 9.7　角度數字上下不同時
　　　　以佔角度多者方向書
　　　　寫(圖中 30°)

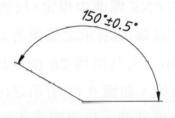

圖 9.8　數字沿直線方向書寫

　　尺度數字在工程圖中應屬最重要之資料，為避免讀圖時產生誤解，以致造成零件大小錯誤無法彌補，數字書寫時，在同一張圖中其式樣及大小應保持工整一致。標註時各尺度線間及尺度線與圖中之任何線條應保約 10mm 之足夠空間，以使數字能清晰表示。當數字無法避免必須與其他任何線條相交時，如圖 9.9 所示，必須將線條中斷讓開，使數字凸顯。尺度太小、空間太擠時亦可將圖形放大再標註尺度，參閱第 9.16 節所述。

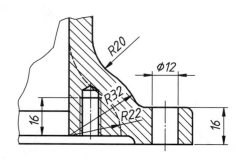

圖 9.9　數字在圖中最優先
線條須中斷讓開

9.5　箭頭

依 CNS 標準中規定，尺度標註之箭頭有兩種式樣，如圖 9.10 所示，通常皆以圖(a)所示之塗黑方式繪製較普遍。箭頭長可考慮與字高相同 (3.5mm)，夾角恒為 20 度，以徒手繪製即可。箭頭以繪製在尺度界線內為原則，如圖 9.11 所示之(a)及(e)，當尺度過小時，必須將箭頭移至尺度界線外側，以箭頭長 3.5mm 為例，可考慮以 10mm 為基準，小於 10mm 長之標註才將箭頭移至尺度界線之外側，如圖中之(b)、(c)及(d)所示。箭尾之尺度線亦可考慮與箭頭等長，若數字亦須外移時，通常選在右側，如圖中之(c)及(e)所示，尺度線必須延長至與數字等長。

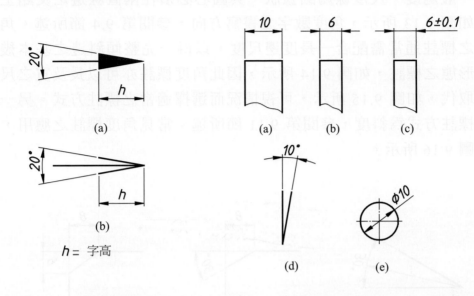

圖 9.10　箭頭之兩種式樣　　　圖 9.11　空間不夠箭頭及數字才需外移

　　當並排相鄰之小尺度，其箭頭皆必須外移時，才可以直徑約 1mm 之小黑點取代相鄰之兩箭頭，如圖 9.12 所示。

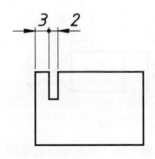

圖 9.12　小黑點取代相鄰之兩箭頭

9.6　角度標註

　　零件上標註角度之情況有兩種，一為一般傾斜角之標註，另一為去角之標註，茲分別說明如下：

(a) 一般角度：尺度線為圓弧狀，其圓心必須在兩直線邊之交點上，如圖 9.13 所示，角度數字之書寫方向，參閱第 9.4 節所述。角度之標註通常需配合一長度邊尺度，以得一完整傾斜邊之基本幾何形態之標註，如圖 9.14 所示，因此角度標註亦可以長及寬之尺度取代，如圖 9.15 所示，可視情況而選擇適當之標註方式。另一種標註方式為斜度，參閱第 9.11 節所述。常見角度標註之應用，如圖 9.16 所示。

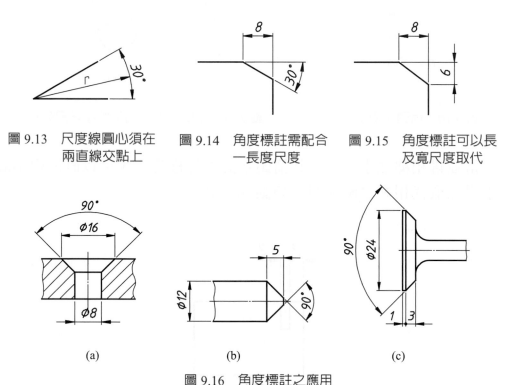

圖 9.13　尺度線圓心須在　　圖 9.14　角度標註需配合　　圖 9.15　角度標註可以長
　　　　　兩直線交點上　　　　　　　　一長度尺度　　　　　　　　及寬尺度取代

　　(a)　　　　　　　　　　　(b)　　　　　　　　　　　(c)

圖 9.16　角度標註之應用

(b) 去角標註：以去除零件上之稜角為目的，其角度必須為 45°，且通常不與其他零件上之角度尺度相配合。可以 45 度相等之任一直角邊長乘 45° 之方式標註，常見之去角為軸端及孔之邊緣等，標註方式如圖 9.17 所示。

(c) 免標註：凡由鑽孔加工所自然產生之孔底夾角，必須繪製成夾角120°，但免標註其夾角之尺度，如圖 9.18 所示。

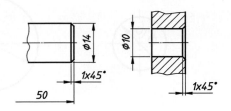

圖 9.17　45°去角標註

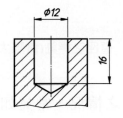

圖 9.18　鑽孔底夾角須畫 120°
　　　　免標註尺度

9.7　直徑之標註

　　凡尺度數字為直徑時，在數字前必須加一直徑符號"ϕ"，通常超過 180 度之圓弧必須標註直徑尺度，該標直徑或半徑之情形甚為明確，半徑尺度雖為直徑之半，但不可任意選擇。直徑尺度可標註於圓形視圖上及非圓形視圖上兩種。圓形視圖上之標註方式如圖 9.19 所示，其中圖(a)與一般長度標註相同，圖(b)及(c)則必須以傾斜方式通過圓心標註。圖(b)中必須將中心線讓開中斷，圖(c)可將數字偏置書寫。非圓形視圖上之標註方式則與一般之長度尺度標註相同。通常只有少數情況才適合將直徑標註於圓形視圖上，參閱第 9.15 節(b)所述之外形原則。

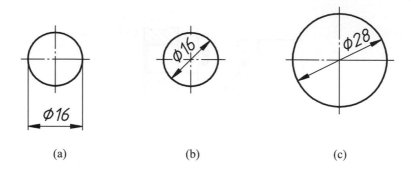

圖 9.19　直徑之標註(實際大小)

　　直徑標註於圓形視圖上之情況，常見如圓形中心線之直徑，如圖
9.20 所示之ϕ30 尺度，以及薄板上之圓孔，如圖 9.21 所示之各圓孔直
徑。直徑通常選擇標註在非圓形視圖上較清晰，如圖 9.20 所示之剖視
圖中之直徑，以及圖 9.22 所示之軸類直徑標註，該軸之側視圖為同心
圓，因已標註直徑，若情況允許可省略側視圖之繪製。

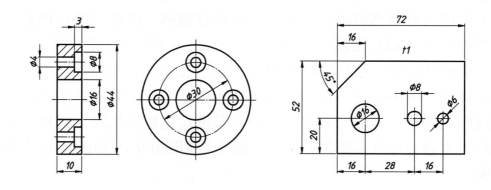

圖 9.20　直徑常標註於非圓形視圖上　　圖 9.21　薄板直徑標註於圓形視圖上

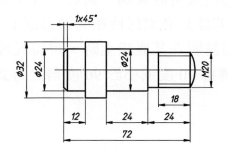

圖 9.22　軸類直徑常標註於非圓形視圖上
(可省略側視圖)

9.8　半徑之標註

　　圓不可標註半徑尺度，通常小於 180 度之圓弧才標註半徑。半徑尺度必須標註於圓形視圖上，其尺度線只有一端有箭頭，恒指向圓弧，必須以傾斜之方式繪製，且必須在能通過該圓弧圓心之相關位置上。如圖 9.23 所示，尺度線由圓心開始，傾斜繪製，以單一箭頭指向圓弧，為正常之半徑尺度標註方式。

　　小圓弧標註時，由於空間位置關係，可將尺度線、箭頭、及數字等適當的外移，各種常見之情況如圖 9.24 所示，其中圖(a)將尺度線延長與數字等長，圖(b)為避免重疊，尺度全部外移至圓弧外側，圖(c)將數字外移尺度線延長與數字等長，圖(d)延長尺度線至圓弧圓心位置，有特別表示圓弧與圓之圓心位置相同之含意。

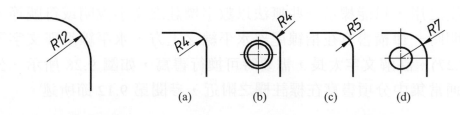

圖 9.23　正常之半徑標註　　　　　圖 9.24　各種情況之小半徑標註

　　大圓弧標註圓心位置可能甚遠，圓心位置不需註明時，可適當縮短尺度線，但尺度線若延長必須保持在能通過圓心之位置上，如圖 9.25 所示。若圓心位置需註明在某直線上時，可將尺度線尾端部份偏置，如圖 9.26 所示，以轉折 90 度或小於 90 度角之方式，即可縮近圓心位置。

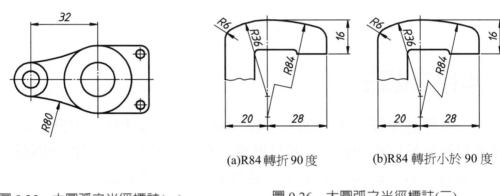

(a)R84 轉折 90 度　　　　　(b)R84 轉折小於 90 度

圖 9.25　大圓弧之半徑標註(一)　　　　圖 9.26　大圓弧之半徑標註(二)
　　　　　(圓心位置不需註明時)　　　　　　　　　(圓心位置在某線上時)

9.9　指線

　　指線(Leader)之指示端須繪製箭頭，通常與水平線成 45° 或 60° 角，為選擇適當之標註位置，需要時可改畫其他角度，但不可為水平或垂直。其指示端之箭頭必須與標示位置接觸，指線之尾部則一律為水平線，如圖 9.27 所示。CNS 標準中規定指線不可做為標註大小及角度尺度之用，只能標示一些無法以數字標註之文字說明或符號等，文字說明時一律橫書寫在指線尾部水平線之上方，水平線須與文字等長(圖 9.27)。註解文字太長，需要時可換行書寫，如圖 9.28 所示。公用註解通常集中分項書寫在標註欄之附近，參閱第 9.12 節所述。

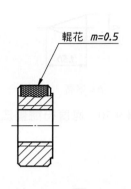

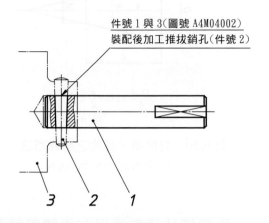

件號 1 與 3（圖號 A4M04002）
裝配後加工推拔銷孔（件號 2）

3　2　1

圖 9.27　指線用於註解
文字一律橫書

圖 9.28　指線標註文字一律橫書
註解太長可換行書寫

9.10　錐度之標註

　　物體有錐度形狀之特徵，可視情況適當選擇以錐度標註或一般尺度標註兩種，茲分別說明如下：

(a) 錐度標註：必須計算錐度值、夾角、及標註錐度符號。錐度值之計算結果通常為 1：X 或 M：N 之值，如圖 9.29 所示，為錐體兩端直徑之差與長度之比，若錐度值為 1：10 時，即表示長度為 10 個單位時兩端直徑相差 1 個單位之意，圖中的二分之θ值為加工時的參考角度。錐度符號之畫法，如圖 9.30 所示，符號之高度及粗細與尺度數字相同，長度約為其高度之 1.5 倍，中間須畫中心線，符號尖端恒指向右方。

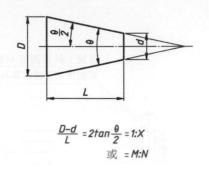

$$\frac{D-d}{L} = 2tan\frac{\theta}{2} = 1:X$$
$$或 = M:N$$

圖 9.29　錐度值、夾角之計算方法
值通常為 1:X 或 M:N

$h=$ 字高

圖 9.30　錐度符號畫法

　　錐度標註通常應用在錐體與錐孔配合之情況，如圖 9.31 所示，必須以指線標註錐度，錐度值寫在符號之右側。以錐度標註時，兩端直徑及長度等三個尺度必須省略其中之一，有標註二分之θ角時要括弧為參考尺度。

　　　特殊規定之錐度，如莫氏(MT)錐度，白氏(BS)錐度等，可以代號代替錐度值，如圖 9.32 所示，車床頂心為莫氏 3 號錐度，其實際錐度值為 1:19.922，常用之錐度請參考其他有關設計及加工手冊。

(b) 一般尺度標註：依正截錐體之基本幾何形態所需之尺度共有三個，其標註方式亦有三種，如圖 9.33 所示。

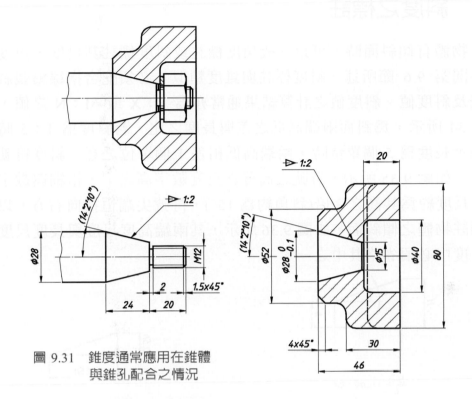

圖 9.31　錐度通常應用在錐體
　　　　　與錐孔配合之情況

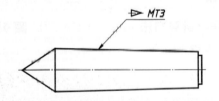

圖 9.32　特殊規定之錐度可以代號代

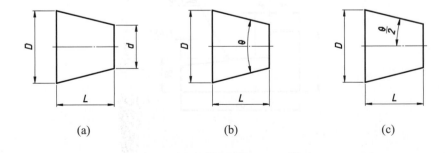

(a)　　　　　　　　(b)　　　　　　　　(c)

圖 9.33　錐形以一般尺度標註

9.11　斜度之標註

　　物體有傾斜面時，可以一般角度標註或斜度標註其尺度，角度標註參閱第 9.6 節所述。斜度標註與錐度類似，必須配合指線繪製斜度符號及斜度值。斜度值之計算結果通常亦為 1：X 或 M：N 之值，如圖 9.34 所示，為斜面兩端高低之差與長度之比，若斜度為 1：5 時，即表示長度為 5 個單位時，兩端高低相差 1 個單位之意。斜度符號之畫法，如圖 9.35 所示，符號之高度為尺度數字高之半，粗細與數字相同，長度約為其高之 3 倍(斜角約為 15°)，符號尖端恒指向右方。以斜度標註物體之傾斜面，如圖 9.36 所示，其兩端高度尺度與長度尺度三個尺度中必須省略其中之一。

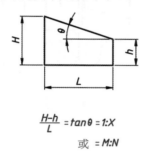

$$\frac{H-h}{L} = tan\theta = 1{:}X$$
$$或 = M{:}N$$

圖 9.34　斜度值、夾角之計算方法，
　　　　　值通常為 1：X 或 M：N

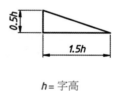

h = 字高

圖 9.35　斜度符號畫法

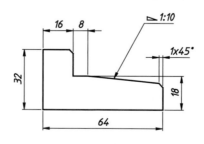

圖 9.36　斜度之標註

9.12　註解

　　註解分為一般註解及公用註解兩種，一般註解使用在某零件之單一特定位置上，故必須採用指線標示說明，指線標註方法請參閱前面第 9.9 節所述。公用註解則用於整張圖中之註解說明，即圖中多處位置上有相同特徵時使用，通常皆集中分項書寫於標題欄之附近適當位置，常見之公用註解內容及寫法如下所示：

　　備註：1. 凡未標註之內外圓角皆為 R3。

　　　　　2. 凡未標註之去角皆為 1x45°。

　　　　　3. 拔模斜度 1.5°，去除毛邊。

　　　　　4. 表面藍化處理。

　　　　　5. 未標註公差之尺度不得大於 ±0.5。

　　凡屬以上備註中之第 1,2 項者，在圖中勿須再標註尺度。

9.13　尺度之分類

　　物體形狀各部細節，何處須標註尺度，何處不須標註尺度，為初學者常困擾之問題。可將物體分解成許多基本幾何形態所組成，標註各基本幾何形態之大小 S(Size)尺度，及各基本幾何形態間之位置 P(Position)尺度，且注意每一尺度只能標註一次，依此原則即可正確完整的標註物體之尺度。以簡單物體為例，如圖 9.37 所示，圖中 S 為大小尺度，P 為位置尺度，茲分別說明如下：

(a) 大小尺度(S)：即基本幾何形態之大小，圖中圓柱或圓孔之大小尺度為直徑及長度。方形體為長、寬及高之尺度。相切於兩已知直線之圓弧，其大小尺度為半徑。

(b) 位置尺度(P)：即各基本幾何形態間之位置。圖中圓之位置尺度，通常為圓心與其他基本幾何形態之位置關係，圖中半徑因與兩直線相切，其圓心位置無需標註，方形切口因靠角落邊，亦無需標註位置尺度。

所標註之尺度若非大小尺度亦非位置尺度，即屬不該標註之錯誤尺度，如圖 9.38 所示，其中之 X 尺度為初學者常犯之錯誤，皆屬不該標註之尺度，宜避免。

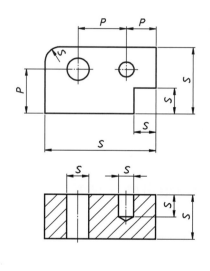

圖 9.37　尺度之分類

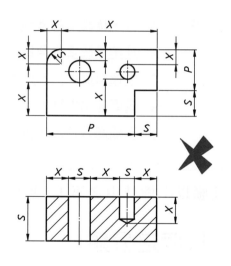

圖 9.38　錯誤之尺度標法
　　　　 x 為不該標註者

9.14　常用之標註方法

物體形狀變化繁多，尺度標註除了須依第 9.13 節所述之分類標註外，為了能使尺度簡明及清晰易讀，標註時須考慮之事項及常用之標註方法，茲分別說明如下：

(a) 多餘尺度：常不小心造成某尺度可由其他尺度計算而得，如圖 9.39 所示，其中水平總長尺度 40 為其他三個尺度之總和，此時在四個水平尺度中有一多餘尺度必須刪除，否則即屬錯誤，通常刪除其中最不重要之尺度，如圖 9.40 所示，水平尺度只能標任意三個。

(b) 參考尺度：以上之最不重要之尺度，若認為仍有參考之必要時，亦可標註，但必須括弧該數字當做參考尺度，如圖 9.41 所示之 10 尺度。

(c) 重覆尺度：物體上某處之尺度只須標註一次即可，若在兩個視圖上皆標註同一處之尺度時，即為重覆，必須刪除其中之一，如圖 9.42 所示之 $\phi32$ 尺度，只能標註一次。

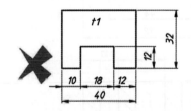

圖 9.39　水平尺度中有一多餘尺度

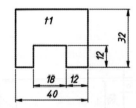

圖 9.40　水平尺度只能標註任意三個

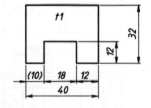

圖 9.41　水平尺度有一參考尺度(10)

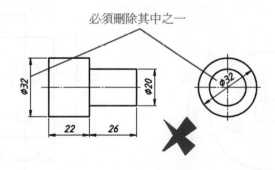

圖 9.42　重覆尺度

(d) 相同形態：物體中常見多處相同形態之特徵，如圖 9.43 所示，其中 $\phi12$ 沉頭孔有兩個，只需標註一處即可，圓弧 R6 有四處，亦只需標註一處即可，否則即屬多餘尺度。

(e) 對稱尺度：物體形狀若有以中心線為對稱之情況時，可以中心線為中央基準，標註尺度，稱為對稱尺度，如圖 9.44 所示，無需標註 $\phi10$ 圓孔距中心線或邊緣之尺度。

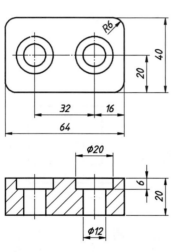

圖 9.43　相同形態尺度
只需標註一處

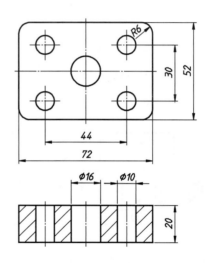

圖 9.44　對稱尺度標註方法
須以中心線為對稱

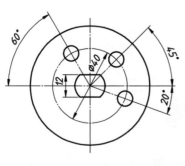

(a)以水平中心線為基準

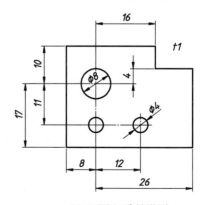

(b)$\phi8$ 圓心為基準點

圖 9.45　基準尺度標註

(f) 基準：尺度標註需要時可選擇某點或某平面爲基準標註尺度，較爲精確，如圖 9.45 所示，其中圖(a)之角度以水平中心線爲基準，圖(b)則以較大圓孔 ϕ8 圓心爲基準點，標註各形狀特徵之位置尺度。通常機件之尺度必須考慮與其他零件配合功時之需要爲基準標註，有時基準位置不只一處。

(g) 稜角消失之尺度：當機件之稜角因圓角或去角而消失時，常造成稜角之輪廓不明顯，尺度仍須以原交點之位置標註，如圖 9.46 所示，圖(a)爲 CNS 之規定，在交點上必須加一圓點，圖(b)爲一般習慣畫法，尺度界線直接由交點位置引出。

(h) 半視圖及半剖面之尺度：半視圖與半剖面皆因物體爲對稱之原因，只畫半個視圖或只剖一半，尺度不可只標註一半長度，必須標註全尺度，即依全視圖及全剖面之方式標註該標之尺度。但因圖形只畫一半，因此只能畫一邊之尺度界線及箭頭，尺度線必須畫超過中心之位置，數字則可寫在原中間之位置，如圖 9.47 所示。

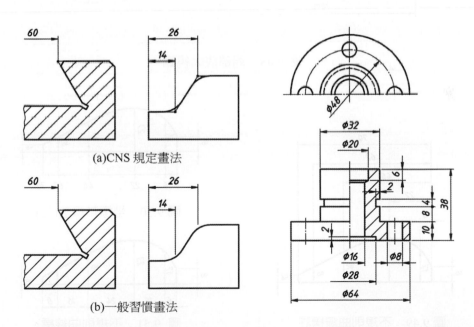

圖 9.46　稜角消失之尺度標註　　圖 9.47　半視圖及半剖面之尺度標註

(i) 局部放大視圖：圖形某處特徵太小或尺度無法清晰標註，如圖 9.48
所示，可將該處放大繪製於圖中適當之位置再標註尺度，稱為局
部放大視圖，並於該視圖之下方書寫視圖代號及放大後之圖形比
例，放大之部位須以細實線圓圈出，其旁並註明代號，放大值需
採常用比例，常用比例請參閱前面第 3.9 節所述。

(j) 不規則形狀：三點可決定一圓弧，不規則曲線之尺度至少須有三
個點之尺度，視曲率變化而定，適當即可。可採用坐標軸線之方
式標註，如圖 9.49 及圖 9.50 所示。或採用支距之方式標註，如圖
9.51 所示。可視情況而選擇適當之標註方式。

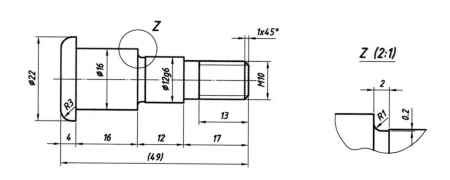

圖 9.48　局部放大視圖

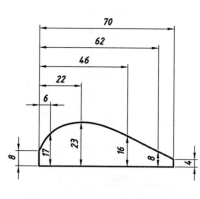

圖 9.49　不規則曲線標註
坐標軸線法(一)

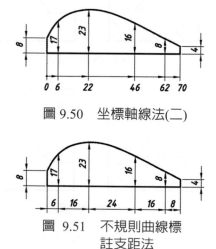

圖 9.50　坐標軸線法(二)

圖 9.51　不規則曲線標
註支距法

9.15　尺度位置之安置

標註尺度以簡單、清晰為原則，尺度標註時位置之選擇甚為重要，物體某處之尺度可選擇標註於視圖之任一側，當有兩個視圖時，如圖 9.52 所示之物體總高尺度 h，共有四處位置可選擇，因此尺度應選擇何處標註較為理想，須考慮之各種情況茲分別說明如下：

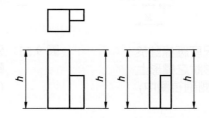

圖 9.52　每一尺度有四處位置可選擇

(a) 兩視圖之間：情況許可時通常選擇標註於兩視圖間，以方便於互相對照，如圖 9.53 所示，垂直尺度皆選擇標註於兩視圖間，注意視圖間距之控制，使尺度能有適當之空間。

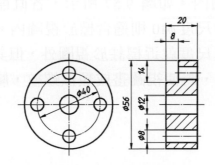

圖 9.53　尺度標註於兩視圖間

(b) 外形原則：尺度標註應配合形狀之表達，尺度應選擇標註於較能表達物體形狀之圖形位置上，如圖 9.54 所示，圖中之直徑尺度應標註於右側剖視圖中較理想。又如圖 9.55 所示，其中之凹槽尺度

12 適合標註於右邊視圖上較清晰。

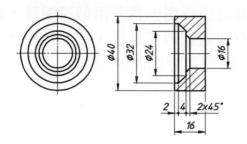

圖 9.54　外形原則尺度應標註於
較能表達形狀之圖形上
(直徑於右側剖視圖中)

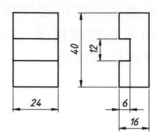

圖 9.55　外形原則尺度應標註於
較能表達形狀之圖形上
(尺度 12 於右側視圖中)

(c) 特徵集中標註：將物體某特徵之尺度集中標註，較為完整清晰，
如圖 9.56 所示，六角承窩頭螺栓孔特徵之各尺度應集中標註於同
一螺栓孔上，以利於加工及識圖，亦符合外形原則之標註。

(d) 尺度標註於視圖外：可就近標註於該形狀附近之視圖外，但尺度
界線不宜延伸過長以影響尺度之清晰。空間情況適當時亦可考慮
將尺度標註於視圖內。如圖 9.57 所示，各直徑尺度分開視圖之左
右就近標註，其中尺度 $\phi40$ 則適合標於視圖內。若標註成如圖 9.58
所示，雖皆將直徑尺度就近標註於視圖外，但其中之尺度 $\phi56$ 及右
側 $\phi40$ 之尺度界線，將使視圖畫成類似螺紋，屬不理想之標註，宜
避免。

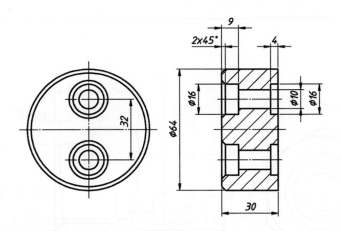

圖 9.56　特徵集中標註有利於加工及識圖

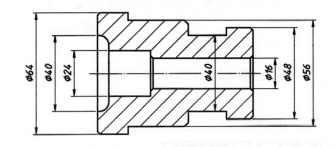

圖 9.57　尺度標於視圖外，空間夠時亦可標於視圖內

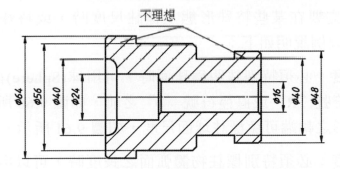

圖 9.58　ϕ56 及右 ϕ40 畫成似螺紋為不理想標法

(e) 內外尺度分開標註：常見於剖面視圖中，理應將物體之外部尺度
　　與內部尺度分開兩邊標註較為清晰，如圖 9.59 所示，外部尺度標
　　註於剖面圖之上邊，內部尺度標註於下邊。

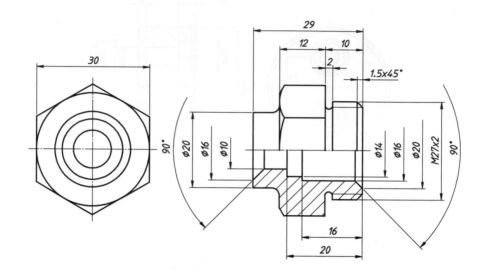

圖 9.59 內外尺度分開標註

9-16 其他形態之尺度標註

物體有需要在某些特殊形態上標註尺度時，或特殊情況下之做法，分別以圖例說明如下：

(a) 球面尺度：必須特別註明為球面時，可用球(Sphere)符號"S"寫在半徑符號"R"或直徑符號"⌀"之前，如圖 9.60 所示。一般常見圓弧形之軸端可免標註球面尺度，如圖 9.61 所示。

(b) 弧長尺度：必須特別標註物體弧面之長度時，可以半圓之弧長符號畫在尺度數字之左方，粗細高度與數字相同，標法如圖 9.62 所示，注意尺度線為圓弧與標註角度時相同，角度標法參閱第 9.6 節所述。當弧線不只一條時，需用箭頭指出，如圖 9.63 所示。

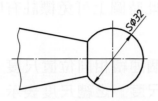

圖 9.60 標註球面尺度

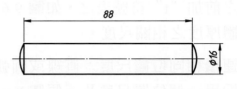

圖 9.61 軸端免標註球面尺度

圖 9.62 標註弧長尺度

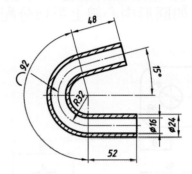

圖 9.63 箭頭指出弧長

(c) 方形尺度：以正方形符號 "□" 畫在尺度數字之前，正方形的高度約為字高之 2/3，粗細與數字同，如圖 9.64 所示，方形尺度以標註於方形視圖上為原則。

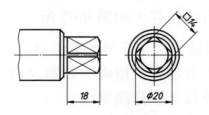

圖 9.64 正方形符號

(d) 板厚尺度：標示板料厚度，可於視圖內或外之適當位置，以厚度之前加 "t" 符號表之，如圖 9.65 所示，此時圖上可免標註有關物體厚度之相關尺度。

(e) 連續相同位置尺度：直線或圓弧上有多個連續相同位置尺度，可採用一個位置尺度及『個數×一個位置尺度』之總尺度表示，如圖 9.66 所示。相同位置尺度如爲整圓上之平均分配時則免標註，常見如圓形中心線上平均分配之孔數等。

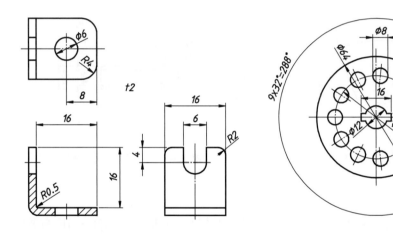

圖 9.65　板厚尺度(圖中 t2)　　　　圖 9.66　連續相同位置尺度
　　　　　　　　　　　　　　　　　　　　　　　　(圖中 9x32°=288°)

(f) 局部表面處理：物體某部份須作表面處理，以粗的鏈線(中心線式樣)表示須作表面處理之範圍，粗鏈線請參閱前面第 4.3 節所述，再以指線用註解方式標註，如圖 9.67 所示。

(g) 未按比例尺度：視圖中之某尺度，無法避免必須未按比例繪製時，可在尺度數字之下方加畫一橫線，如圖 9.68 所示，粗細與數字相同，長度與數字等長，以茲識別。

(h) 絕對尺度：理論上圖中之某尺度爲絕對精度時，可在尺度數字之外加一方框，通常配合位置公差使用，如圖 9.69 所示。

(i) 更改尺度：已發圖承製之工作圖，須變更設計時，不可將尺度數字擦去重寫，必須將變更之尺度數字以兩直線劃去，將變更後之尺度數字寫在附近，且其旁須加註正三角形更改記號及更改次數，如圖 9.70 所示，其變更設計原因必須寫在更改欄中，並經受權主管核准簽字後重新發圖。

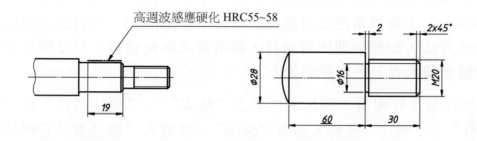

圖 9.67　局部表面處理　　　圖 9.68　未按比例繪製之尺度(圖中 <u>60</u>)

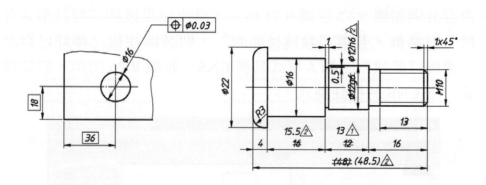

圖 9.69　位置公差之絕對尺度　　圖 9.70　已發圖承製圖面
　　　　　　　　　　　　　　　　　　　　之尺度更改

9.17　電腦製圖

　　AutoCAD 之尺度標註屬半自動功能，即必須由使用者選擇標註尺度之方向及部位，將會自動標註尺度線，尺度界線，箭頭，符號及數字等，因此這些尺度標註之元素必須事先設定好，否則所標註之尺度形式可能不符合你所想要的。本書所附磁片中之目錄"\CNS"下提供A0 至 A4 圖紙大小，包括已設定的 CNS 標準尺度標註形式，以及 CNS標準線條式樣(檔名 CNS.LIN)和 CNS 標準字型(檔名 CNS.SHX)。目錄"\Blocks"下提供常用之尺度標註聚合模組(Block)。自行設定尺度標註型式方法，如標註型式管理員，如所需之系統變數、尺度標註方法及符號之輸入等，分別說明如下：

(a) 標註型式管理員：選按功能表之"格式"，"標註型式"或"標註"，"型式"或輸入指令"ddim"，將進入"標註型式管理員"對話框，如圖 9.71 所示，為公制預設標註型式(iso-25)，可選按"修改"來規劃 CNS 標準的標註型式，以字高 3.5mm 為例，在各標籤內容分別如圖 9.72 至圖 9.75 所示，修改完畢後回"標註型式管理員"對話框，若選"設為目前的"，則該圖往後之標註已修改，可選按"新建"，輸入型式名稱 CNS，如圖 9.76 所示，將於圖中多一個 CNS 的標註型式。

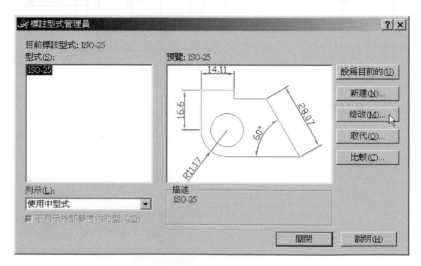

圖 9.71　標註型式管理員對話框

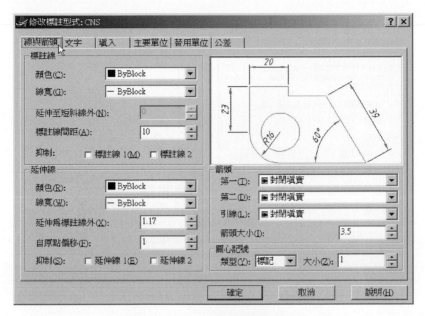

圖 9.72　線與箭頭標籤內容

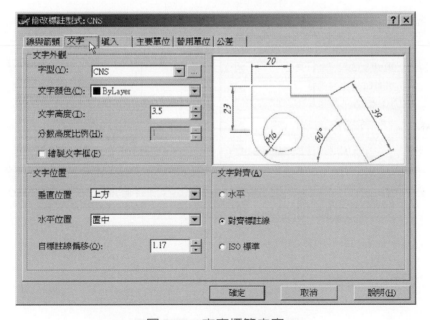

圖 9.73　文字標籤內容

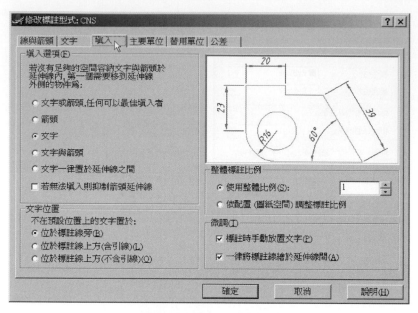

圖 9.74　填入標籤內容

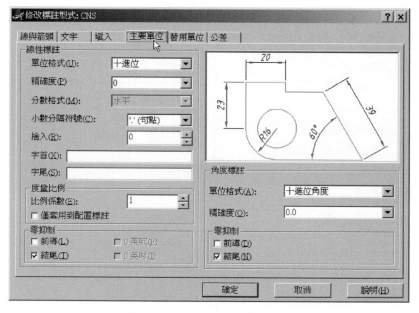

圖 9.75　主要單位標籤內容

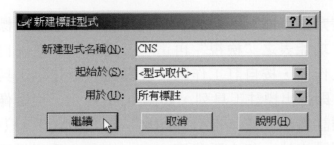

圖 9.76　新建標註型式對話框

(b) 系統變數：可以指令"setvar"分別設定各系統變數之值，選擇所
需之尺度標註型式。詳細尺度標註之系統變數功能請參閱書後附
錄 C，CNS 標準尺寸標註形式所需之基本系統變數如下所示：

dimscale	1.0	標註比例
dimtxt	3.5	尺度數字高
dimasz	3.5	尺度箭頭長
dimdli	10	尺度線間距
dimexe	1.5	尺度介線超出尺度線的距離
dimexo	1	尺度介線偏移標註點的距離
dimgap	1.7	尺度數字離尺度線距離
dimsho	(on)1	拖曳圖形時尺度數字會改變
dimtad	(on)1	將尺度數字標註在尺度線上面距 dimgap 的距離
dimtix	(off)0	原則上將尺度數字放在尺度介線之間
dimtofl	(on)1	在標註點之間畫出尺度線
dimtih	(off)0	將尺度數字沿尺度線標註
dimtoh	(off)0	尺度數字在尺度介線外時將數字對齊標註線
dimsoxd	(off)0	尺度數字在尺度介線外時不抑制尺度線使與數字同長
dimlunit	2	以十進位標註除了角度
dimupt	1	手動放數字
dimzin	8	小數點後之零不標註
dimazin	2	小數點後之零不標註(角度)
dimtsz	0.0	畫箭頭型式
dimatfit	2	尺度介線空間不夠時，先移動文字，再移動箭頭
dimtmove	0	標註線隨數字移動
dimaunit	0	角度十進位
dimlfac	1.0	標註長度比例
dimtfac	1.0	公差高度比例
dimdec	1	長度小數位
dimadec	1	角度小數位

(c) 尺度標註方法：按一下功能表之"標註"再選擇欲標註之方法，或按一下功能表之"檢視"再選"工具列"，進入自訂使用者介面，選工作區，按自訂工作區，後點選"標註"工具列，按套用及確定，即彈出標註工具列，如圖 9.77 所示，從圖像按鈕中選擇想做的標註方法。或以指令"DIM"或"DIM1"(只標註一次)，再選擇標註方法，如水平尺度(Horizontal)、垂直尺度(Vertical)、角度(Angular)、直徑(Diameter)、半徑(Radius)、傾斜線長度(Aligned)、指線(Leader)等，再依各標註方法之要求，選擇所要標註之圖形部位。例如以選擇直徑及半徑之標註法，只能尋找圖中之圓或圓弧標註，選角度標註方法，則只能尋找圖中之兩條直線標註。

(a)AutoCAD 2007

(b)AutoCAD 2009

圖 9.77　標註工具列

(d) 符號：以選擇自動標註之直徑(Diameter)、半徑(Radius)、及角度(Angnlar)時，會自動加上應有之符號。通常尺度標註之數字，會暫停允許使用者修改輸入，除符號為拉丁字母外，AutoCAD 所提供特殊符號以鍵盤輸入之方法如下所示：

％％C	：顯示直逕符號" ϕ "。
％％D	：顯示角度之符號"°"。
％％P	：顯示正負相等公差用符號"±"。
％％O	：演成對出現，使中間之字加頂線。
％％U	：演成對出現，使中間之字加底線。
％％％	：顯示百分比符號"％"。
％％nnn	：顯示 ASCIInnn 碼的字元。

(e) 圖層：尺度標註最好標註在另外同一個圖層當中，如 DIM 等，以方便處理該圖層，如設定顏色，線寬，關閉及解凍等等。可在標註時先選該圖層，標註完畢再回 0 圖層。

(f) NuCAD：若己安裝 NuCAD 時，選尺度字高(DIM-Text)功能，可選用各種 CNS 標準字高及自行輸入之字高之 DIY，將自動設定所須之系統變數及載入 CNS 標準虛線(Cnshid)及及中心線(Cnscen)式樣供使用，非常便捷，通常這些尺度標註系統變數必須在尺度標註之前設定好才會有作用，除非標註型式相同，否則必須做 "取代" 的動作。

習題後有 "(*)" 者附電腦練習圖檔，在 "\EX" 目錄下。

❖ 習 題 九 ❖

1. 按比例抄繪下列各零件包括尺度標註。(參閱圖 9.2 之基本規則)

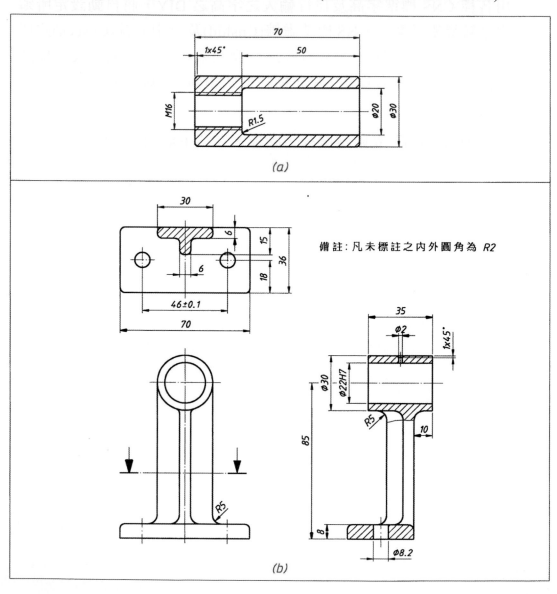

備註：凡未標註之內外圓角為 *R2*

(a)

(b)

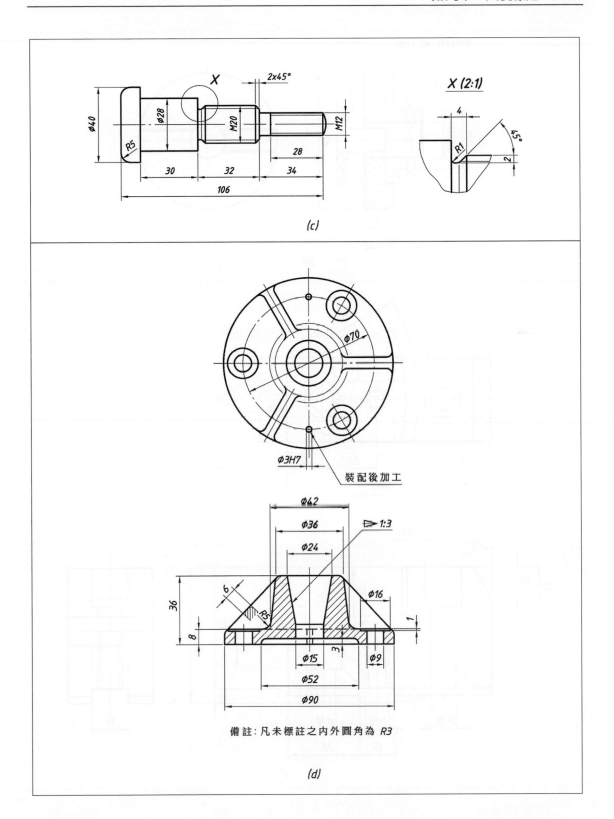

(c)

X (2:1)

Φ70

Φ3H7

裝配後加工

Φ42

Φ36

Φ24

1:3

Φ16

Φ15

Φ9

Φ52

Φ90

備註：凡未標註之內外圓角為 R3

(d)

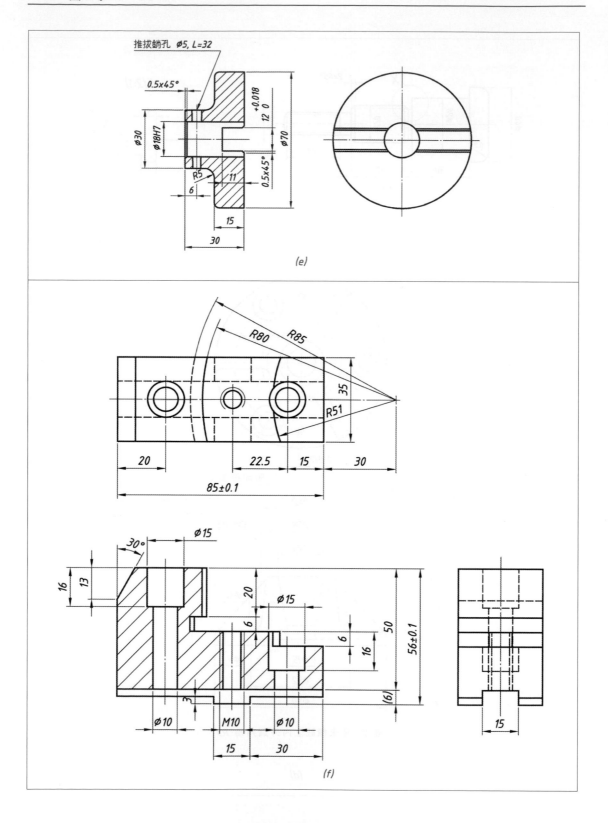

(e)

(f)

2. 依所附比例尺度，按比例抄繪下列各題，並標註尺度。(*)

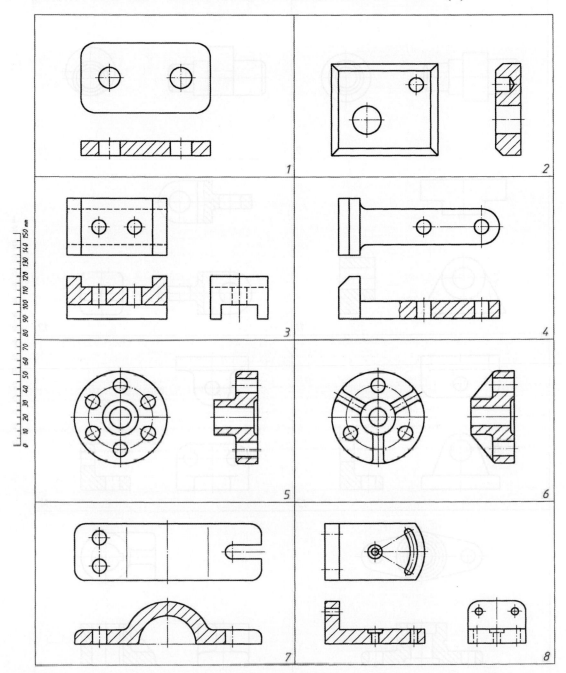

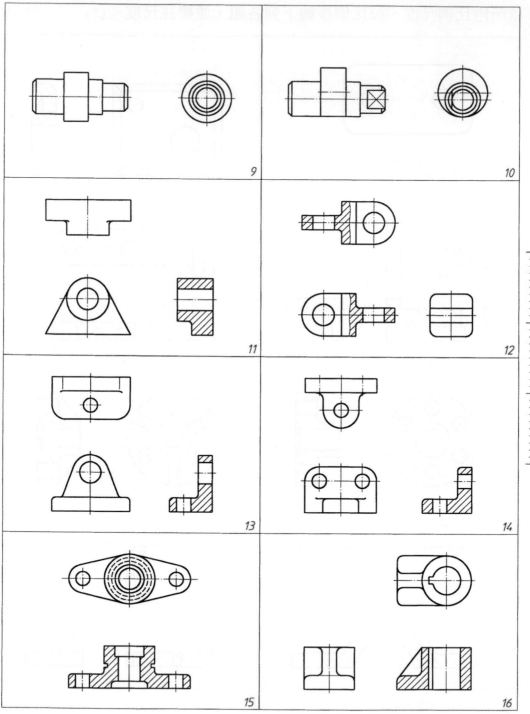

3. 放大 2 倍適當改繪下列各題為有剖面之視圖，並標註尺度。(*)

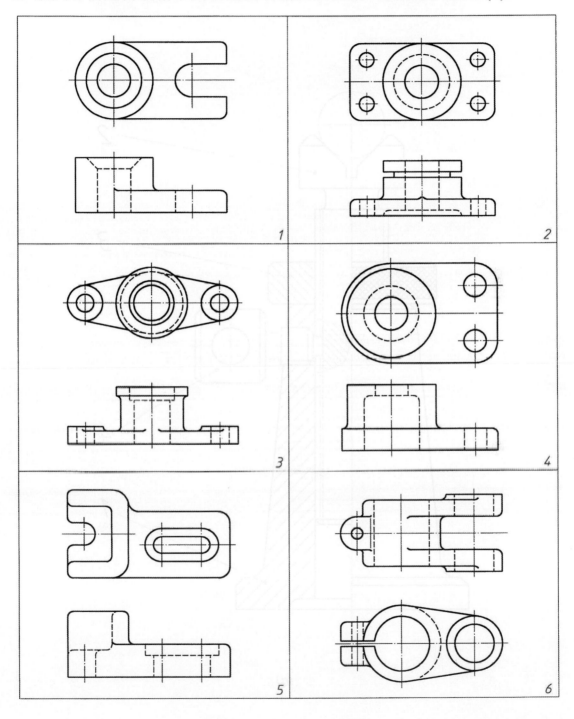

4. 依教師之指定，選擇繪製下列各組合圖之零件工作圖。

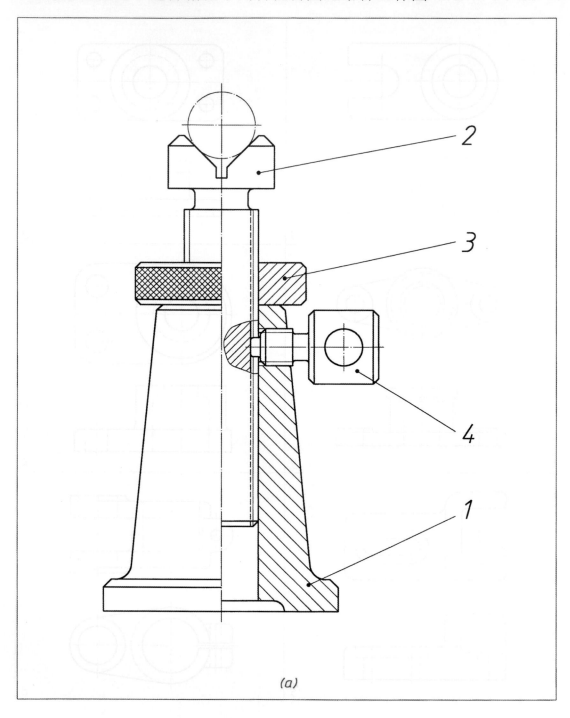

(a)

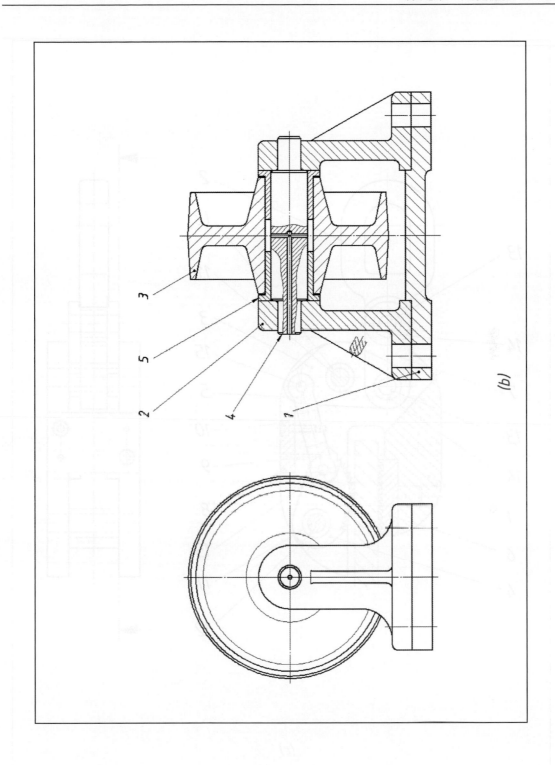

(b)

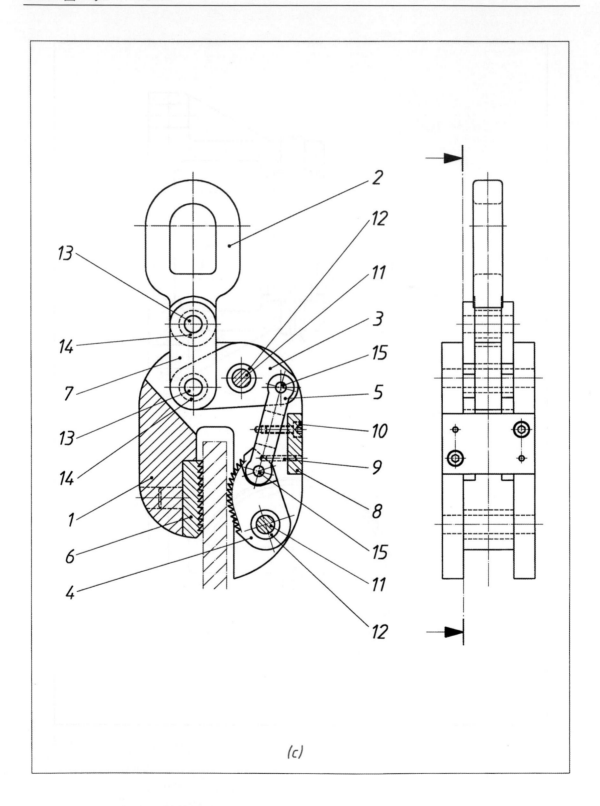

(c)

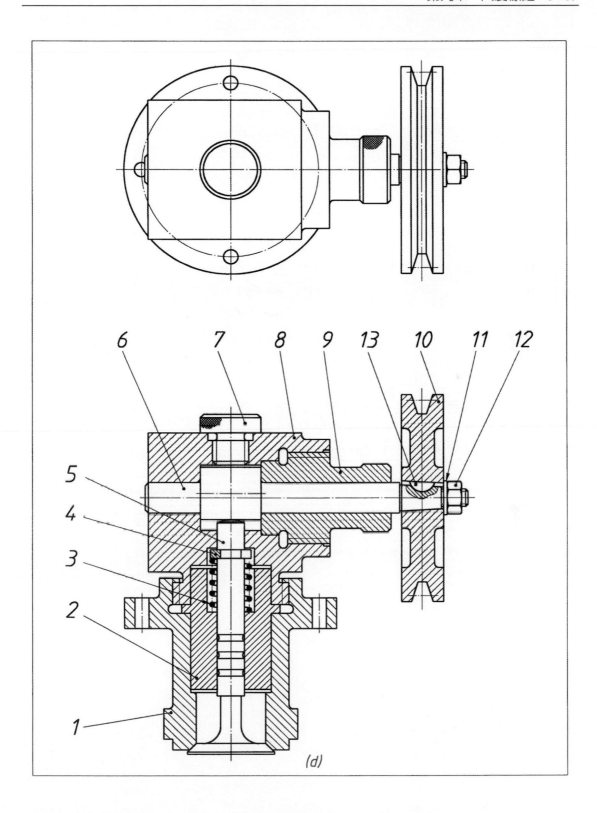

(d)

立體正投影

10.1　概說

　　前面第六章之正投影，乃以正投影原理，採用多個投影面的方式，投影多個視圖，以平面圖詳盡的表達物體各部之細節。除此之外在其他投影種類中，皆以一個投影面的方式投影物體，且繪製成一立體的圖形，稱爲立體圖(Pictorial Drawing)。正(多視)投影視圖描述物體細膩詳盡，皆使用在工程設計與製造過程中，但其視圖必須謹慎閱讀，才能完全了解物體各部之細節，即所謂之平面圖或三視圖，與眼睛所見物體之形狀不大一樣。立體圖則不然，可直接顯示物體之形狀，讓人一眼即知所畫何物。對於平面圖無法做到之效果，採用立體圖較直接有效。例如在工作裝配現場、產品說明書、物體(產品)之造形設計、專利圖、以及展示用之看板等所需之圖面。因此立體圖之繪製在圖學中，亦屬重要之一環。

　　產生立體圖之投影方法有三種，分別說明如下：

(a) 正體正投影(Axonometric Projection)：又稱軸側投影，採用正投影之原理繪製，與正(多視)投影之不同處爲，將物體傾斜放置且只使用一個投影面，可使畫面成一立體影像，故稱爲正體正投影。

(b) 斜投影(Oblique Projection)：投影線互相平行，但必須與投影面成一非垂直角度，即可投影物體成一立體圖，參閱第十一章所述。

(c) 透視投影(Perspective Projection)：因投影線集中在視點(Sight Point)上，因此又稱中央投影(Central Projection)，透視投影之過程與人眼觀看物體之情況相同，參閱第十二章所述。

10.2　立體正投影

　　以正投影(Orthographic Projection)原理，即『**投影線互相平行且垂直投影面**』，使用一個投影面，將物體歪斜放置，使投影面上之畫面成一立體之形狀，稱為立體正投影。如圖 10.1 所示，通常將物體旋轉一角度後，再傾斜放置，其投影之立體圖，以空間三主軸 x,y,z 間之的夾角變化，分為三種，分別說明如下：

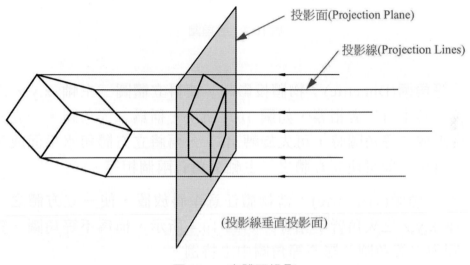

圖 10.1　立體正投影

1. 等角圖(Isometric)：立體圖三主軸 x,y,z 之夾角相等各為 120°時，如圖 10.2 所示，稱為等角圖。一立方體投影成等角圖時，必須先旋轉 45°，再將立方體與水平面傾斜約 35 度 16 分，即可使立方體之三主軸間夾角相等。

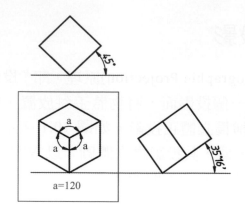

圖 10.2　等角圖

2. 二等角圖(Dimetric)：物體投影時，使得立體圖三主軸 x,y,z 之夾
   角，其中有二者相等，如圖 10.3 所示，稱為二等角圖。一立方體
   投影成二等角圖時，可先旋轉 45°，再將立方體與水平面成任意
   傾斜角，即可使立方體之三主軸夾角有兩個相等。

3. 不等角圖(Trimetric)：當物體任意歪斜放置，使一立方體之三主
   軸 x,y,z 之夾角皆不相等，如圖 10.4 所示，稱為不等角圖。等角
   圖與二等角圖乃屬不等角圖中之特例。

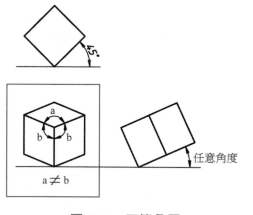

圖 10.3　二等角圖

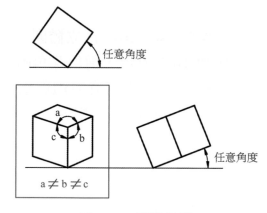

圖 10.4　不等角圖

10.3　等角投影

　　等角圖之三個主軸 x,y,z 之夾角相等，因各主軸以及各主平面與投影面分別成一相同之傾斜角度，使得等角投影圖上各主軸由於傾斜投影面關係，比實際長度稍短，且其縮短值相同，各主平面上之圓投影時，橢圓角亦相同。因此等角圖之繪製過程較容易，且立體圖顯現三主平面之份量相等，是繪製立體圖常用之投影方法。

　　等角投影在三個主軸 x,y,z 上之縮短比例相同，如果改以實際長度繪製，所得之立體圖將稍為放大，約為 1.225 倍，因此將不會影響立體之形狀，應為容易繪製之立體圖，以圖 10.5 所示之三視圖為例，先準備等角圖兩側之後退軸皆為 30 度，了解三視圖之立體形狀後，直接以分規量取三視圖之線條長度，轉量至立體圖中之相對映 x,y,z 主軸上，凡與三主軸平行之線條，在等角圖中仍須為平行，依已知之立體形狀即可繪製比三視圖稍大比例之等角圖。

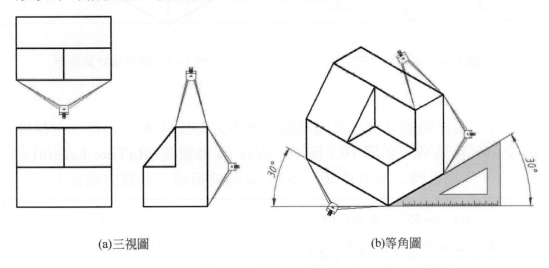

(a)三視圖　　　　　　　　　　　　(b)等角圖

圖 10.5　　等角圖畫法

10.3.1 等角投影之縮短值

已知等角圖之三主軸 x,y,z 夾角皆為 120°，如圖 10.6 示，繪製等角圖必須使 x 主軸及 y 主軸與水平線成 30°，使 z 主軸為直立線，因各主軸之縮短值相同，若直接以實際長度在三主軸上量繪時，形同將圖按比例放大，亦可繪製與原物相同形狀之立體圖，稱為等角圖。若依實際投影之尺度繪製，各主軸必須縮短約 0.82，其所繪之立體圖，則稱為等角投影圖。

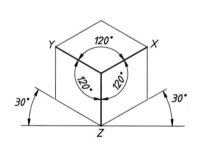

圖 10.6　等角圖之三主軸

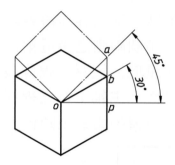

圖 10.7　縮短值計算原理

各主軸縮短值 0.82，乃因物體沿水平方向旋轉 45° 之後，主軸投影成 30° 所造成，如圖 10.7 所示，直線 oa 為實長 TL(True Length)，直線 ob 為投影時之縮短長度，ob 對 oa 的縮短值，計算方法如下：

$$op = oa \cdot \cos 45° = ob \cdot \cos 30°$$

$$\frac{ob}{oa} = \frac{\cos 45°}{\cos 30°} = \frac{\sqrt{2}}{2} / \frac{\sqrt{3}}{2} = \frac{\sqrt{2}}{\sqrt{3}} = \frac{\sqrt{2} \cdot \sqrt{3}}{3} = \frac{\sqrt{6}}{3} = \frac{2.44948974}{3}$$

$$=0.81649658$$

$$=0.82(約)$$

　　縮短值 0.82，亦可採用作圖法量取，在圖紙適當位置，繪製如圖 10.8 所示，角 aop 為 45°，角 bop 為 30°，由點 o 在 oa 上量取物體主軸方向之實際長度，若實際長度為 ox，由點 x 畫垂直線，交 ob 於點 y，oy 為 ox 之 0.82 長，取直線 oy 之長在等角投影圖中作圖即可。

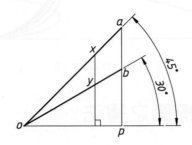

圖 10.8　作圖法求縮短值

10.3.2　等角圖上之橢圓

　　等角圖中主平面上之橢圓角度，與主平面和投影面之夾角有關，從縮短比值 $\sqrt{6}/3$，以 acos 計算得主平面與投影面之傾斜角為 35.26438968 度，約為 35 度 15 分 52 秒，因此主平面上之橢圓應以 35 度 16 分或 35 度橢圓模板繪製。橢圓角是由圓傾斜投影時產生之傾斜角，如圖 10.9 所示，由 0° 至 90° 之間，0° 橢圓為一直線，90° 橢圓為一圓。橢圓模板上皆以橢圓角表示各種不同胖瘦之橢圓，參閱第 10.3.4 節所述。

　　等角圖主平面上之橢圓，若計算其短軸與長軸之比值，可從傾斜角θ=35.26438968 度，以 sinθ計算即可得短軸為長軸之 0.57735，約為 0.58 比值。

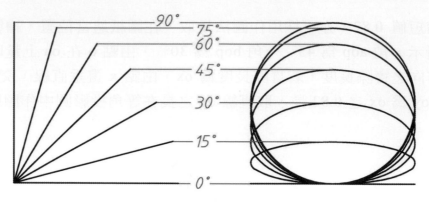

圖 10.9 橢圓角 (0°-90°)

10.3.3 等角圖上橢圓之畫法

　　除橢圓模板外，繪製橢圓通常以圓規，採用四心法繪製等角圖上之近似橢圓較方便(四心法請參考前面第 5.10.3 節所述)，不得已才求橢圓上各點，以曲線板連接。設有一圓，先將圓畫一外切正四邊形 abcd，如圖 10.10 所示，等角圖中常用之橢圓畫法說明如下：

(a) 菱形內畫橢圓：圓在等角圖之主平面上時，外切正方形 abcd 在等角圖上，為一兩邊線與水平線夾角 30°之菱形，如圖 10.11 所示，分別作菱形四邊之中垂線，剛好分別經過點 b 及 d，以及得兩交點 x 及 y，點 b、d、x、及 y 即為四心法畫橢圓之四個圓心，四個圓弧剛好分別相切於菱形四邊之中點上。

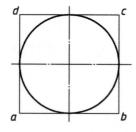

圖 10.10 圓外切正四邊形 abcd

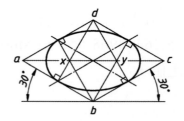

圖 10.11 等角圖之菱形內畫橢圓

(b) 矩形內畫橢圓：當圓不在等角圖之主平面上，圓之外切正四邊
形 abcd，投影成一矩形時，如圖 10.12 所示，長軸 AB 爲原來
圓之直徑，短軸 DE 爲圓傾斜直徑之縮短量。設 AB 及 DE 爲橢
圓之長軸及短軸交於點 O，以 O 爲圓心 OA 爲半徑作弧，交
DE 之延長線於點 P，以 E 爲圓心 EP 爲半徑畫弧，交 AE 之連
線於點 Q，作 AQ 之中垂線分別交 AO 及 DO 於點 C_1 及 C_2，取
OC_1 之相同距離得點 C_3，取 OC_2 之相同距離得點 C_4，此時 C_1，
C_2，C_3 及 C_4 即爲畫橢圓之四個圓心，分別以 C_1，C_2，C_3 及 C_4
爲圓心至 A，E，B 及 D 爲半徑畫弧，4 個圓弧可在 C_1，C_2，
C_3 及 C_4 之連線上相切，完成一近似橢圓剛好內切於矩形 abcd。
矩形內畫橢圓亦可參閱前面第 5.10.3 節之(e)所述。

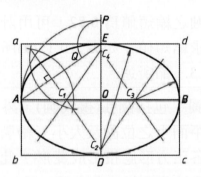

圖 10.12　矩形內畫橢圓

(c) 平行四邊形內畫橢圓：當圓不在等角圖之主平面上時，圓之外
切正四邊形 abcd 在等角圖上，常投影成一平行四邊形，如圖
10.13 所示，作平行四邊形之兩條中線 AB 及 CD。設 AB 及 CD
爲橢圓之兩共軛軸交於點 O，在 AO 及 Aa 上作相同之等分，
如 4 等分，按相同之等分點連線相交，如圖中所示，可得三個
交點連同 A 及 D，即爲四分之一橢圓軌跡，依相同之方法作圖
可得整個橢圓。當兩共軛軸垂直時亦可用此法求作橢圓。

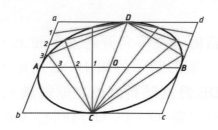

圖 10.13 平行四邊形內畫橢圓

例題：已知三視圖，繪製等角投影圖。(圖 10.14)

解：

1. 必須先判讀正投影視圖了解物體之形狀，才能繪製立體圖。

2. 等角投影圖各主軸之縮短值為 0.82，可用計算方式或作圖法求各尺度，作圖法求縮短值，如圖 10.15(a)所示，求縮短值過程請參閱前面第 10.3.1 節所述。

3. 將各主平面上之圓，包括圓弧(畫成圓)，外切一正方形，依各正方形在物體主平面上之位置及大小，繪製如圖 10.15(b)所示之等角投影圖，各正方形應投影成菱形，此法有如將圓柱裝入方盒子，稱為裝盒法(Boxing Method)。

4. 採用前面介紹之「菱形內畫橢圓」的方法，在各菱形內繪製近似橢圓或橢圓弧，如圖 10.15(c)所示。

5. 物體因厚度關係，有圓及圓弧相同時，可將所求得的圓心位置直接往主軸方向位移，以相同之半徑繪製，不必再作一菱形畫橢圓，如圖中圓心 a 往垂直主軸方向位移至圓心 b，以相同半徑繪製即可。

6. 擦淨不需要之線條，留下物體之可見外形輪廓線，即完成所求之等角投影圖，如圖 10.16 所示。

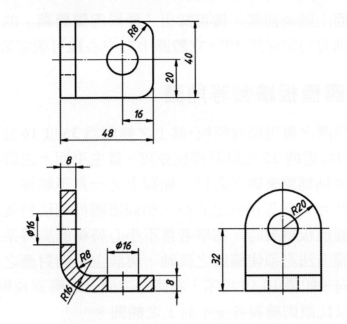

圖 10.14　已知三視圖畫等角投影圖

(a)作圖法求縮短值　　(b)裝盒法(畫切圓的菱形框)　　(c)各菱形內畫橢圓

圖 10.15　畫等角投影圖方法

圖 10.16　完成所求之等角投影圖

　　凡主平面上圓或圓弧，皆可採用『菱形內畫橢圓』的方法完成。注意兩邊主軸方向需保持 30°。立體圖上之中心線可視需要而加繪之。

10.3.4　橢圓模板繪製等角圖

　　繪製等角圖之專用橢圓模板，其上之橢圓為 35 度 16 分，如圖 10.17 所示。或選用接近的 35 度橢圓模板亦可。當主平面上之圓投影成橢圓時，橢圓之長軸為原來圓之直徑，橢圓上之一對等軸線，即共軛軸，如圖 10.18 所示，為等角圓之直徑，橢圓應剛好相切於菱形四邊之中點上。以橢圓模板繪製時，初學者常不小心將橢圓旋轉某角度繪製造成錯誤，正確方法必須使橢圓之長軸，與該主平面對應之主軸，恆保持垂直的方向，如圖 10.19 所示，右側主平面上之橢圓長軸，必須與 y 主軸垂直，以此原則繪製各主平面上之橢圓。

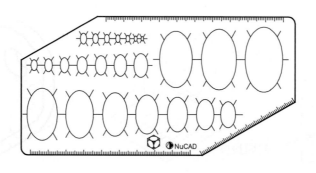

圖 10.17　繪製等角圖專用橢圓模板

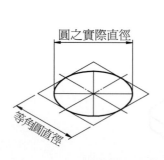

圖 10.18　等角圖上之圓

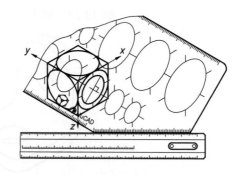

圖 10.19　橢圓模板之用法

　　當橢圓大小與橢圓模板上之大小不符合時，可改用圓規以四心法繪製近似橢圓，參閱第 10.3.3 節所述。或用橢圓模板上較大且胖瘦接近之橢圓，將橢圓模板當成曲線板，以連接不規則曲線之方式，繪製近似橢圓。

10.4　支矩法

　　物體上之某些點，若未能剛好在等角圖之三主軸 x,y,z 線上時，必須找出這些點在等角圖 x,y,z 三主軸之坐標位置，稱為支矩法，即這些點在空間距 x,y,z 三主軸之距離。這些不在三主軸上之點，常見之情況分別以圖例說明如下：

(a) 傾斜線：如圖 10.20 所示，物體上有 30°之傾斜線，此時因圖中點 a 之垂直尺度不須標註，但繪製等角圖時，必須量出圖中之 *l* 尺度，直接以 *l* 長度或縮短值 0.82 的長度，在等角圖主軸上量取點 a 之位置。凡某角度之傾斜線，在等角圖中已不是原來角度，皆以此法繪製。

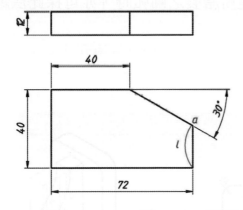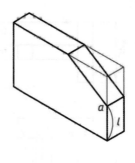

圖 10.20　等角圖中之傾斜線

(b) 空間某交點：如圖 10.21 所示，圖中點 a 在空間某位置，點 a 是由於切槽與斜面所產生之交點,在右側視圖中點 a 之垂直尺度 *h* 不需標註，但等角圖中必須利用此 *h* 尺度，才能求出點 a 在等角圖中之位置。需直接在右側視圖中量取，再轉畫於等角圖中。

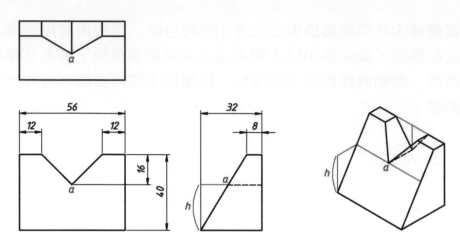

圖 10.21　等角圖中之空間某交點

(c) 不規則曲線：如圖 10.22 所示，物體有不規則曲線時，在尺度
標註時，即必須在不規則曲線上取適當之點數，如圖中之點 a、
b、c、及 d，以連續尺度標註方式，分別標註各點的位置。等
角圖中可依各點之尺度，求出不規則曲線上點 a、b、c、及 d
在空間之位置，再以曲線板連接各點成不規則曲線。若不規則
曲線，在平面圖中改為由半徑所繪製之圓弧時，亦可採此法繪
製。

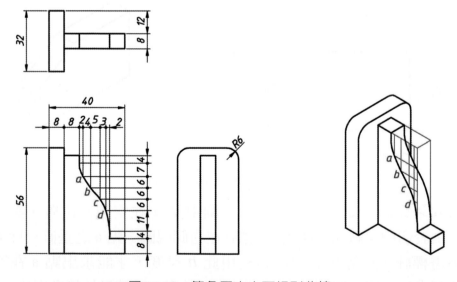

圖 10.22　等角圖中之不規則曲線

(d) 不在主平面上之圓：物體傾斜面上有圓或圓弧，如圖 10.23(a)
所示，先將傾斜面上之圓，畫外切正四邊形，如圖中之輔助視
圖之正方形 abcd，正方形投影至右側視圖為一矩形 abcd，矩形
內之圓為一 40° 之橢圓，可以橢圓模板或採用第 10.3.3(b)節所
述之近似橢圓畫法。在繪製等角圖時，必須量取右側視圖上之
矩形 abcd，在主軸上之相關位置，如圖中之點 1、2、3、及 4。
於等角圖中可得一平行四邊形 abcd，如圖 10.23(b)所示，以平
行四邊形內畫橢圓之方法，參閱第 10.3.3 節之(c)所述。等角圖
中不在主平面上之圓，其橢圓角已非原來之 35 度 16 分。

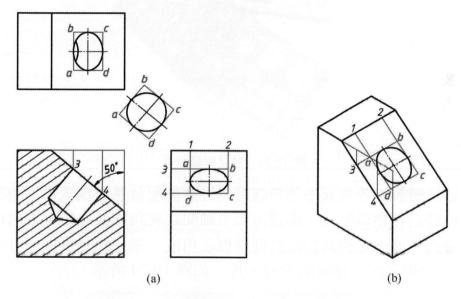

圖 10.23　等角圖中不在主平面上圓之畫法

10.5　二等角與不等角投影

　　二等角與不等角圖，因立體圖三主軸 x,y,z 之夾角不相等，理論上
來說兩種投影皆有無數種不同之變化，使主軸之縮短比值及橢圓角之
變化皆不相同，因此二等角與不等角圖之繪製將變的較複雜麻煩。但
以另一觀點視之時，等角圖因三主平面顯示份量皆相同，其立體圖生

硬而無彈性，以二等角或不等角所繪之立體圖，可強調物體較重要之主平面，顯現出自然且立體效果較佳之形狀。

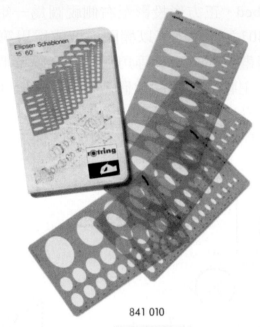

841 010

圖 10.24　套裝橢圓模板

　　通常繪製二等角或不等角圖時，皆選擇配合橢圓模板角度繪製，可使繪製過程稍微簡化，即選用三主軸間之夾角成某些特定之角度，以使各主平面上之橢圓接近橢圓模板之角度。常見橢圓模板成套裝，由 15°至 60°之間，每增加 5°有一片，如圖 10.24 所示。

10.5.1　二等角主軸夾角之選擇

　　立體圖繪製通常由選擇三主軸 x,y,z 間之夾角開始作圖，為配合接近橢圓模板角度繪製二等角圖，可使用之三主軸間夾角、主軸縮短值、及主平面上所需之橢圓角，如圖 10.25 至圖 10.29 所示，圖中縮短值取小數 2 位，三主軸間夾角取整數，橢圓角則取接近橢圓板之角度。立體圖繪製通常習慣將某一主軸直立放置，在圖 10.25 至圖 10.29 中，每圖有三種不同三主軸夾角之選擇，共有十五種。

　　若將圖 10.25、圖 10.27 及圖 10.29 之三主軸的縮短比例，化成較簡單之比值，分別如圖 10.30 至圖 10.32 所示，共有九種選擇，爲常用繪製二等角投影圖三主軸間夾角之選擇。

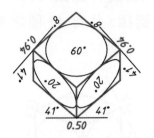

圖 10.25　二等角之選擇
(20°,20°,60°)

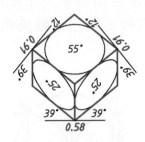

圖 10.26　二等角之選擇
(25°,25°,55°)

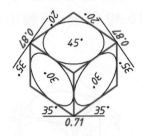

圖 10.27　二等角之選擇
(30°,30°,45°)

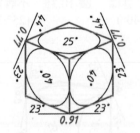

圖 10.28　二等角之選擇
(40°,40°,25°)

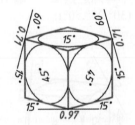

圖 10.29　二等角之選擇
(45°,45°,15°)

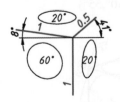

圖 10.30　常用二等角圖
(1,1,0.5)

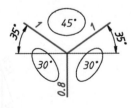

圖 10.31　常用二等角圖
(1,1,0.8)

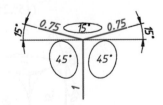

圖 10.32　常用二等角圖
(1,0.75,0.75)

10.5.2　不等角主軸夾角之選擇

　　不等角投影圖，三主軸縮短值及主平面上之橢圓角皆不相同，為配合接近橢圓模板角度，可使用之三主軸間夾角、主軸縮短值、及主平面上所需之橢圓角，通常習慣將某一主軸直立放置，如圖 10.33 至圖 10.39 所示，每圖中有六種不同三主軸夾角之選擇，共有 42 種之多。

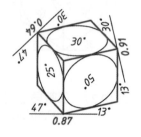 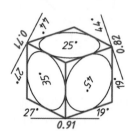

圖 10.33　不等角之選擇　　圖 10.34　不等角之選擇　　圖 10.35　不等角之選擇
　　　　　(30°,25°,50°)　　　　　　　　(30°,35°,40°)　　　　　　　　(25°,35°,45°)

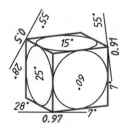 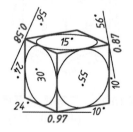

圖 10.36　不等角之選擇　　　　　　　圖 10.37　不等角之選擇
　　　　　(15°,25°,60°)　　　　　　　　　　　　(15°,30°,55°)

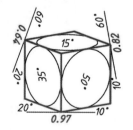 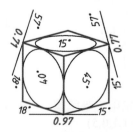

圖 10.38　不等角之選擇　　　　　　　圖 10.39　不等角之選擇
　　　　　(15°,35°,50°)　　　　　　　　　　　　(15°,40°,45°)

　　若將圖 10.37 之三主軸的縮短值，化成較簡單之比例，如圖 10.40 所示，各主軸之縮短值為 1：0.9：0.6，圖中亦有六種選擇，為常用繪製不等角投影圖三主軸間夾角之選擇。

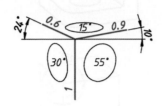

圖 10.40　常用不等角圖(1,0.9,0.6)

10.5.3　二等角與不等角之選擇

　　繪製二等角與不等角圖，配合橢圓模板之使用，三主軸間之夾角之選擇，請參閱前面圖 10.25 至圖 10.40 所示之各種主軸夾角及橢圓角，選擇時通常考慮之要點如下：

(a) 三主平面上之橢圓角不要太接近，否則辛苦所畫之立體圖，將類似等角圖。

(b) 重要的主平面上，選擇橢圓角度較大者，可強調其重要性，且可顯現較活潑之立體效果。

(c) 視覺要自然，富變化。

(d) 圖形容易畫。

　　如圖 10.41 所示，為相同之物體，試比較各圖中採用不同之橢圓角，所繪製之立體正投影圖，其中圖(a)為等角圖，圖(b)為二等角圖，圖(c)為不等角圖。

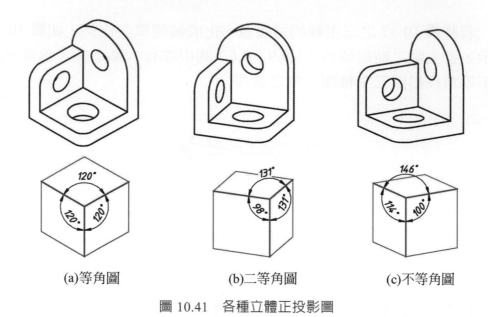

(a)等角圖　　　　　(b)二等角圖　　　　　(c)不等角圖

圖 10.41　　各種立體正投影圖

10.6　二等角與不等角圖之繪製

　　二等角圖須使用兩種不同之主軸縮短值及兩種不同之橢圓角。不等角圖之三主軸的縮短值及各主平面上之橢圓角皆不相同。繪製過程皆比等角圖複雜，但其方法則相同，如圖 10.42 所示，立方體三主軸 x,y,z 及對應之三主平面 x,y,z，各主平面上之橢圓長軸，必須與對應之三主軸保持垂直。橢圓通常皆以套裝橢圓模板繪製。

　　除了等角圖外，二等角及不等角圖之各主軸上之長度，必須按所選之三主軸夾角的縮短值計算，參閱圖 10.25 至圖 10.40 所示。當主平面上的橢圓角度愈大時，其對應主軸之縮短值愈少，設θ爲橢圓角度，對應主軸縮短值爲 cosθ，如表 10-1 所示，爲橢圓角所對應主軸之縮短值。

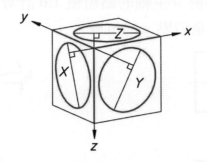

圖 10.42 橢圓長軸與對應之主軸垂直

物體上特殊點位置之量取，可採用第 10.4 節所述之支矩法，量取點與 x,y,z 主軸之距離，但必須按其所屬之縮短比值計算，然後在立體圖上求得點之位置。

表 10-1 橢圓角與主軸之縮短值

橢圓角θ	對應主軸之縮短值 cosθ
15°	0.97 (0.9659)
20°	0.94 (0.9397)
25°	0.91 (0.9063)
30°	0.87 (0.8660)
35°	0.82 (0.8192)
40°	0.77 (0.7660)
45°	0.71 (0.7071)
50°	0.64 (0.6428)
55°	0.57 (0.5736)
60°	0.50 (0.5000)

二等角圖之繪製，如圖 10.43 所示，圖(a)為物體之平面圖，圖(b)為所選擇之三主軸夾角，其縮短值為常用之二等角畫法 1:1:0.5，橢圓角為 20°、20°、60°，圖(c)為完成之二等角圖。圖(a)中點 a 為傾斜面 40°所得之點，以支矩法量取垂直距離為 *l* 長，點 a 在直立主軸上的距

離 *l*，必須依照圖(b)中直立主軸的縮短值 1.0 計算，即以原來 *l* 之長度，在圖(c)中直立主軸之量取點 a 的位置。

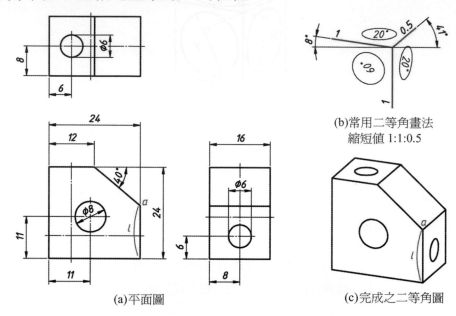

(a)平面圖

(b)常用二等角畫法
縮短值 1:1:0.5

(c)完成之二等角圖

圖 10.43 二等角圖之繪製

不等角投影圖之繪製，如圖 10.44 所示，平面圖為與圖 10.43(a) 相同之物體，圖(a)為所選之三主軸間夾角、縮短值、及橢圓角。圖中點 a 為傾斜線 40°所得之點，以支矩法量取垂直距離長為 *l*，點 a 在立體圖中直立主軸上之距離 *l*，必須依照圖(a)中直立主軸之縮短比值 0.97 計算，即以 0.97×*l* 之長度，在圖(b)中直立主軸上量取點 a 的位置。

此外繪製二等角與不等角圖時需注意：

(a) 立體圖中主平面上橢圓的長軸必須垂直所對應之主軸線。

(b) 原本在平面圖中平行之線，在立體圖中仍舊必須保持平行。

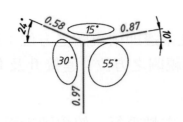
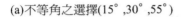
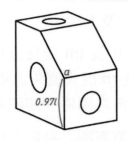

(a)不等角之選擇(15°,30°,55°)   (b)完成之不等角投影圖

圖 10.44 不等角投影圖之繪製

10.7 平面圖直接投影法

可由平面圖即正投影視圖，按一定之方向位置直接投影繪製立體正投影視圖，包括等角、二等角及不等角投影圖，此法由各視圖直接投影繪製，可求得立體圖上各點之位置，因此不需作主軸之縮短值計算。主平面上之橢圓亦可經由圓等分後投影繪製，或由已知之橢圓角繪製。不失為一方便之繪圖方法。唯一缺點是必須將平面圖，按所求之旋轉角度繪製於固定之位置，再行投影。

平面圖直接投影法，首先決定三主軸之夾角，其夾角理應在 90°至 180°之間，可任意決定或選擇前面圖 10.25 至圖 10.40 所示之三主軸之夾角。若主平面上有圓弧時，以採用後者為佳，以方便使用橢圓模板繪製。如圖 10.45 所示,所選擇之三主軸夾角為圖 10.35 中之一種，直線 ox 與水平線成 44°，直線 oy 與水平線成 19°，直線 oz 為直立線。求作各平面圖之方位過程如下：

1. 作任意直線 lm 與 oz 垂直，使點 l 在直線 oy 上，點 m 在直線 ox 上。

2. 由點 m 作直線 mn 與 oy 垂直，使點 n 在直線 oz 上。

3. 連接 ln 理應垂直 ox。

4. 分別以 lm、mn、及 ln 爲直徑畫半圓,與三主軸分別相交於點 t、r、及 f。

5. 連接 tl 及 tm 成爲直角之兩邊,此兩邊即俯視圖之方位;連接 rm 及 rn 成爲直角之兩邊,即右側視圖之方位;連接 fl 及 fn 成 爲直角之兩邊,即前視圖之方位。

6. 三個平面圖之投影方向,必須與三主軸平行。俯視圖投影方向 與直線 oz 平行,右側視圖與直線 oy 平行,前視圖與直線 ox 平行。

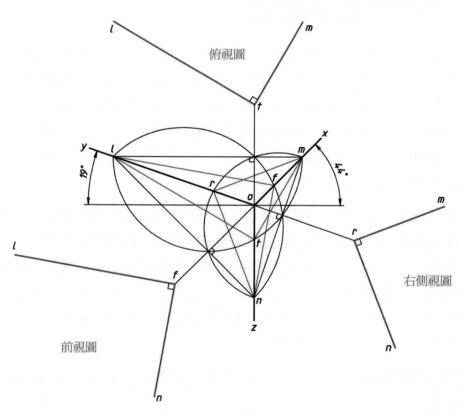

圖 10.45　平面圖直接投影法平面圖方位求作

平面圖直接投影法之繪製，如圖 10.46 所示，三主軸夾角選擇**圖 10.34** 中之一種，繪製不等角投影圖之過程如下：

(a) 依圖 10.45 之作圖方法，求三個平面圖之方位，可任意取適當之間隔。

(b) 以平行三主軸之方向，由三個視圖投影至中間位置，繪製不等角投影圖。俯視圖之投影線平行 oz，右側視圖平行 oy，前視圖平行 ox。投影時簡單物體通常只須用俯視圖及右側視圖即可完成各點之投影，繪製立體圖。

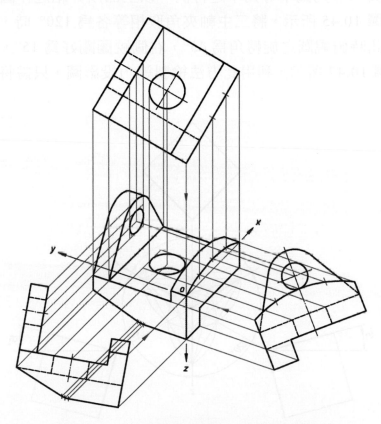

圖 10.46 平面圖直接投影法(不等角投影圖)

(c) 圓及圓弧可等分後再投影，但因各主平面上之橢圓角爲已知，求出橢圓重要位置，如橢圓中心、後退軸方向、長軸位置或短軸位置後，用橢圓模板繪製較方便。

(d) 俯視方向主平面之橢圓角爲 35°，右側視爲 25°，前視爲 45°，(參閱圖 10.35)，圖中右側視方向圓弧，圓孔以 25° 橢圓繪製，大圓弧部份則以分點投影，再以曲線板連接較方便。

10.7.1　平面圖直接投影繪製等角圖

等角與二等角爲不等角中之特例，以上節所介紹之作圖方法，請參閱前面圖 10.45 所示，將三主軸夾角取相等各爲 120° 時，亦可繪製等角圖，此時俯視圖之旋轉角爲 45°，右側視圖剛好爲 15°，前視圖爲 -15°，如圖 10.47 所示，利用此方法繪製等角投影圖，只需將三個視圖

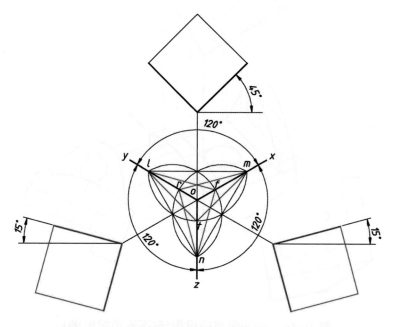

圖 10.47　平面圖直接投影法等角圖方位求作

作常用角度 45°及 15°的旋轉，直接投影繪製，不用計算主軸之縮短值 0.82，不失爲一方便之方法。如圖 10.48 所示，若已知物體的形狀，利用俯視圖及側視圖，即可繪製等角投影圖。

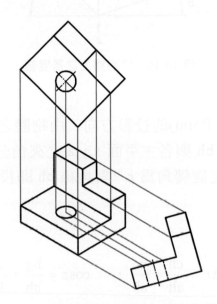

圖 10.48　平面圖直接投影法(等角投影圖)

10.8　橢圓角之計算

　　利用三角函數定理及簡單計算方法，可從三主軸中左右兩主軸與水平線之夾角 α 及 β，求出各主平面上之橢圓角，以一立方體爲例，如圖 10.49 所示，三主軸爲 x,y,z，對應之三主平面爲 X、Y、Z，各主平面上所需之橢圓角爲 $x°$、$y°$、$z°$。

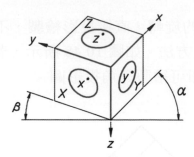

圖 10.49 立方體上之各變數

　　設視點 SP(Sipht Point)的投影方向，由物體之對角線 bh 經過，如圖 10.50 所示，直線 bh 與各主平面 x,y,z 之夾角分別為 $x°$、$y°$、$z°$ ，物體沿水平面(z 面)之旋轉角為 $r°$，對角線 bh 即投影方向與各夾角 $x°$、$y°$、$z°$之關係如下：

$$\sin x = \frac{bc}{bh}\ ,\qquad \sin r = \frac{eh}{ah} = \frac{bc}{ah}\ ,\qquad \cos z = \frac{bg}{bh} = \frac{ah}{bh}$$

$$\frac{bc}{bh} = \frac{bc}{ah}\cdot\frac{ah}{bh}$$

$$\sin x = \sin r\cdot\cos z \text{ --- [公式 1]}$$

$$\sin y = \frac{bf}{bh}\ ,\qquad \sin(90°-r) = \frac{ae}{ah} = \frac{bf}{ah}\ ,\qquad \cos z = \frac{bg}{bh} = \frac{ah}{bh}$$

$$\frac{bf}{bh} = \frac{bf}{ah}\cdot\frac{ah}{bh}$$

$$\sin y = \sin(90°-r)\cdot\cos z$$

$$= \cos r\cdot\cos z \text{ --- [公式 2]}$$

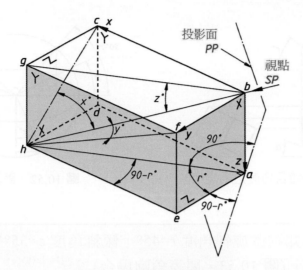

圖 10.50　橢圓角之計算

　　三主軸夾角與物體之旋轉及傾斜角度相關，以 z 主軸為直立方向時，參閱前面圖 10.49 所示，首先定義各角度之名詞代號，如圖 10.51 所示，說明如下：

1. 旋轉角：物體沿水平面(z 面)之旋轉角度，即 r 角。

2. 傾斜角：物體與水平面(z 面)之夾角，即 z 角。

3. α 角：x 主軸(右邊)與水平線之夾角。

4. β 角：y 主軸(左邊)與水平線之夾角。

　　由圖 10.51 之關係，計算角 α 及 β，如圖 10.52 所示，公式如下：

$$\tan\alpha = \sin z \cdot \tan r \text{---} [公式\ 3]$$

$$\tan\beta = \sin z \cdot \tan(90° - r) \text{--} [公式\ 4]$$

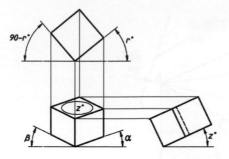

圖 10.51 物體各角度之名詞代號

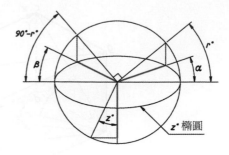

圖 10.52 計算角 α 及 β

例題 1：已知物體旋轉角度 r=45°，傾斜角度 z=35°16'，求角 α 及 β。(圖 10.53，屬等角圖場合)

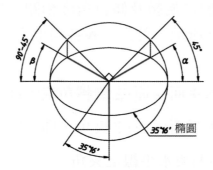

圖 10.53 求角 α 及 β

由公式 3 得：

$$\tan \alpha = \sin(35°16') \cdot \tan45°$$

$$= \frac{1}{\sqrt{3}} \times 1$$

$\alpha = 30°$

由公式 4 得：

$\tan\beta = \sin(35°16') \cdot \tan(90°-45°)$

$\qquad = \dfrac{1}{\sqrt{3}} \times 1$

$\beta = 30°$

例題 2：立方體旋轉角度 $r=39°$，傾斜角度 $z=25°$，求 α、β 角以及另二主平面上之橢圓角 $x°$，$y°$。(圖 10.54)

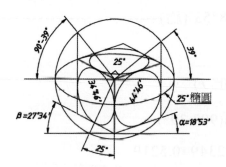

圖 10.54　求 α, β 角以及 $x°$, $y°$

由公式 1 得：

$\sin x = \sin r \cdot \cos z$

$\qquad = \sin 39° \cdot \cos 25°$

$\qquad = 0.62932 \times 0.9063$

$\qquad = 0.57035$

$\qquad x = 34.77° = 34°46'$(約)-------------------------(可用 35°橢圓模板)

由公式 2 得：

$\sin y = \cos r \cdot \cos z$

$\qquad = \cos 39° \cdot \cos 25°$

$\qquad = 0.7771 \times 0.9063 = 0.7043$

$\quad y = 44.77° = 44°46'$(約)------------------------(可用 45°橢圓模板)

由公式 3 得：

$\tan \alpha = \sin z \cdot \tan r$

$\qquad = \sin 25° \cdot \tan 39°$

$\qquad = 0.4226 \times 0.8098 = 0.3422$

$\quad \alpha = 18.89° = 18°53'$(約)-------------------------------- (可畫 19°)

由公式 4 得：

$\tan \beta = \sin z \cdot \tan(90° - r)$

$\qquad = \sin 25° \cdot \tan(90° - 39°)$

$\qquad = 0.4226 \times 1.2349 = 0.5219$

$\quad \beta = 27.56° = 27°34'$(約) -------------------------------- (可畫 27°)

10.9　測線法

　　求作某直線，量取物體主軸方向的實際尺度，再以作圖投影方式，求得立體圖中主軸上之深度尺度，此直線稱爲測線(Measuring Lines)，以測線直接繪製等角、二等角、及不等角投影圖之方法，稱爲測線法，可免繪製平面圖，免計算主軸之縮短值，爲繪製立體正投影圖最快捷之方法。

　　測線法須先求出三主軸的三條測線，即左測線、右測線、及高測線等。其原理與前面圖 10.45 所示，求平面圖方位的作圖原理相同，如圖 10.55 所示，將所求得之俯視圖的兩直角邊方位，直線 tl 及 tm，由點 t 平行移至點 o 位置，得 oy^1 爲左測線，ox^1 爲右側線。將右側視圖的兩直角邊方位，直線 rm 及 rn，由點 r 平行移至點 o 位置，得 ox^2 爲另一右測線 oz^1 爲高測線。以一立方體之實際邊長 L，分別在各測線上量取，左右測線作圖投影方向必須與主軸 oz 平行，高測線作圖投影方向必須與 oy 主軸平行。圖中的兩條右測線 ox^1 及 ox^2，以相同之邊長 L，所求在立體圖右側深度位置理應相同，如圖中之點 a。

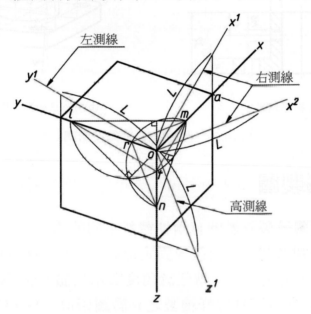

圖 10.55　測線求法

　　以測線法繪製立體正投影圖，可任選三主軸夾角或採用前面圖 10.25 至圖 10.39 所示之三主軸夾角。如圖 10.56 所示，圖(a)爲物體之正投影視圖，圖(b)爲不等角投影圖，以測線法，免畫平面圖，將物體各深度尺度，直接在測線上量取，即可求得各尺度在不等角投影圖中之位置，而完成立體圖之繪製。圖中三主軸夾角爲圖 10.36 中之一種。

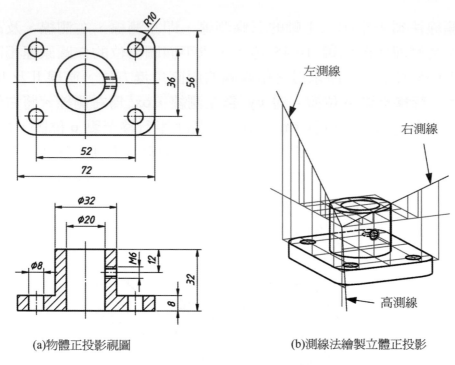

(a)物體正投影視圖　　　　　　(b)測線法繪製立體正投影

圖 10.56　測線法(不等角投影圖)

10.10　電腦製圖

　　以電腦軟體繪製立體圖有兩種截然不同的方式，一為 2D 資料以線條繪製立體圖形狀，完成後成固定形狀，二為 3D 資料以實體方式表現立體影像，完成後可旋轉任意角度顯示物體，當以線架構以某固定方位顯示時，將與 2D 線條繪製之立體圖相似。AutoCAD 早在 R12版時曾提供 AME(Advanced Modeling Extension)，以 3D 指令繪製立體圖，目前更推出 AIS (Autodesk Inventor Series)系列，此系列包括架構在 AutoCAD 架構上的 Autodesk Mechanical Desktop，以及用於製造業的新形態 3D 設計軟體 Autodesk Inventor，可順利的在 2D 與3D 繪圖之間連接，算是相當方便，其詳細功能及指令請參閱專門介紹 AutoCAD 的書籍。

　　至於在 2D 繪製立體圖功能上，AutoCAD 亦提供方便等角圖繪製的功能，從 R10 版開始皆有此功能，可由功能表"工具"再選"繪

圖設定值＂，或當游標在主視窗下方之狀態列按鈕上時按鼠右鍵，選
＂設定值＂，或輸入指令＂**ddrmodes**＂，將出現繪圖設定對話框，如
圖 10.57 所示，使用對話框的方式選取畫等角圖的環境，說明如下：

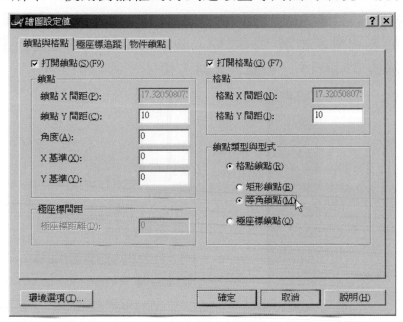

圖 10.57　繪圖設定值對話框

(a) 只要選取標籤鎖點與格點及選項格點鎖點及等角鎖點等，再選
　　擇＂確定＂，即可進入畫等角圖的環境，即 AutoCAD 中原本
　　水平垂直之十字形游標，已改成等角圖之三主軸方面之游標。

(b) 如果有選用狀態列之格點<Grid on>或鎖點<Snap on>時，可同
　　時發揮格點方向成等角圓的 30° 方向及鎖點的功能。可隨時用
　　功能鍵<F7>打開(關閉)格點功能，用<F9>打開(關閉)鎖點功能。

(c) 此外如果有選用狀態列之正交功能<ortho on>，亦可發揮繪製
　　等角圖中之三主軸方向直線的功能，即平面圖中之水平及垂直
　　線。可隨時用功能鍵<F8>打開(關閉)正交功能。

(d) 在進入畫等角圖環境後，等角圖中之三個主平面，有上(Top)、
　　左(Left)及右(Right)等，可隨時按快速鍵<Ctrl+E>或功能鍵(F5)
　　輪流切換。

(e) 在橢圓繪製方面，AutoCAD 亦提供專用在等角圖中之 35 度 16
分橢圓繪製，必須先進入畫等角圖的環境後，當以工具列"橢
圓"圖像按鈕畫橢圓時，如圖 10.58 所示，會多出一個副指令
"Isocircle" (等角圓)的選項，此等角圓即專用繪製等角圖中橢
圓。此專用橢圓繪製，只需輸入圓心及半徑(等角圓之半徑)，
即可繪製 35 度 16 分橢圓，非常方便。

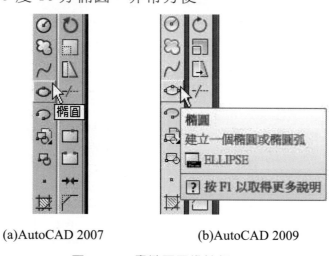

(a)AutoCAD 2007　　　　　　　(b)AutoCAD 2009

圖 10.58　畫橢圓圖像按鈕

❖ 習　題　十 ❖

1. 正立方體邊實長 40mm，依各題中所示之橢圓角，主軸縮短值及夾角，
　繪製下列各立方體之立體正投影圖，包括主平面上之橢圓。

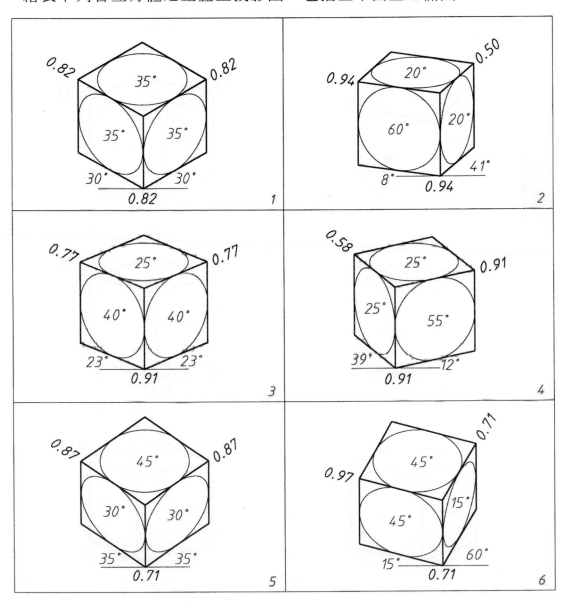

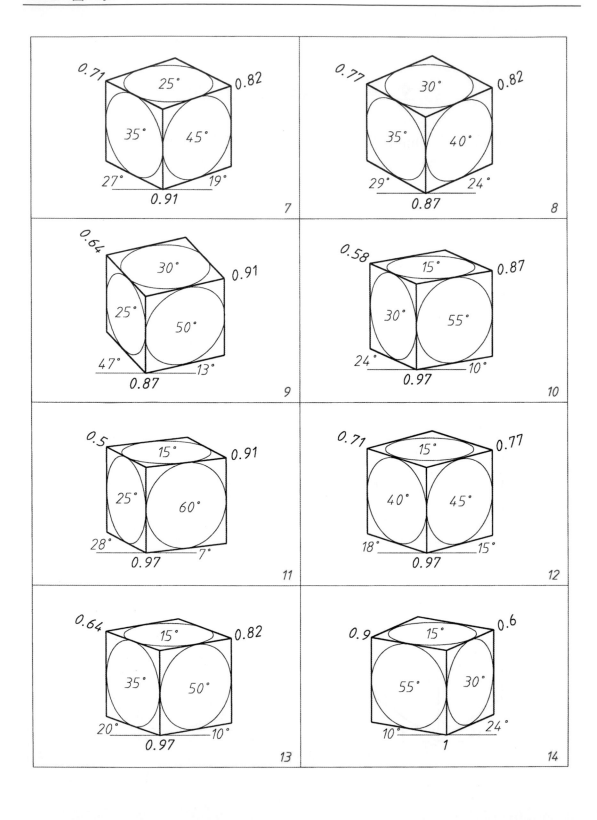

2. 按比例 3:1 抄繪下列各題之正投影視圖，並加繪立體圖。立體圖對照上題中之十四種不同條件，或選擇前面圖 10.25 至圖 10.40 中之一種繪製。

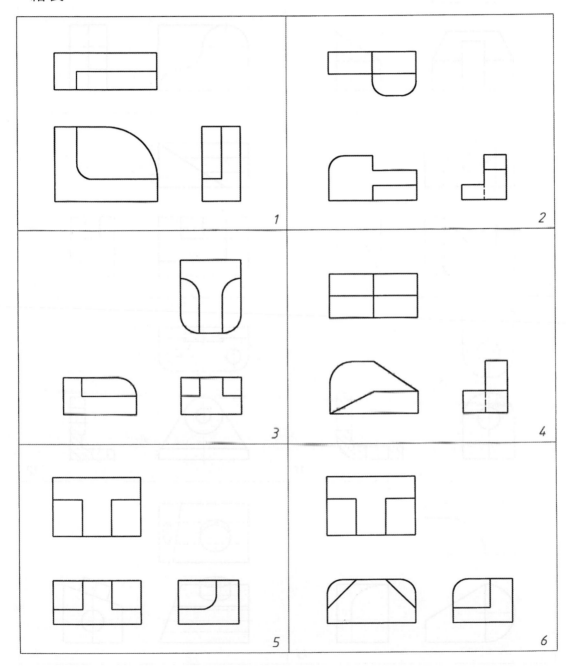

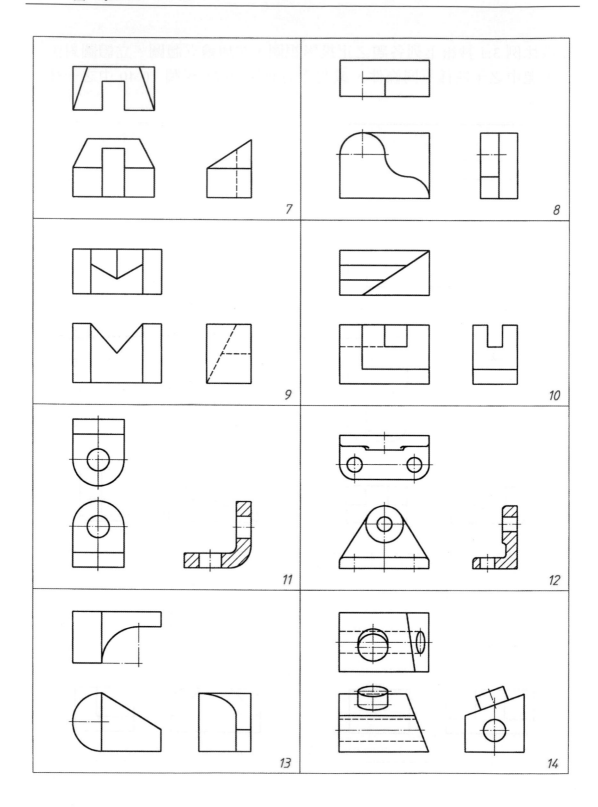

3. 以測線法或平面圖直接投影法，繪製下列各零件之立體圖。立體圖三
　主軸夾角選擇前面圖 10.24 至圖 10.38 中之一種，由教師指定。

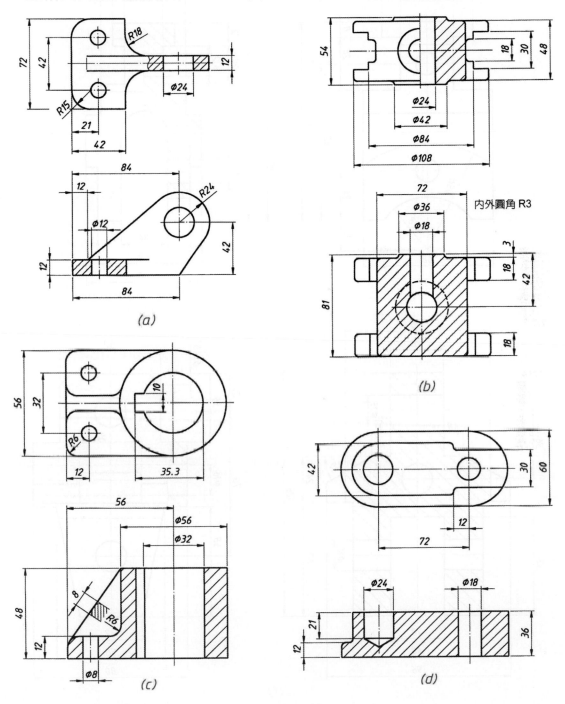

(a)

(b)

(c)

(d)

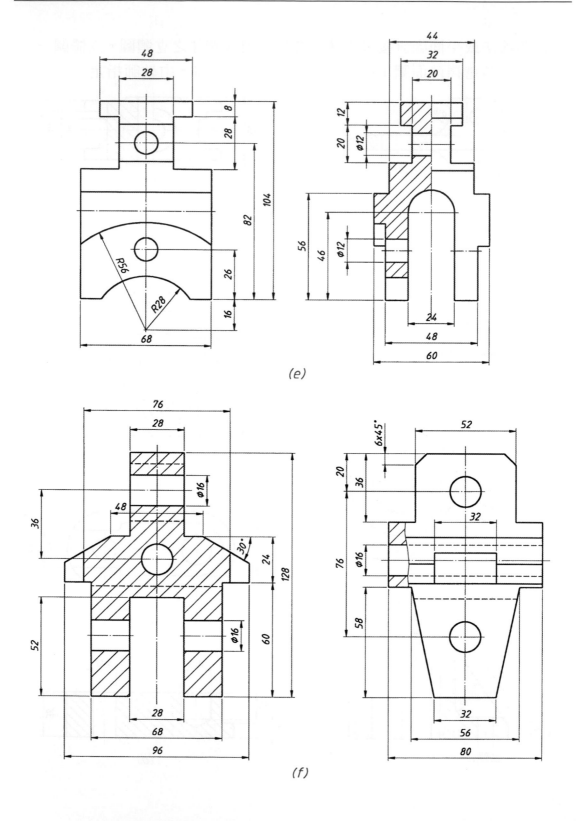

(e)

(f)

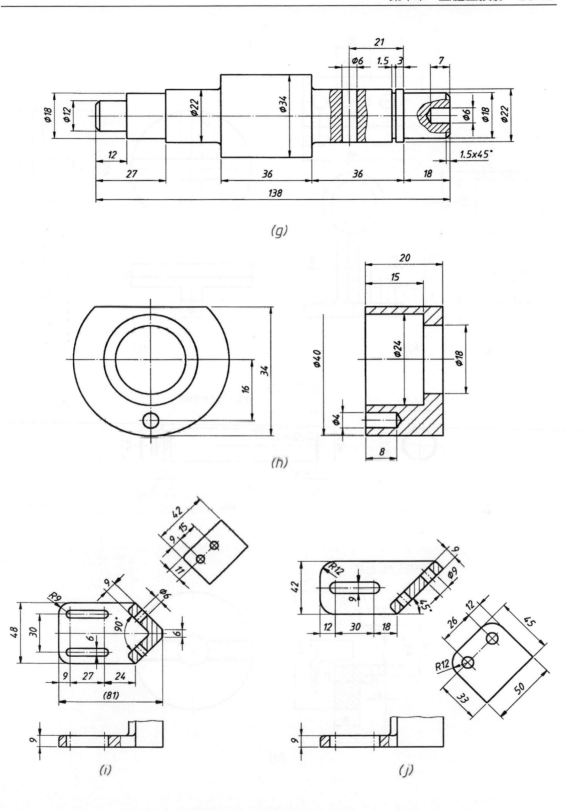

(g)

(h)

(i)

(j)

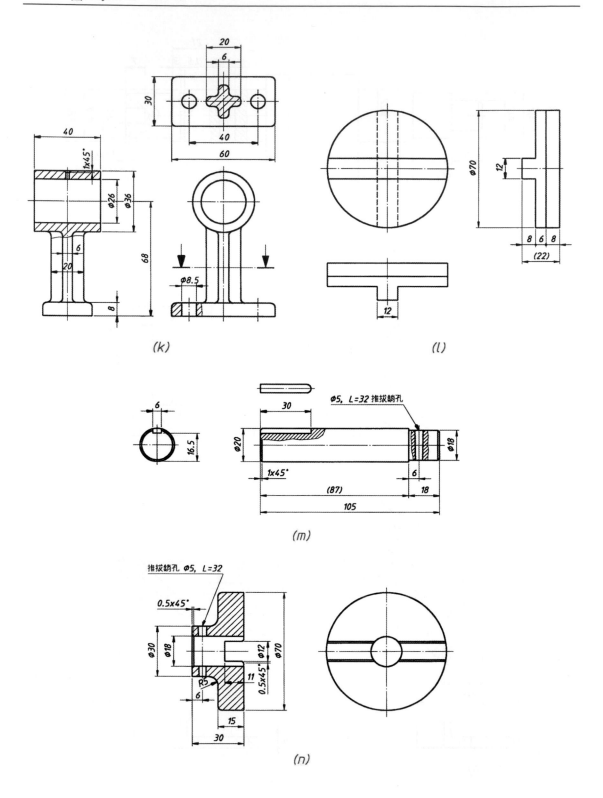

(k)

(l)

(m)

(n)

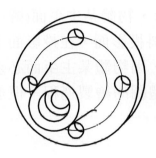

斜投影

11.1　概說

　　凡投影線互相平行時之投影方法，皆稱爲平行投影(Parallel Projection)，爲投影種類兩大分類之一，請參閱前面第 6.3 節所述，在平行投影時，投影線垂直投影面，將物體歪斜投影面放置，可投影得立體圖(Pictorial Drawing)，即前面第十章之立體正投影。若將物體平行投影面放置，使投影線傾斜投影面時，亦可得一立體之影像，則稱爲斜投影(Oblique Projection)，如圖 11.1 所示，物體某主平面(圖中陰影部份)平行投影面，投影線互相平行，但傾斜投影面，在投影面上可得一立體圖。斜投影在繪製立體圖的方法中，因物體某主平面必須平行投影面，可得眞實形狀的投影，以簡化立體圖的繪製過程，但並非適用任何形狀的物體。

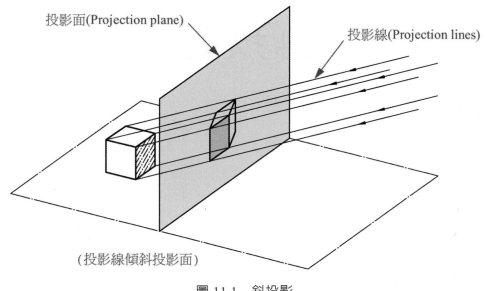

圖 11.1　斜投影

11.2　斜投影

　　如前面所說凡投影線互相平行，但與投影面成一非 90°之任意
角，皆稱為斜投影，其與正投影之差別為投影線與投影面之夾角非垂
直，因此斜投影的投影方向有無數多種，且投影線與投影面之夾角，
將影響立體圖之後退軸長度以及後退軸角度。以斜投影方法繪製立體
圖有一特殊情況，即『使物體之某主平面與投影面平行』。如圖 11.2
所示，以一立方體為例，從俯視方向及右側視方向可看出投影線與投
影面之夾角，圖(a)投影線與投影面垂直，為正投影所投影之畫面，即
平面圖，圖(b)及圖(c)中投影線與投影面皆成一非垂直之傾斜角度，使
得畫面成一立體影像，但其後退軸不同。投影時因投影線互相平行，
物體與投影面平行之平面，將保持原來之實際形狀 TS(True Size)。此
外圖(b)與圖(c)投影線與投影面傾斜角度不同，使得立體圖之後退軸長
度及角度皆不相同。

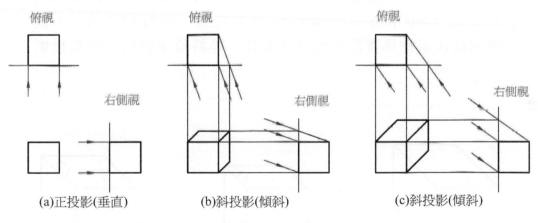

圖 11.2　平行投影中投影線與投影面之夾角

11.3　斜投影之種類

　　凡投影線互相平行而不垂直於投影面者，皆屬斜投影，其所繪之
立體圖稱為斜投影視圖或斜視圖，理論上而言應有無數多種，因此以
斜投影所畫立體圖之後退軸的長度與實際長度之比值關係來分類，通

常可分為三種，為常用之斜投影繪製方法，有等斜、半斜及斜投影等，
分別說明如下：

(a) 等斜投影(Cavaliver Projection)：即立體圖之後退軸長度與實際
　　長度等長，此種立體圖之投影線與投影面剛好成 45°，等斜投
　　影所繪製之立體圖，稱為等斜圖(Cavalier Drawing)，如圖 11.3
　　所示，立方體之後退軸長度與實際長度一致。

(b) 半斜投影(Cabinet Projection)：立體圖之後退軸長度為實際長度
　　之半時，稱為半斜投影，其投影線與投影面成約 63 度 26 分之
　　傾斜角。半斜投影所繪之立體圖，稱為半斜圖(Cabinet
　　Drawing)，如圖 11.4 所示，立方體之後退軸長度為實際長度之
　　一半。

(c) 斜投影(General Oblique Projection)：除上述兩種斜投影，皆直
　　接稱為斜投影，為繪圖方便一般通常取立體圖之後退長度為實
　　際長度之 3/4，或取任意長度皆可。其所繪之立體圖直接稱為
　　斜投影視圖(Oblique Drawing)，或斜視圖。如圖 11.5 所示，立
　　體圖取後退軸為實際長度之 3/4 長。等斜及半斜投影為斜投影
　　中之特例。

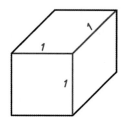 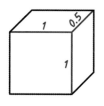 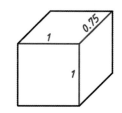

圖 11.3　等斜圖之後退軸　　圖 11.4　半斜圖之後退軸　　圖 11.5　斜視圖之後退軸
　　　　　長度比 1　　　　　　　　　　長度比 0.5　　　　　　　　　　長度比任意(0.75)

11.4　後退軸之角度

　　斜投影雖根據後退軸之長度來分類，但每一種斜投影中，其後退軸之角度，理論上亦有無數多種，繪圖習慣上皆取 30°、45°或 60° 常用角度較爲方便。等斜圖及半斜圖的後退軸角度，以 30°、45°及 60° 等包括上下和左右，每種各有十二個不同方向，分別如圖 11.6 及圖 11.7 所示，後退軸角度及方向不同，可顯示立體圖不同的主平面及方位。

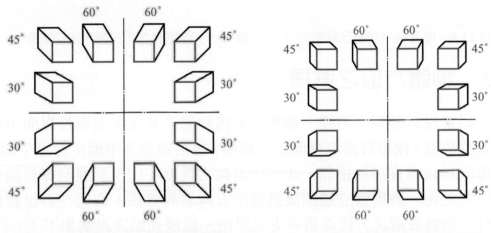

圖 11.6　常用後退軸之角度(等斜圖)　　　圖 11.7　常用後退軸之角度(半斜圖)

　　配合後退軸長度，選擇後退軸之角度時，可考慮物體平面上的細節，及顯示自然以及細節較清晰的立體圖。以 45° 後退軸角度爲例，如圖 11.8 所示，物體平面上之細節，從各種不同後退軸之方向，皆可清晰表示。又如圖 11.9 所示，從各種不同後退軸之方向，物體之細節雖可顯示一部份，但並非理想之方向，應避免之。

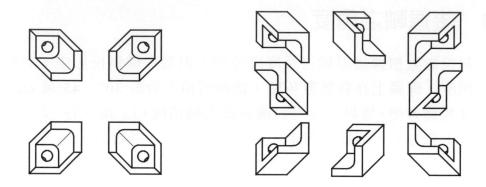

圖 11.8　後退軸方向顯示細節　　　　　圖 11.9　後退軸方向只顯示部份細節

11.5　物體方位之選擇

　　以斜投影繪製立體圖，通常必須將物體之某主平面與投影面平行之方位放置，投影時該主平面上之細節，包括與該主平面平行之平面，將可直接以眞實形狀繪製，此外後退軸之長度，由半斜圖至等斜圖有 2 倍之差距，將影響立體圖後退長度方向之眞實感，因此在斜投影繪製時，物體放置之方位必須考慮之原則，以優先順序說明如下：

(a) 只有一個方向有圓弧：由於某主平面若平行投影面，投影時該主平面上之形狀將不會改變，因此物體只有某主平面方向有圓弧時，若使其平行投影面，將可直接以圓弧繪製，使得立體之繪製變得較簡單。以另一角度來說，當物體只有某主平面之方向有圓弧之特徵時，則非常適合以斜投影的方法繪製立體圖。如圖 11.10 所示，機件軸只有一個方向有圓弧，如(a)圖將有圓弧之平面平行投影面，可發揮斜投影繪製立體圖之優點，繪製方便且立體效果亦佳。如(b)圖使軸中心平行投影面，將造成繪製困難且立體感差有扭曲變形情況。又如圖 11.11 所示，當物體各主平面上皆有圓弧特徵，雖可但不適合以斜投影繪製，除缺乏自然立體感外，圓弧之表達亦不佳，宜避免。

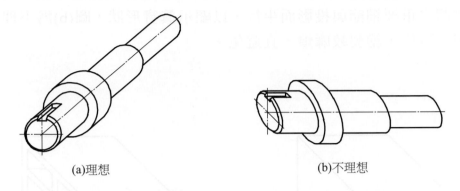

(a)理想　　　　　　　　　　(b)不理想

圖 11.10　只有一個方向有圓弧適合以斜投影繪製

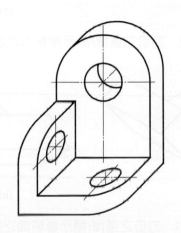

圖11.11　多個方向有圓弧雖可但不
適合以斜投影繪製

(b) 某平面上之特徵較複雜或重要時：斜視圖中物體平行投影面之
　　主平面可顯示眞實形狀，後退軸之兩主平面，則皆有變形之情
　　況，因此物體雖無圓弧之特徵，在方位選擇時，可考慮將較複
　　雜或重要細節的平面，使之與投影面平行，如圖 11.12 所示之
　　等斜圖，圖(a)屬較理想方位，除了可簡化繪圖過程之外，亦可
　　顯示重要細節之眞實形狀，圖(b)之方位使重要細節變形，繪製

較麻煩,宜避免。又如圖 11.13 所示,圖(a)屬較理想方位,使
物體之重要細節與投影面平行,以顯示真實形狀,圖(b)為不理
想之方位,繪製較麻煩,宜避免。

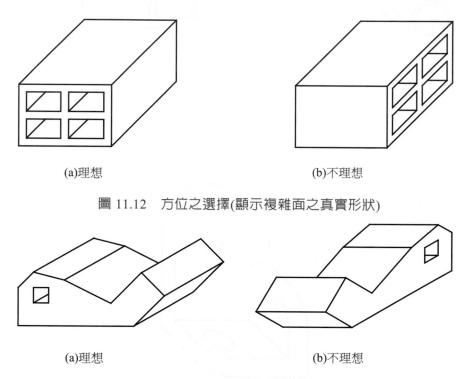

(a)理想   (b)不理想

圖 11.12　方位之選擇(顯示複雜面之真實形狀)

(a)理想   (b)不理想

圖 11.13　方位之選擇(顯示重要面之真實形狀)

(c) 長尺度平面與投影面平行:因斜投影之後退軸長度變化較大,
當物體之兩邊長度相差甚多時,以較長尺度之平面與投影面平
行,立體圖較不會變形,如圖 11.14 所示,以等斜投影繪製時,
圖(a)較接近實物之長寬比例感覺,圖(b)則感覺比實物稍長較不
理想,若改以半斜投影或斜投影繪製時,將可改善圖(b)長寬比
例,但後退軸長度須計算縮短值稍麻煩。如圖 11.15 所示,以
斜投影方法,取適當之後退長度,約實際長度之 3/4,其長寬

比例較接近實物。圖 11.15 之圖(a)可改善圖 11.14(b)之長寬比
例，圖(b)可改善圖 11.12(a)正方形盒子之長寬比例。

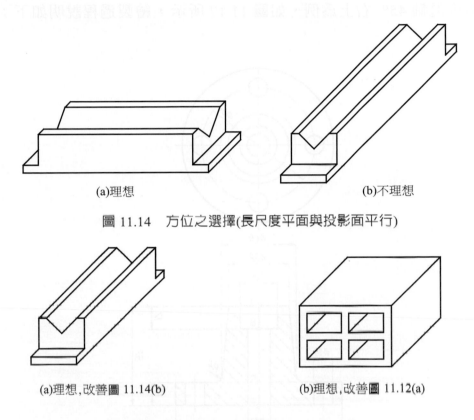

(a)理想　　　　　　　　　　　　　　　　(b)不理想

圖 11.14　方位之選擇(長尺度平面與投影面平行)

(a)理想,改善圖 11.14(b)　　　　　　　(b)理想,改善圖 11.12(a)

圖 11.15　取適當之後退長度(1/2 或 3/4 長)

11.6　斜投影之繪製

　　斜投影之後退軸長度與角度，理論上來說是完全自由化，即取任
何長度比例或角度皆可。在長度方面以實際長度之等斜圖，作圖較方
便，其次則為取實際長度之半的半斜圖，其立體圖後退長度之效果較
真實。在角度方面習慣上取常用之固定角 30°、45° 及 60° 較方便作圖，
參閱前面圖 11.6 及圖 11.7 所示之各角度及方向。

　　設有一機件之平面圖，如圖 11.16 所示，該機件只有某平面方向
有圓弧，參閱上節物體方位之選擇，屬第一優先原則，必須使有圓弧
之主平面平行投影面，以便直接以圓規繪製立體圖上之圓弧，以等斜
投影後退軸 45° 右上為例，如圖 11.17 所示，繪製過程說明如下：

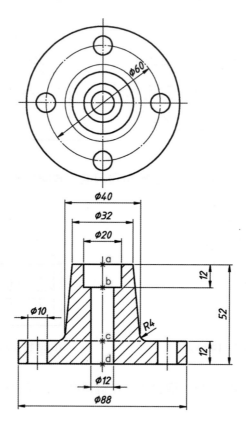

圖 11.16　平面圖上取 a,b,c,d 位置

1. 設平面圖中各圖之圓心位置，點 a、b、c 及 d 等。

2. 以點 a 開始向右上劃 45° 中心軸線。

3. 直接由平面圖中量取點 a、b、c 及 d 間之長度至等斜圖中。

4. 在平面圖中分別取各圓心 a、b、c 及 d 之各半徑尺度，在立體圖中
   各圓心上分別畫圓。

5. 按物體之形狀，後退軸方向保持 45° 右上，圖中除了 ϕ32 與 ϕ40 之切線外，其他相同直徑圓切線應剛好為 45° 右上。

6. ϕ10 的 4 個小圓孔之圓心，應在 ϕ60 之圓形中心線上。

7. 繪製過程，可由點 a 之圓心開始，畫完點 a 為圓心之所有圓，再逐步往 45° 右上方向，量出點 b 位置，繪製點 b 之所有圓，最後至點 d 之所有圓。

8. 法以中心線為主構圖，在其上取圓心位置繪製立體圖，稱為『中心線構圖法』。

　　同一物體若改繪製半斜圖，以相同後退軸 45° 右上為例，如圖 11.18 所示，繪圖過程與前面等斜圖相同，唯其後退軸之長度，必須以實際長度縮短一半計算，即半斜圖中點 a、b、c 及 d 間之長度，為平面圖中點 a、b、c 及 d 間長度之半。比較等斜圖(圖 11.17)與半斜圖(圖 11.18)相異之處。

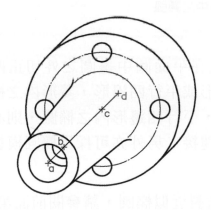

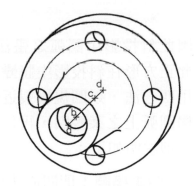

圖 11.17　中心線構圖法繪製等斜圖　　　圖 11.18　中心線構圖法繪製半斜圖

11.7 斜投影中之圓弧

　　物體中之圓弧特徵若只在一個主平面方向才有時，則適合以斜投影繪製立體圖，參閱第 11.5 節所述之原則，若圓弧特徵在多個主平面方向皆有時，雖不適合但仍可繪製。斜投影中凡不與投影面平行之平面，其上之圓投影時皆成橢圓。以一立方體及各主平面上之圓，後退軸 45°右上為例，如圖 11.19 所示，因後退軸長度不相同，圖(a)為等斜圖，橢圓將繪製於菱形內，圖(b)及(c)分別為半斜圖及斜視圖，橢圓則皆繪製於平行四邊形內。

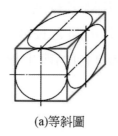  

　　(a)等斜圖　　　　　　　　(b)半斜圖　　　　　　　　(c)斜視圖

圖 11.19　斜投影中之圓弧

　　因此斜投影中圓弧之畫法，可先在平面圖中畫圓之外切正四邊形，此正方形在斜投影中將變形成菱形或平行四邊形，菱形內之橢圓可採用四心法，以圓規繪製近似橢圓，平行四邊形內之橢圓，則必須求出橢圓弧上之某些點，再以曲線板連接。另外亦可採用橢圓模板繪製，分別說明如下：

(a) 菱形內畫橢圓：即四心法以圓規繪製近似橢圓，請參閱前面第 5.10.3 節之(f)所述，只使用在等斜圖中，因等斜圖後退軸角度變化，使得菱形之夾角亦不相同，但繪製方法則相同。如圖 11.20 所示，為等斜圖中常用後退軸角度，即 30°、45°及 60° 等，各圖中分別作菱形四邊之中垂線，四條中垂線之交點為點 a、b、c、及 d，即四心法之四個圓心，圖(a)後退軸角度為 30° ，使

得四個圓心中之兩個心剛好在菱形之兩個頂點上，與等角圖中
圓弧畫法相同，參閱前面第 10.3.3 節之(a)所述。

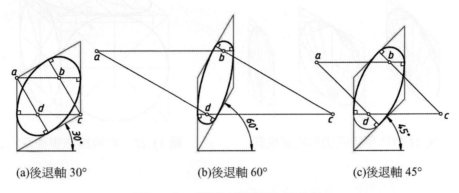

(a)後退軸 30°　　　　　(b)後退軸 60°　　　　　(c)後退軸 45°

圖 11.20　菱形內畫橢圓(四心法)

(b) 平行四邊形內畫橢圓：使用在半斜圖及斜視圖中，因立體圖後
退軸角度變化，使得平行四邊形有多種變化，畫法分為兩種：
(1) 應用幾何畫法中之平行四邊形內畫橢圓，如圖 11.21 所示，
作圖過程參閱前面第 10.3.3 節之(c)，或第 5.10.3 節之(d)所述。
(2) 採用『對角線法』以正方形之對角線及內切圓，投影至後
退軸上之平行四邊形內，如圖 11.22 所示，正方形對角線可得
八分圓位置，另外圓上之任意點，如圖中之點 *x*，可經由對角
線投影得該點在兩個後退平面上橢圓的四個相關位置，如圖中
之點 *a*、*b*、*c* 及 *d*。此法可使用在各種斜投影中後退平面上橢
圓的繪製。

(c) 橢圓模板畫橢圓：若是所需之橢圓尺度剛好與橢圓模板上一
致，以接近的橢圓角，採用橢圓模板繪製斜投影後退平面上之
橢圓，自然是快又美觀，提供常見的斜投影後退平面上所需之
橢圓角，如圖 11.23 所示，為等斜圖所需之橢圓角，圖(a)為後

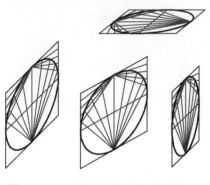

圖 11.21 平行四邊形內畫橢圓

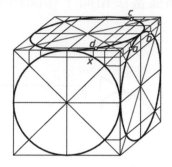

圖 11.22 對角線法畫橢圓

退軸角度 45°，圖(b)為後退軸角度 30° 或 60°，又如圖 11.24 所示則為半斜圖後退軸角度 40° 所需之橢圓角。注意各圖中橢圓長軸所傾斜之角度，與前面第 19.6 節所述(立體正投影中之橢圓)不相同，以及圖中橢圓長軸已非圓之實際直徑，因此繪製時，必須以平行四邊形當做圓之外切正四邊形繪製橢圓。

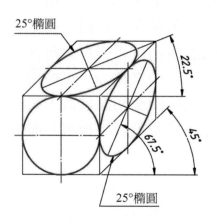

(a)後退軸角度 45°

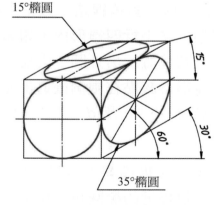

(b)後退軸角度 30°(或 60°)

圖 11.23 等斜圖所需之橢圓角

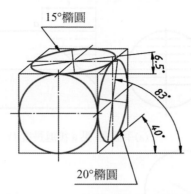

圖 11.24　半斜圖所需之橢圓角

(配合後退軸 40°)

11.8　支矩法

　　物體上之某些點，在空間某位置，必須找出這些點距各主軸之距離，稱爲支矩法，參閱第 19.4 節所述，可能發生的情況有傾斜線之端、空間某交點、不規則曲線、及不在主平面上之圓弧等，作圖過程相同，唯各主軸之縮短值，必須按斜投影之縮短比值計算，只有半斜圖及斜視圖之後退軸方向有縮短值。

　　斜投影支矩法之應用，如圖 11.25 所示，圓柱被斜切成橢圓曲線，因圓柱之立體圖正面爲圓，可在圓垂直中心線上作適當的等分，以支矩法之應用，量出斜切面上各等分點與邊線之距離，如圖(a)中之點 *a* 及其後退軸之長度 *l*。圖(b)所示爲等斜圖，點 *a* 直接以 *l* 長度找出點 *a* 在斜面上之位置，各等分點在斜面上之位置求作相同，然後以曲線板連接各點成橢圓弧。圖(c)所示則爲半斜圖，以 0.5×*l* 長度找出各等分點在斜面上之位置，然後以曲線板連接各點成橢圓弧即可。

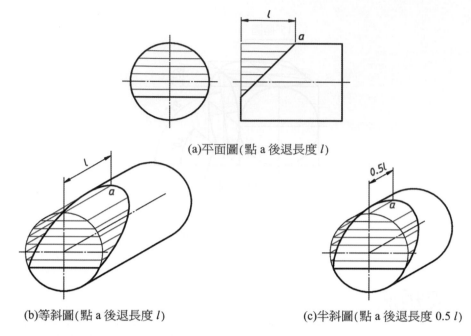

(a)平面圖(點 a 後退長度 *l*)

(b)等斜圖(點 a 後退長度 *l*)　　　　(c)半斜圖(點 a 後退長度 0.5 *l*)

圖 11.25　支矩法之應用

11.9　電腦製圖

　　AutoCAD 以 3D 的指令繪製的立體圖，可用指令 "dview"，及各種副指令來設定物體與視點的變化，只可呈現透視投影及正投影的立體圖，目前尚無顯示斜投影立體圖的功能，因此斜視圖必須與一般儀器繪製的相同過程，以 AutoCAD 的 2D 指令繪製立體圖，請參閱前面各章節中 AutoCAD 的繪圖方法，常用的 2D 指令請參閱附錄 **A**。

❖ 習 題 十一 ❖

1. 斜投影練習，以 45° 右上或其他後退軸方向，繪製下列各題之等斜、
半斜或斜視圖等。(請教師指定)

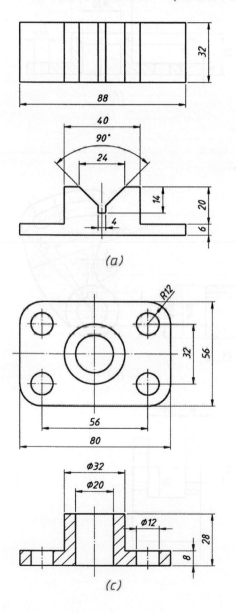

(a)

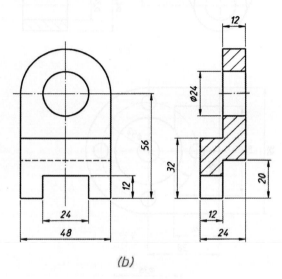

(b)

(c)

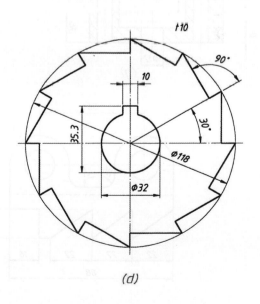

(d)

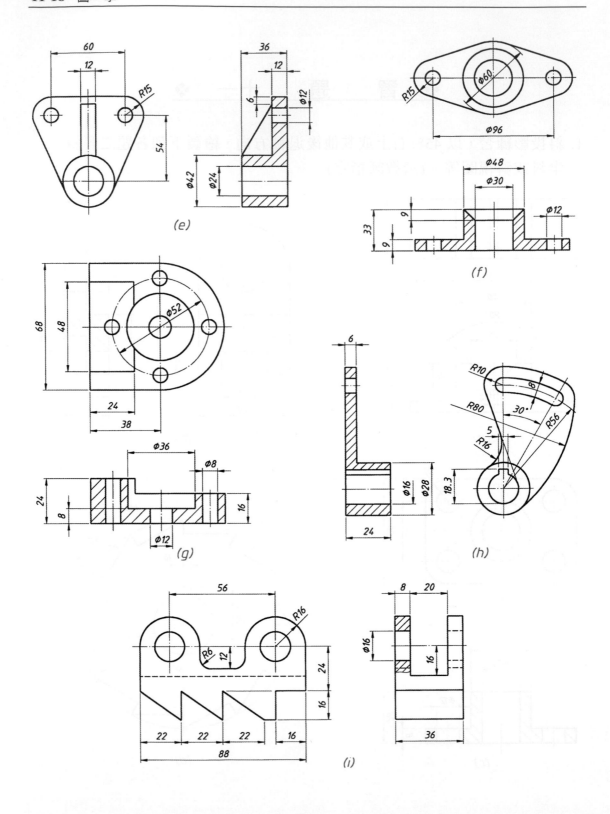

(e)

(f)

(g)

(h)

(i)

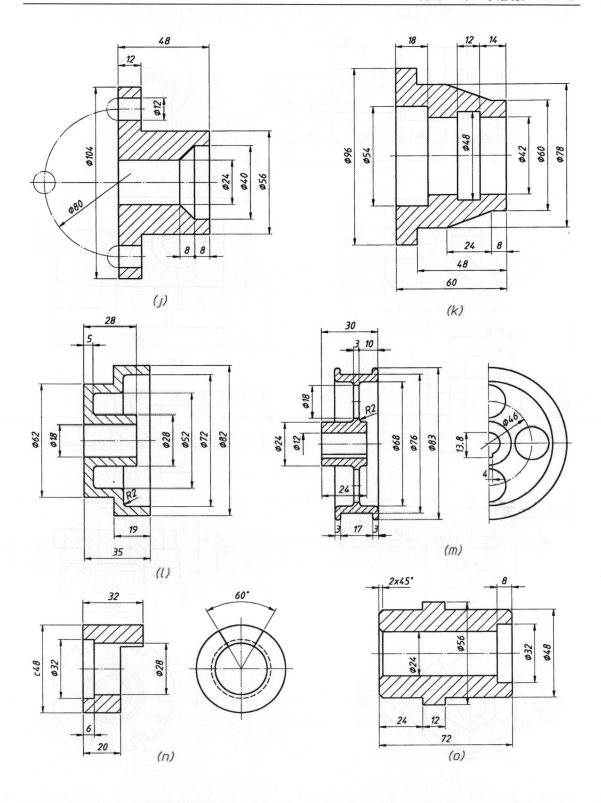

(j)

(k)

(l)

(m)

(n)

(o)

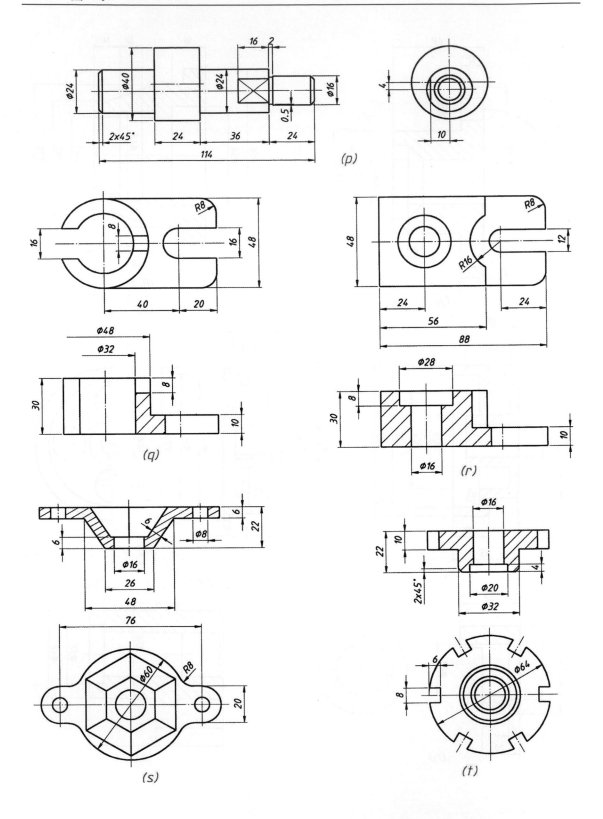

(p)

(q)

(r)

(s)

(t)

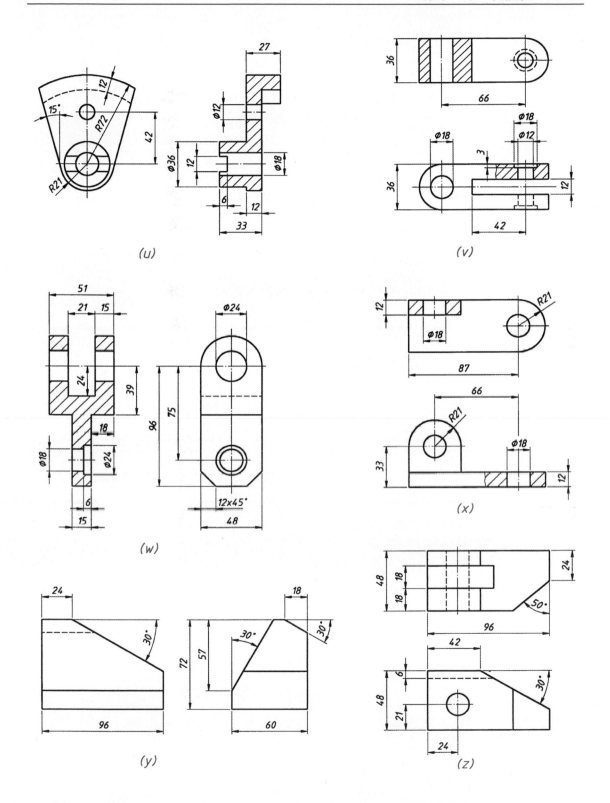

(u)

(v)

(w)

(x)

(y)

(z)

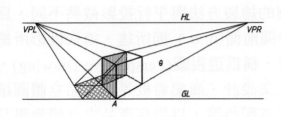

透視投影

12.1　概說

投影線互相平行時，使得視點(眼睛的位置)必須在無窮遠處，因此其所繪製之立體圖多少與吾人眼睛所見之物體有些出入，如前面所介紹之立體正投影以及斜投影等皆是。若將視點設在某處投影物體，就如同吾人站在該處觀看物體之畫面，如此一來每一條投影線必須集中至視點上，此種投影方法稱為透視投影(Perspective Projection)，因投影線集中至視點，又稱為中央投影(Central Projection)。

透視投影之過程以及立體圖的繪製方法與平行投影截然不同，為投影種類中兩大分類之一，請參閱前面第 6.3 節所述。透視投影所繪製之立體圖，將與人眼所見相同，稱為透視圖(Perspective Drawing)。透視投影常使用在建築設計、工業設計、商業看板等之產品立體圖繪製，且在立體圖完成後常需配景及配色等，以提高產品之立體效果及自然景觀。在本書中將只以立體圖之線條為主，介紹透視投影之原理及繪製方法，配景及配色之技巧請參閱其他相關之書籍。

12.2　透視投影

當吾人立於某處觀看物體時，眼睛之視線成輻射狀，以第三象限為例，將投影面置於物體與視點之間，如圖 12.1 所示，眼睛的視線即為投影線，皆集中至視點上，投影線與投影面之交點所得之畫面為一立體圖，將與人眼所見相同，是為透視投影，投影面上之畫面即為透視圖。視點位置的遠近、高低或左右、以及物體之擺設，將直接影響投影面上立體圖之變化，以及透視圖之繪製方法。

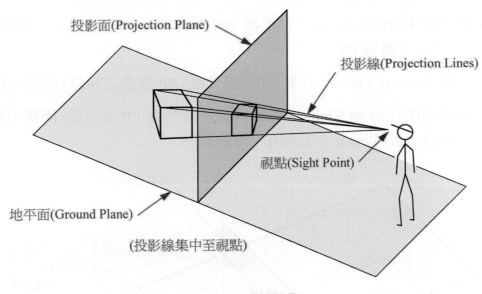

圖 12.1　透視投影

　　以人站立地平面上觀看物體，以及投影面之位置，如圖 12.2 所示，繪製透視圖所需之各名詞定義說明如下：

(a) 視點(Sight Point)：即人眼睛之位置，簡稱 SP。另人腳所站立之處稱爲立點(Standing Point)，亦簡稱爲 SP，以俯視方向觀看時視點與立點位置相同。另一名稱爲駐點(Station Point)，可視爲視點與立點之總稱，亦簡稱爲 SP。因此可將 SP 釋爲投影線集中之點即可。

(b) 投影面(Projection Plane)：物體投影成像之平面，又稱爲畫面(Picture Plane)，皆簡稱爲 PP。

(c) 地平面(Ground Plane)：人站立之水平地面，簡稱 GP。

(d) 地平線(Ground Line)：即地平面 GP 與投影面 PP 之交線，又稱爲基線，簡稱 GL。

(e) 視平面(Horizon Plane)：與視點 SP 同高之水平面，簡稱 HP。

(f) 視平線(Horizon Line)：視平面 HP 與投影面 PP 之交線，與視點
　　SP 同高，簡稱 HL。

(g) 視軸(Axis of Vision)：視點 SP 與投影面 PP 垂直之視線，簡稱 AV。

(h) 視中心(Center of Vision)：視軸 AV 與投影面 PP 之交點，簡稱 CV，
　　又稱爲心點(Center of Point)，簡稱 CP。

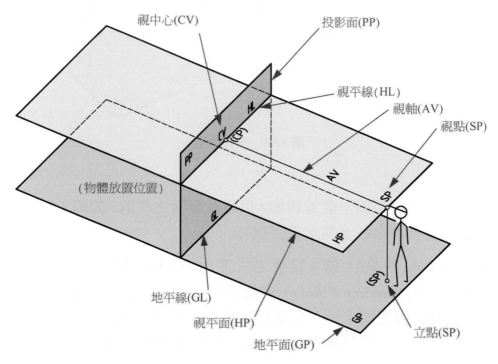

圖 12.2　透視投影各部份名詞定義

12.3　視點位置之選擇

　　視點與投影面之距離和視點之高低及左右，與透視圖立體形狀之
變化有密切的關係，因此視點與投影之距離和視點之高度，在透視圖
繪製之前，通常必須事先選定好視點位置，然後再開始作圖，否則所
完成之立體圖可能不是您所預期想要的情況。因此選擇適當的視點位
置甚爲重要，以一相同物體爲例說明如下：

(a) 視點遠近之選擇：設物體與投影面固定，從視點位置投影(觀看)
物體最外側之投影線的夾角，稱為視角(Angle of Vision)，如圖
12.3 所示，當視點 SP 離投影面 PP 愈遠時，視角 θ 愈小。以視點
的高度一致，同一物體視角 θ 之大小對透視圖的影響，如圖 12.4
所示，其中(a)圖為視角 15° 所繪，因作圖線太遠，透視圖繪製不
方便；其中(c)圖為視角 45° 所繪，立體圖之透視效果稍嫌嚴重；
其中(b)圖視角為 30° 所繪，取中庸之道為較理想之角度。θ 視角
30° 為一大約的理想值，另一簡單判斷方法：『取視點 SP 與物體
(投影面 PP)距離約為物體寬度的 2 倍』，如圖 12.5 所示，即可得
視角 θ 約為 30° 左右。

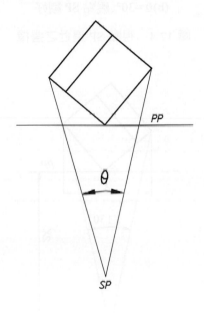

圖 12.3　視角 θ

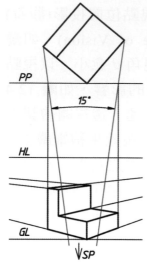

(a)θ =15°,視點 SP 太遠

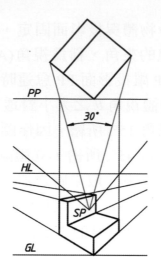

(b)θ =30°,視點 SP 剛好

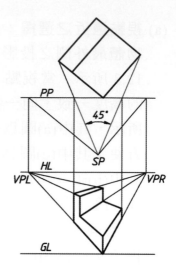

(c)θ =45°,視點 SP 太近

圖 12.4　視點 SP 遠近之選擇

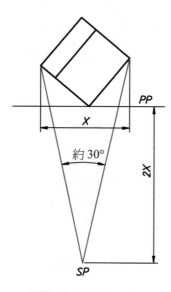

圖 12.5　視點適當距離判斷方法(視點
　　　　與物體距離約為物體寬度 X
　　　　的 2 倍)

(b) 視平線之選擇：視點的高度即視平線 HL 之高度，以視角 θ 相同，
視平線 HL 之高低對透視圖所造成的影響，如圖 12.6 所示，若欲
觀看全景或小型物體，常選擇如圖(a)所示，視平線 HL 在物體之
上方；大型之物體如高樓建築，則常選擇如圖(b)所示，視平線
HL 在物體中間靠下方處，通常使視平線 HL 約如人之高度，仿如
吾人觀看高樓建築；通常較少選擇視平線 HL 在物體之下方，如
其中之圖(c)所示，仿如物體在半空中。

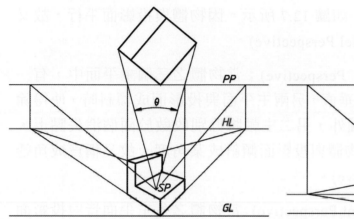

(a)視平線 HL 在物體上方

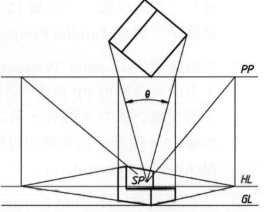

(b)視平線 HL 在物體中間靠下方

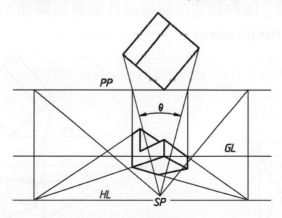

(c)視平線 HL 在物體下方

圖 12.6　視平線 HL 之位置

12.4　透視圖之種類

透視投影時，因物體放置之方位與投影面的關係變化，使得立體圖三主軸後退方向之消失點(Vanishing Points)，簡稱 VP，可多可少，因此透視圖根據消失點的個數可分為：

1. 一點透視(One-point Perspective)：當物體有一主平面與投影面 PP 平行時，投影時該主平面的形狀不會改變，使得兩個後退軸將收斂於一個消失點上，如圖 12.7 所示。因物體與投影面平行，故又稱為平行透視(Parallel Perspective)。

2. 兩點透視(Two-point Perspective)：當物體之三個主平面中，有一主平面與投影面 PP 垂直，另兩主平面與投影面成傾斜時，使得除了透視圖之直立主軸外，另二主軸將分別收斂於兩個消失點上，如圖 12.8 所示。因物體與投影面傾斜成某角度，故又稱為成角透視(Angular Perspective)。

3. 三點透視(Three-point Perspective)：當物體之各主平面皆與投影面 PP 傾斜，使得透視圖之三個主軸，分別收斂於三個消失點上，如圖 12.9 所示。因物體與投影面成任意歪斜關係，故又稱為傾斜透視(Oblique Perspective)。

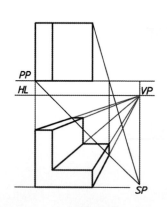

圖 12.7　一點透視(平行透視)

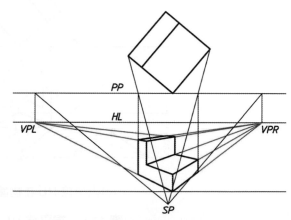

圖 12.8　兩點透視(成角透視)

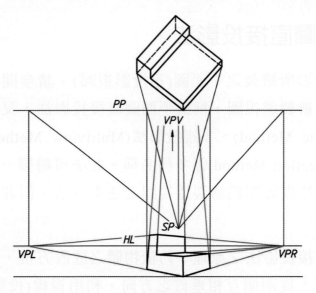

圖 12.9　三點透視(傾斜透視)

12.5　透視圖畫法之分類

　　歸納透視圖之繪製方法可分為『主要畫法』和『應用畫法』兩大類，主要畫法只有兩種：(1)平面圖直接投影法及(2)消失點法。而應用畫法則皆使用在主要畫法中之消失點法，依物體結構的情況需要，應用某種原理以快捷的方式，完成各種透視圖的繪製。應用畫法種類較多常見的有：

1. 測點法(量度點法)。
2. 基線法。
3. 45°消失點法。
4. 斜線消失點法。
5. 介線法。
6. 透視陰影法。
7. 透視放大法。

　　在以下各節中將分別介紹兩種主要畫法和七種應用畫法之原理、繪製過程及其應用。

12.6　平面圖直接投影法

　　利用正投影所繪製之平面圖(正投影視圖)，請參閱前面第九章所述，直接投影繪製透視圖，稱為平面圖直接投影法，又可稱為正投影法(Orthographic Method)、多視投影法(Multiview Method)或直接投影法(Direct Projection Method)等多種名稱。此法可繪製一點、兩點及三點透視圖，其原理簡單為繪製透視圖之基本方法，但非快捷方便之方法。

　　平面圖直接投影法之原理，乃依物體之放置方位，畫出俯視及側視兩個平面圖，從兩個互相垂直之方向，利用視線(投影線)透過投影面之交點，互相投影而畫出透視圖。以平面圖直接投影法，繪製各種透視圖之過程分別說明如下：

(a) 一點透視：必須先決定視點 SP 距投影面 PP 之距離及位置，然後將俯視圖及側視圖包括視點 SP 及投影面 PP，先依平面圖之投影方法畫好在適當的位置，如圖 12.10 所示。圖中視點 SP 偏置在物體之右側，如俯視圖之視點 SP_t，以及視點 SP 之高度在物體之上方，成俯視狀，如側視圖之視點 SP_r。透視圖之投影過程：『由點 SP_t 及 SP_r 分別畫投影線至俯視圖及側視圖中，該物體之同一點上，如圖中之點 a，從兩投影線與投影面 PP 之交點，如圖中之點 a^1，從兩個點 a^1 互相垂直投影，即可得點 a 在透視圖中之位置』。物體上各點之投影過程皆與上述之點 a 相同，求得物體上之各點後，依物體之形狀連接各點間之直線，即完成透視圖。

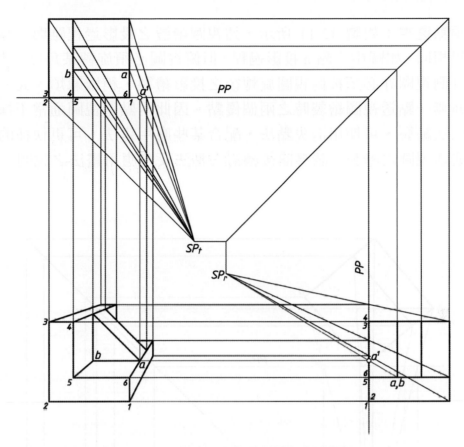

圖 12.10　一點透視圖(平面圖直接投影法)

　　從以上平面圖直接投影法，繪製一點透視圖之結果分析得知：

1. 凡物體與投影面 PP 接觸之面，在透視圖中為實際形狀及大小，如圖中之 1、2、3、4、5、6 所圍成之平面。

2. 凡平面圖中與投影面 PP 平行之直線，在透視圖中仍保持其原來之方向，如圖中之直線 ab 仍為水平方向。

　　在繪製一點透視圖之過程中，可利用以上兩點結論，使繪圖過程簡化，如與投影面接觸之平面可以直接繪製，以及點 a 求得之後，點 b 可以不需投影，直接畫水平線求得等。因此以平面圖直接投影法繪製一點透視圖尚稱方便。

(b) 兩點透視：如圖 12.11 所示，透視圖繪製之投影過程雖與一點透
視相同，如圖中之點 a 投影過程，但俯視圖必須旋轉某角度繪製，
且側視圖亦必須按俯視圖旋轉後之投影繪製，稍嫌麻煩。此外，
亦無一點透視圖繪製時之兩個優點。因此兩點透視圖通常不採用
此法繪製，可使用消失點法，配合某些應用畫法，可更快捷的完
成透視圖之繪製。請參閱後續消失點法及各應用畫法之說明。

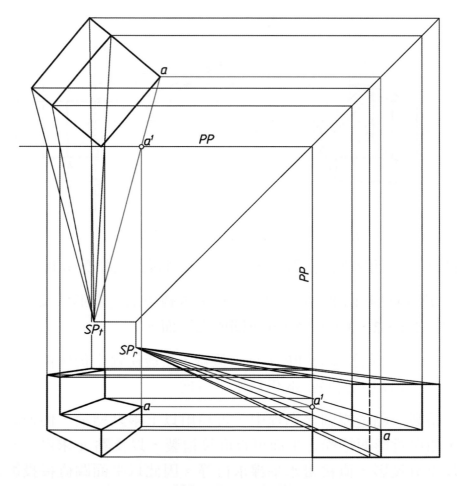

圖 12.11　兩點透視圖(平面圖直接投影法)

(c) 三點透視：如圖 12.12 所示，投影過程與一點及兩點透視皆相同，如圖中之點 a 投影過程，但其平面圖之繪製比兩點透視更加麻煩，其俯視圖已旋轉成立體正投影視圖，且使需投影之點數增加約 2 倍，平面圖本身的繪製已比透視圖複雜，本書中不建議採用此法繪製，三點透視圖之畫法請詳閱後續各種應用畫法後，以第 12.17 節所述之方法繪製。

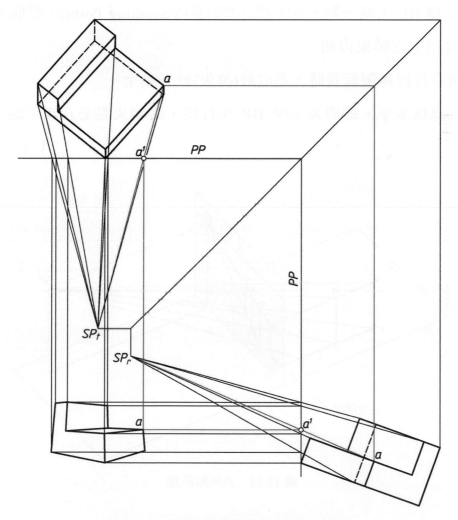

圖 12.12 三點透視圖(平面圖直接投影法)

12.7 消失點原理

　　設視點 SP 與投影面 PP 固定時，物體離投影面及視點愈遠時，投影面上之影像會變得愈小。以投影一正方形 abcd 為例，如圖 12.13 所示，在投影面上之影像，直線 dc 比 ab 會稍短，若再將正方形平面以相同高度，由直線 ad 方向延長至 d'c' 時，發現在投影面上之 d'c' 比 dc 又更短，若將平面一直延伸至無窮遠處時，平面將收斂至與視點同高之視平線 HL 上某一點，即所謂之消失點(Vanishing Point)，簡稱 VP。

　　從以上之結果得知：

(a) 兩平行線無限延長時，必收斂(消失)於一點上。

(b) 直線為水平，即與視平面 HP 平行時，其消失點必在視平線 HL 上。

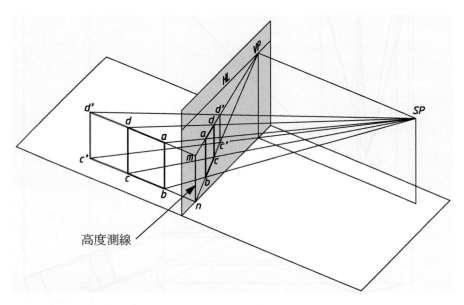

圖 12.13 　消失點原理

12.7.1 測線

在某直線上量取物體主軸上之實際尺度，該直線稱為測線(Measuring Line)，利用測線與應用畫法及消失點之作圖，可求得某點在透視圖中之位置。配合物體之三個主軸，最多可使用到三條測線，即左測線、右測線、及高度測線等。在消失點法中常必須使用高度測線，如前面圖 12.13 中投影面上之直線 mn 即為高度測線(為直線 ab 和 dc 之實際長度)，在應用畫法中亦常使用到測線，以較快捷的方法，完成透視圖的繪製，測線將在下面各種應用畫法中陸續介紹。

12.8 消失點法

利用透視投影的消失點原理，主軸後退時將消失於一點上的方法繪製透視圖，稱為消失點法，為繪製透視圖之主要方法。

消失點法必須借助一個平面圖與視點間之足線、足點以及消失點來繪製透視圖。一點及兩點透視採用俯視圖，三點透視則通常採用側視圖較方便。

消失點法中足點及足線之投影原理，以在地平面 GP 上之直線 ab 為例，如圖 12.14(a)所示，人站立之處為立點(Standing Point)，眼睛之位置為視點(Sight Point)，視線垂直投影面 PP 之點為視中心 CV，地平面 GP 上的直線 ab 與立點之連線為足線，足線通過投影面 PP 之點為足點。根據消失點原理，參閱第 12.7 節所述，當直線 ab 遠離投影面時，將消失於視中心 CV 上，由視點投影(觀看)直線 ab 之透視圖，可由足點 a^1 及 b^1 垂直投影而得，因此消失點法又稱為足線法。

以消失點法畫直線 ab 之透視圖，如圖 12.14(b)所示，可將地平面 GP 與投影面 PP 上之畫面重疊繪製，圖中投影面 PP 與視平線 HL 兩直線，可任意取適當之距離。

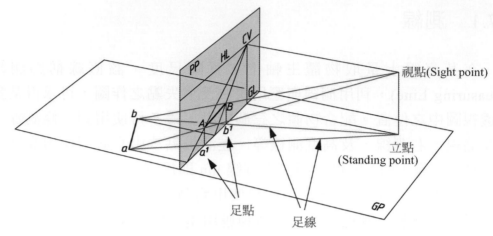

(a)消失點法投影

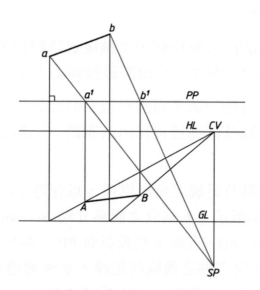

(b)消失點法畫直線 ab 之透視圖

圖 12.14　消失點法

12.8.1　消失點法畫一點透視圖

　　設有一物體，如圖 12.15(a)所示，繪製一點透視圖，首先必須考慮之要點如下：

(a) 將有圓弧之平面平行投影面 PP，以方便直接以圓規繪製。

(b) 決定視點 SP 與投影面 PP 之距離，包括視點向右偏之距離。

(c) 決定視平線 HL 距地平線 GL 之距離，即視點之高度。

(d) 投影面 PP 與視平線 HL 取任意適當之距離。

(e) 一點透視圖之視中心 CV 即其消失點 VP。

　　一點透視圖之繪製過程，如圖 12.15(b)所示，說明如下：

1. 將俯視圖按尺度畫出，考慮使投影面 PP 剛好在視圖下方接觸。

2. 畫好視平線 HL、地平線 GL、及視點 SP。

3. 視中心 CV 應與視點 SP 同一直立線，且在視平線 HL 上。由點 SP 向直線 HL 作垂線之交點即為 CV，此點亦為消失點 VP。

4. 物體後退軸之深度尺度只有三個，如俯視圖中之點 a、b 及 c，與投影面 PP 接觸之平面，可直接投影畫在 GL 線上，如透視圖中以點 A 為圓心所畫之兩圓。

5. 連接點 A 至視中心 CV，為直線 abc 之後退軸。

6. 由視點 SP 連線至俯視圖中各點。從足點 b^1、c^1 投影可得點 B 及 C。

7. 俯視圖中點 b 因後退投影面 PP 一個距離，故透視圖中以點 B 為圓心之半徑理應縮小，可由足點 d^1 投影得其半徑 BD。

8. 俯視圖中點 b 與 e 平行投影面 PP，故透視圖中點 E 可由點 B 畫水平線與足點 e^1 之投影線相交而求得。亦可由測線上之點 x 後退軸求得。

9. 圓心點 E、F 之半徑求法與點 B 相同，點 F 應在點 E 之後退消失軸上。

10.點 G 及 H 之高度，可分別由圓心點 B 及 C 所畫圓之高度求得。

11 所有與後退主軸 ac 平行之線，皆須消失於視中心 CV，所有與 cf(水平主軸)平行之線，在透視圖中皆爲水平。

12.求出各點，連接可見輪廓線，即完成一點透視圖之繪製。

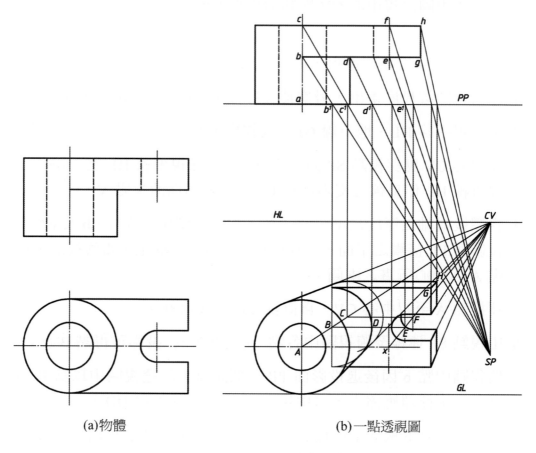

(a)物體   (b)一點透視圖

圖 12.15　一點透視圖(消失點法)

　　消失點法一點透視圖之應用，以簡單外形之方形涼亭建物爲例，如圖 12.16 所示，其繪製過程和前面圖 12.15 大致相同，不同之處說明如下：

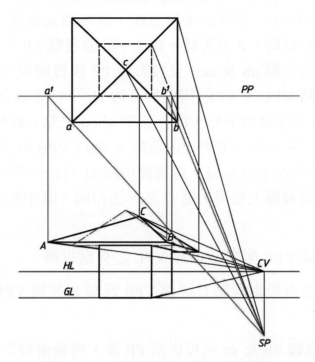

圖 12.16　一點透視圖之應用(消失點法)

(a) 涼亭屋簷，圖中之點 a 及 b，因凸出投影面 PP，必須倒回投影面 PP，求足點 a¹ 及 b¹。

(b) 透視圖中之假想線為涼亭屋頂之實形，即為屋頂之高度測線。

(c) 屋頂之傾斜線 ac 及 bc，可分別求出點 A、B 及 C 後，再連接 AC 及 BC 即可。

12.8.2　消失點法畫兩點透視圖

　　畫兩點透視圖，首先必須決定物體放置之方位，即俯視圖傾斜投影面 PP 之角度，然後必須求出兩個消失點，應分別在視平線上之左右兩側，本書中將以 VPL 及 VPR 表之。

　　兩消失點之求作方法及兩點透視之投影過程，以一方形 abdc 為例，如圖 12.17 所示，根據消失點原理，請參閱前面第 12.7 節所述，兩平行線無限延長時，必消失於一點上，可由視點 SP 作兩直線分別平行於物體之左右主軸 ab 及 ac，交投影面 PP 後投回視平線 HL 上，即為左右兩消失點 VPL 及 VPR。因此與直線 ab 平行之線會消失於 VPR，與直線 ac 平行之線會消失於 VPL。方形 abcd 之點 a 剛好在投影面 PP 上，透視圖中之點 A 稱為基點，由基點 A 連向 VPR 稱為右全透視線，連向 VPL 則稱為左全透視線。透視圖中點 B 可由一點 b 之足點 b^1 垂直投影至右全透視線上而得，點 C 之求法相同。圖中點 D 之求法有三種：

1. 由點 C 連線 VPR 與點 B 連線 VPL 之交點求得。

2. 由足點 d^1 垂直投影與點 C 連線 VPR 或點 B 連線 VPL 任一相交而得。

3. 分別延長直線 db 及 dc 至投影面 PP 後，再垂直投影至地平線 GL 上，分別得點 x 及 y。連線點 y 至 VPR，連線點 x 至 VPL，兩連線之交點即為點 D，此法亦可同時求得點 C 與 B。

　　設有一簡單物體，如圖 12.18(a)所示，兩點透視圖之繪製過程，如圖 12.18(b)所示，說明如下：

1. 將俯視圖旋轉一角度繪製，使點 a 與投影面 PP 接觸。

2. 畫視點 SP，視平線 HL，地平線 GL。

3. 由視點 SP 分別作線平行俯視圖中直線 ab 及 ac，在視平線 HL 上可求得兩消失點 VPL 及 VPR。

4. 由點 a 畫垂直投影線至地平線 GL 上，為高度測線，得點 A 為基點。

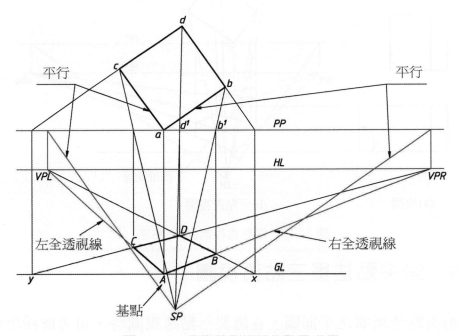

圖 12.17　兩點透視圖消失點之求法

5. 在高度測線上量取物體之高度尺度(圖中 6 及 16)，並分別連線至兩消失點 VPL 及 VPR。

6. 由視點 SP 連接俯視圖中之各點，與投影面 PP 之交點，即可得各足點。

7. 由各足點垂直投影至透視圖中，按各投影點，連接可見輪廓線，即可完成兩點透視圖之繪製。

8. 直立線在兩點透視圖中恒為直立線。

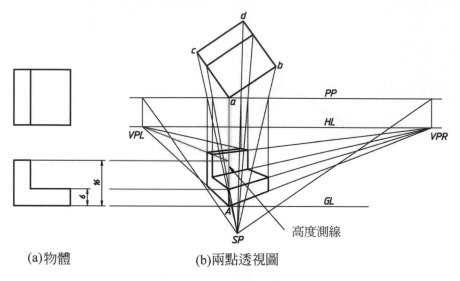

(a)物體　　　　(b)兩點透視圖

圖 12.18　兩點透視圖(消失點法)

12.8.3　消失點法畫三點透視圖

　　消失點法所需之平面圖，在繪製三點透視圖時，可考慮採用側視圖較為簡化，以一立方體水平旋轉 45° 再與垂直面傾斜 30° 為例，如圖 12.19 所示，圖中俯視圖可省略不畫，三消失點之求作過程說明如下：

1. 從側視圖之視點 SP$_r$，作兩直線分別平行側視圖之兩邊線，與投影面 PP 相交分別得點 H 及 V。

2. 平行點 H 作圖線方向，即側視圖之上方邊線有兩主軸，因此經點 H 之水平線(即視平線 HL)應會有左右兩消失點。平行點 V 作圖線方向，即側視圖之下方邊線為高度軸，因此經點 V 之水平線應會有高消失點，以 VPV 表之。

3. 高消失點應會在俯視圖視點 SP$_t$ 之直立線上，由點 V 作水平線相交可得高消失點 VPV。

4. 以點 H 為圓心，將點 SP_r 旋轉至投影面 PP 上得點 S。

5. 由點 S 作水平線與點 SP_t 之直立線相交得視點 SP。

6. 由視點 SP 分別作俯視圖旋轉角(已知 45°)的兩邊線，與視平線 HL 相交分別得左右兩消失點 VPL 及 VPR。

7. 以三個消失點和側視圖即可完成三點透視圖之繪製。

平面圖與三消失點的關係，可從圖 12.19 得知：

(a) 視中心 CV 應在點 SP_t 之直立線與點 SP_r 之水平線交點上。

(b) 由點 SP_t 分別作線平行俯視圖(立體圖)之兩邊線亦可得兩消失點。

(c) 三個消失點確定後，視中心 CV 應會在，由三個消失點向對邊作垂線之交點上。

(d) 圖中之 A 為基點，不一定要在視中心 CV 上，可任意選擇。

圖 12.19 中之俯視圖只須其旋轉角(已知為 45°)，可省略不畫。以消失點法繪製三點透視圖，必須已知旋轉角、點 SP_r 位置、以及繪製傾斜之側視圖才能作圖，仍非理想之方法不建議採用，圖 12.19 畫法在此只作參考用，繪製三點透視圖的理想方法，請參閱第 12.17 節所述。

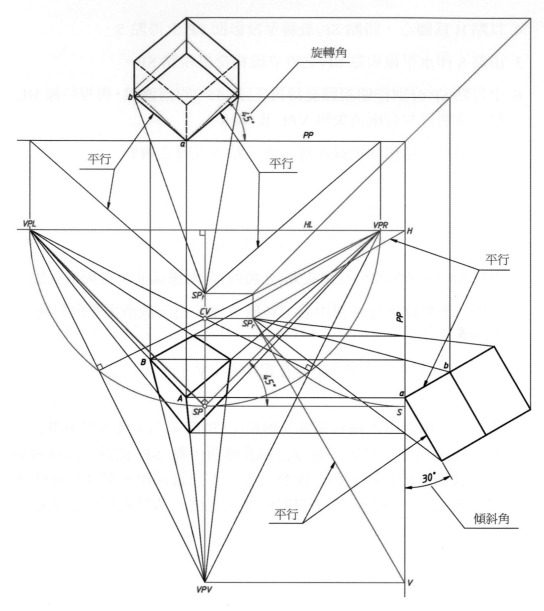

圖 12.19　三點透視圖(消失點法)

12.9 測點法

直接利用地平線 GL 為測線，在透視圖中之視平線 HL 上，除了左右兩個消失點外，可另外求得兩個測點(Measuring Points)，或稱為量度點，經由測點與測線之連接，配合消失點法作圖，可直接求得透視圖後退軸方向之各深度尺度，因而簡化或省略俯視圖之繪製，稱為測點法或量度點法。

12.9.1 測點法之原理

設一直線 ac 與 ab 相等之等腰三角形 abc，如圖 12.20 所示，兩相等角為 θ，使直線 ac 剛好在投影面 PP 上，以消失點法求直線 ab 及 cb 之兩消失點，在投影面 PP 上得兩點 *l* 及 *p*，在視平線 HL 上得 VPL 及

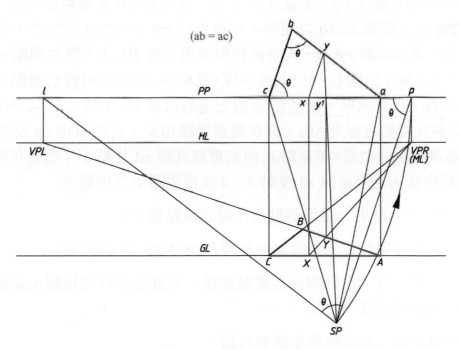

圖 12.20 測點法之原理

VPR，並可順利求出等腰三角形 abc 之透視圖。在透視圖中直線 AC 上取任意點 X，由點 X 連線至 VPR，與直線 AB 相交得點 Y，因直線 AB 與 AC 等長以及直線 CB 與 XY 平行，故此時直線 AC 上之點 X，即相對應在直線 AB 上之點 Y，可從投影面 PP 上之足點 y^1 印證而得。

　　從以上之結果(圖 12.20)分析可得：

(a) 假設直線 ab 爲平面圖之左側邊線，在地平線 GL 上之直線 AC(與 ab 等長)爲其測線，右消失點 VPR 則爲其左測點，以 ML 表之。利用測點 ML 連接直線 ab 的測線 AC，可求得 ab 在透視圖中之位置 AB。

(b) 點 l 至視點 SP 距離與至點 p 等長。利用點 l 爲圓心，至視點 SP 爲半徑畫弧，可求得點 p 以及測點 ML。

　　設一矩形 abcd，點 a 在投影面 PP 上，其上有四條直線，如圖 12.21 所示，分別在點 1、2、3 及 4 位置上，從視點 SP 求得兩消失點 VPL 及 VPR 後，按圖 12.20 之原理，以投影面 PP 上之點 l 爲圓心，至 SP 爲半徑，畫弧交於 PP 後，再垂直投影至視平線 HL 上，得左測點 ML。以 PP 上之點 r 爲圓心，至 SP 爲半徑，以相同之作法，可得右測點 MR。以地平線 GL 爲測線，從基點 A 向左量取直線 ab 及點 1、2 之各尺度 y，從各尺度點連線至 ML，與左全透視線相交，可得直線 ab 及點 1、2 在透視圖中之位置。從基點 A 向右量取直線 ad 及點 3、4 之各尺度 x，以相同作法，可得直線 ad 及點 3、4 在透視圖中之位置。

　　分析以上結果，應用測點法作圖之優點如下：

(a) 可免畫俯視圖，但必須知道旋轉角(求 VPL 及 VPR 用)。

(b) 利用地平線 GL 爲測線與測點連接，可直接求得透視圖後退軸方向之深度尺度。

(c) 後退深度尺度個數愈多時愈有利。

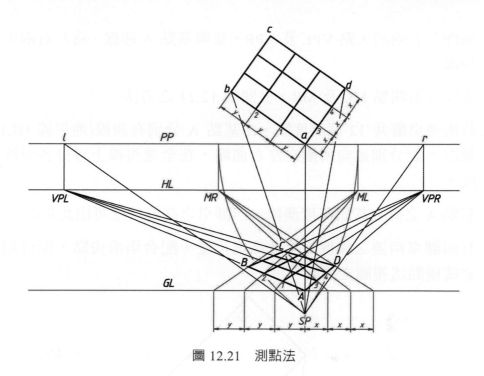

圖 12.21 測點法

12.9.2 測點法之應用

測點法可應用在繪製兩點及三點透視圖，三點透視圖之應用請參閱第 12.17 節所述。兩點透視圖之應用，設有一四腳方桌，如圖 12.22 所示，為方桌平面圖。桌腳尺度每邊共有 6 個尺度點，應用測點法繪製透視圖，如圖 12.23 所示，圖中的俯視圖可免畫，繪製過程說明如下：

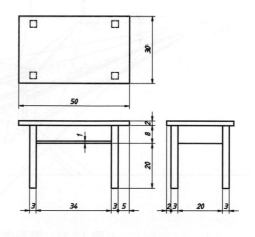

圖 12.22 四腳方桌平面圖

1. 求作左右兩消失點 VPL 及 VPR，並與基點 A 連線，爲左右兩全透視線。

2. 求作左右測點 ML 及 MR，參閱圖 12.21 之方法。

3. 將兩邊桌腳共 12 個尺度點，由基點 A 分別在測線(地平線 GL)上量取，並分別連向所屬之左右測點，在全透視線上可得各深度尺度。

4. 基點 A 之直立線爲高度測線，四腳桌之高度尺度可由此量取。

5. 有四腳桌兩邊之深度尺度及高度尺度，配合兩消失點，即可順利完成兩點透視圖之繪製。

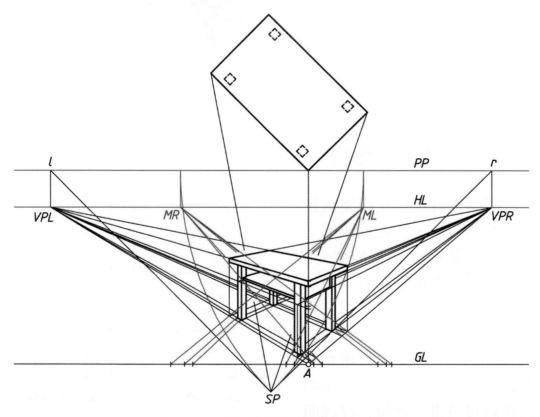

圖 12.23　兩點透視圖(測點法之應用)

12.10　基線法

　　應用基線法作圖之目的與測點法相同，基線法利用左右兩條測線，垂直作圖在基線上，再從基線與消失點的連接，亦可求得透視圖後退軸方向之深度尺度，稱爲基線法，此基線通常即爲地平線 GL，或與視平線 HL 平行之線。

12.10.1　基線法之原理

　　設一矩形 abcd，點 a 在投影面 PP 上，其上有四條直線，如圖 12.24 所示，分別在點 1、2、3 及 4 位置上，從視點 SP 求兩消失點 VPL 及 VPR，將矩形圖中各直線延長，交於投影面 PP 後，垂直投影至地平線 GL 上，從 GL 線上之各投影點，分別按其所屬連接左右兩消失點，即可得矩形之透視圖。

　　此時若將俯視圖之兩邊線 ab 及 ad，包括點 1、2、3 及 4，直接繪製在基點 A 之位置，如圖 12.25 所示，將直線 ab 與 ad 當作左右兩條測線，以地平線 GL 爲基線，由測線上各尺度點作垂線畫向基線，再從基線上所得之各交點，分別連接所屬之兩消失點，可省略由俯視圖投影的過程，亦可得矩形包括其上四條直線之透視圖。試比較圖 12.21 所示之測點法有何相異之處。

　　分析以上結果，應用基線法作圖之優點如下：

(a) 可免畫俯視圖，但必須知道旋轉角(求 VPL 及 VPR 用)。

(b) 利用俯視圖之兩個邊線當測線，垂直畫向基線(地平線 GL)，以基線連接兩消失點繪製透視圖。

(c) 後退深度尺度個數愈多時愈有利。

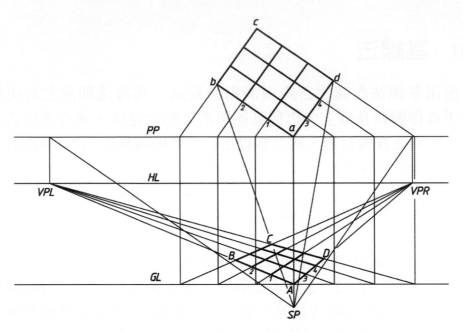

圖 12.24　基線法之原理

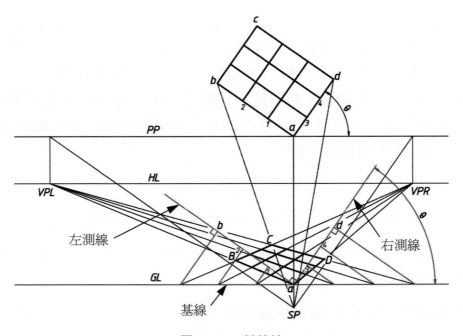

圖 12.25　基線法

12.10.2　基線法之應用

　　因基線法與測點法應用之目的相同，可任選其一使用，以相同的四腳方桌為例，如圖 12.26 所示，圖中的俯視圖可免畫，基線法繪製過程說明如下：

1. 求作左右兩消失點 VPL 及 VPR。

2. 將俯視圖接觸投影面之兩直角邊，移畫在基點 A 之上或對映之下(如圖中之中心線式樣)任選其一即可，做為左右兩測線。

3. 從測線上之各尺度點作垂線畫向基線(GL 線)，可得各交點。

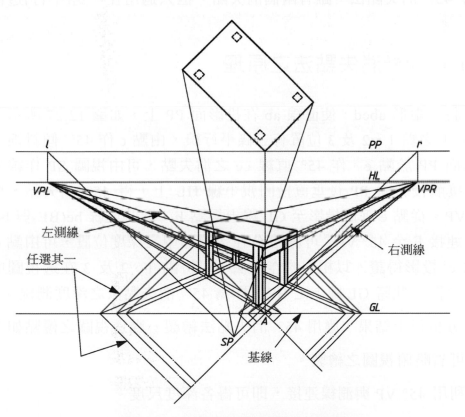

圖 12.26　兩點透視圖(基線法之應用)

4. 由 GL 線上各交點分別按其所屬，連接左右兩消失點，可直接得四個桌腳及桌面之尺度位置。

5. 基點 A 之直立線爲高度測線，四腳桌之高度尺度可由此量取。

6. 有四個桌腳及桌面之尺度位置及高度尺度，配合兩消失點，即可完成兩點透視圖之繪製。

12.11　45°消失點法

在一點透視圖的消失點(視中心 CV)之另一側，再求作一個 45° 之消失點，做爲量取俯視圖後退深度尺度之用，可省略俯視圖之繪製，稱爲 45° 消失點法。雖有兩個消失點，但只適用在一點(平行)透視圖上。

12.11.1　45°消失點法之原理

設一矩形 abcd，使直線 ab 在投影面 PP 上，如圖 12.27 所示，直線 bc 上之點 1、2 及 3 位置有三條平行線，由點 c 作 45° 傾斜線，交投影面 PP 於點 e。作 45° 直線 ce 之消失點，可由視圖 SP 作線平行 ce，接觸投影面 PP 後垂直投回視平線 HL 上，得 45° 消失點，稱爲 45° VP。從點 e 垂直投影至 GL 線上得點 E，此時直線 be(BE)與 bc 等長，連接 E 至 45° VP，可得點 C 在透視圖中之深度位置，可由點 c 之足點 c^1 投影得證。以相同的作圖法，可得點 1、2 及 3 在透視圖中之深度位置。此時 GL 線上之 BE，即爲 45° 消失點法之深度測線。

分析以上結果，應用 45° 消失點法繪製一點透視圖之優點如下：

(a) 可省略俯視圖之繪製。

(b) 利用 45° VP 與測線連接，即可得各深度尺度。

(c) 後退深度尺度個數愈多時愈有利。

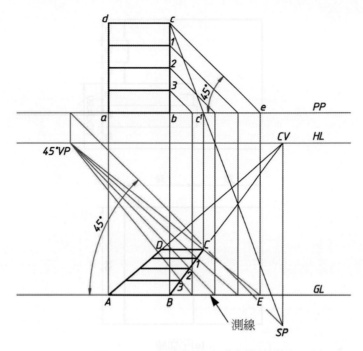

圖 12.27　45°消失點法之原理

12.11.2　45°消失點法之應用

以簡單外形之建築物為例，如圖 12.28 所示，圖(a)為建築物之平面圖，圖(b)為應用 45° 消失點所繪之一點透視圖，其過程說明如下：

1. 免畫俯視圖，

2. 從視點 SP 作 45° 線，接觸投影面 PP 後，垂直投回視平線 HL 上，得 45° VP。

3. 將建築物之前視圖繪於地平線 GL 上，點 A 為基點。

4. 從圖(b)透視圖中點 B 之位置，畫右側水平線為深度測線，圖中尺度(12×3=36)為前棟建築物之深度，比照圖(a)中之各深度尺度。亦可以基點 A 右側之 GL 線為深度測線，因角度太小故改以點 B。

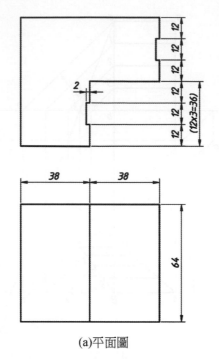

(a)平面圖

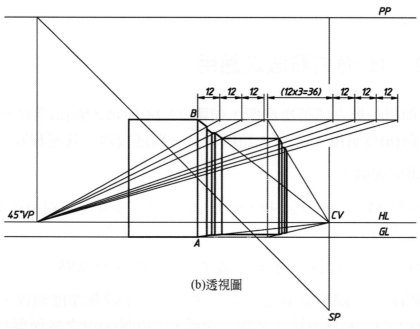

(b)透視圖

圖 12.28　一點透視圖(45°消失點法之應用)

5. 連接測線上之各尺度點至 45° VP，可得建築物各深度尺度，完成一點透視圖之繪製。

　　45° 消失點法亦可應用在正方形之對角線上，其原理類似前面第 11.7 節(b)中的圖 11.22 所示之對角線法。設有一圓，如圖 12.29 所示，畫圓之一點透視圖過程如下：

1. 考慮將圓作 4 的倍數分點，圖中為 8 等分，更多亦可。

2. 畫俯視圖中圓之外切正四邊形，並在圓之等分點處，分別畫水平及垂直作圖線。

3. 畫正方形之對角線(45°)，會剛好經過各作圖線之交點，如圖中之點 1、2、3、4 及 5 等，並延長對角線至投影面 PP 上，得點 a。

4. 從視點 SP 作 45° 線平行該對角線，得 45° VP 點。

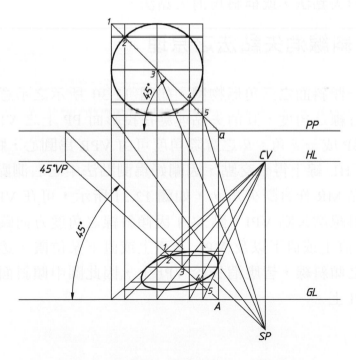

圖 12.29　圓之一點透視圖(45°消失點法)

5. 連接點 45° VP 與基點 A，得 45° VP 透視線。

6. 將點 1、2、3、4 及 5 分別垂直投影至 GL 線上，再連接至視中心 CV，與 45° VP 透視線相交，即得點 1、2、3、4 及 5 在透視圖中之位置，可由圖中之點 3 以足點投影得證。

7. 然後在點 1、2、3、4 及 5 之位置分別畫水平作圖線，即可得圓之各等分點在透視圖中之位置。

8. 以曲線板連接各等分點，即完成圓之一點透視圖。

12.12　斜線消失點法

當物體有傾斜平行線時，如屋頂、樓梯面、或斜面等。多條平行線無窮延長時理應消失於同一點上，該點稱為斜線消失點(VP of Inclined Lines)，以 VPI 表之。多作一傾斜平行線之消失點畫透視圖，稱為斜線消失點法，或稱斜角消失點法。

12.12.1　斜線消失點法之原理

設有一傾斜面之三角形物體，如圖 12.30 所示之示意圖，圖中 θ 為傾斜平行線之角度，其消失點理應在投影面 PP 上之 VPR 的垂直上方，且與 SP 成一 θ 角。θ 之實際角度可由 VPR 為圓心，將 SP 旋轉至 PP 面，在 HL 線上得一交點，因剛好為測點法中之右測點，故以 MR 表之。由點 MR 作實際夾角 θ，如圖 12.31 所示，可在 VPR 之直立線上方求得斜線消失點 VPI。點 VPI 因傾斜線之角度方向關係，有可能在 VPR 之直上或直下以及 VPL 之直上或直下某位置。透視圖中凡與 θ 角平行之傾斜線，皆應消失於 VPI 上，因此圖中傾斜面若延長，應消失於 VPI 上。

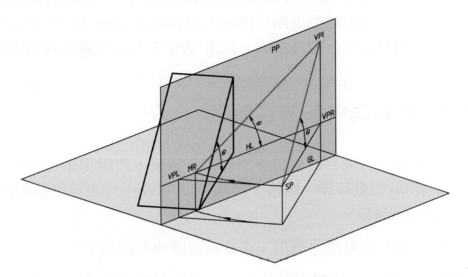

圖 12.30　斜線消失點法之原理

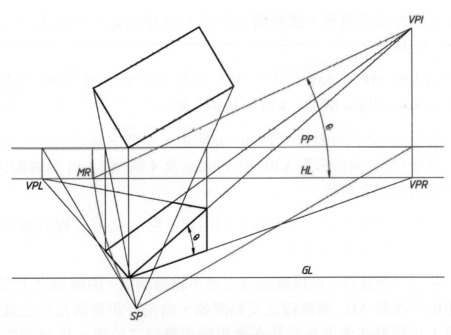

圖 12.31　斜線消失點法

透視圖中之傾斜線亦可求斜線兩端點的位置，再以直線連接即可，不一定要應用斜線消失點法作圖，請參閱前面圖 12.16 中之屋頂傾斜線。但傾斜之平行線甚多時，以求 VPI 之方法作圖，較爲方便快捷。

12.12.2　斜線消失點法之應用

在多種場合皆適合應用斜線消失點法繪製，如屋頂平行瓦片、樓梯、等距結構(如電線桿、路燈、圍籬等)、以及平行光線之陰影(參閱第 12.14 節所示)等。

常見斜線消失點法之應用，茲分別以圖例介紹如下：

(a) 屋頂平行瓦片：如圖 12.32 所示，屋頂有平行瓦片，兩屋簷之傾斜角皆爲 30°，重要繪製過程說明如下：

1. 配合測點法之應用，請參閱前面第 12.9 節所述，先求出左右測點 ML 及 MR。

2. 分別由點 MR 及 ML 作上下 30° 斜線，在 VPL 及 VPR 之直立線上下，分別得 4 個 30° VPI 斜線消失點。

3. 由投影面 PP 與屋簷之交點 m、n 開始，如圖中箭頭所示，以屋簷之高度，配合兩消失點 VPL 和 VPR 以及 4 個 30° VPI 斜線消失點，可畫出屋頂之形狀。

4. 從基點 A 開始，以消失點法，利用經基點 A 之直立線爲牆壁的高度測線，即可畫出牆壁之形狀。

5. 大屋之等距瓦片，可以簷端高之水平線爲測線，由屋簷之尖端點 S 連接左測點 ML 與測線之交點開始，向左等距量取瓦片之實際距離，以測點法先求各瓦片在透視圖中簷端之位置，再分別引向右上 30° VPI 即可得傾斜之等距瓦片。

6. 小屋之等距瓦片，可由兩屋頂之交線，配合大屋瓦片之位置，引
　 向左上 30° VPI 而求得。

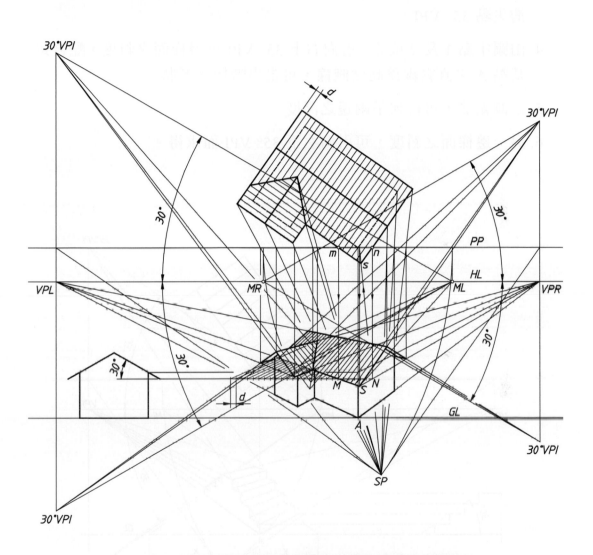

圖 12.32　斜線消失點法之應用(屋頂平行瓦片)

(b) 樓梯：如圖 12.33 所示，圖(a)為梯子之側視圖，已知梯面之斜度
　　 為 35°，圖(b)為透視圖，重要繪製過程說明如下：

1. 利用俯視圖旋轉角度，可求出左右兩消失點 VPL 及 VPR。

2. 以測點法求出左右兩測點 ML 及 MR。

3. 從點 MR 畫上下傾斜角 35°，在 VPR 之直立線上可得上下兩斜線消失點 35° VPI。

4. 由圖中點 1 及 2 位置，引向右上 35° VPI 可得梯面之斜度，配合以基點 A 之直立線為高度測線，可畫出階梯之形狀。

5. 以測點法，可得梯子兩邊之深度。

6. 另一邊梯面之斜度，可引向右下 35° VPI 而求得。

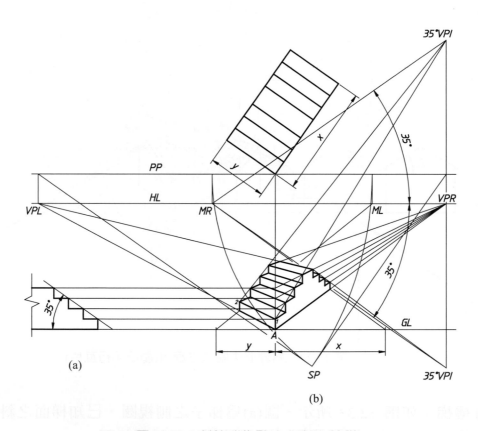

圖 12.33　斜線消失點法之應用(樓梯)

(c) 等距結構：以等距之路邊電線桿為例，如圖 12.34 所示，圖(a)為各電線桿之高度 *h* 及距離 *x*，量出等距之對角傾斜角為 20°，利用此角度之斜線消失點，可得各電線桿在透視圖中之等距後退深度位置，如圖(b)所示，重要繪製過程說明如下：

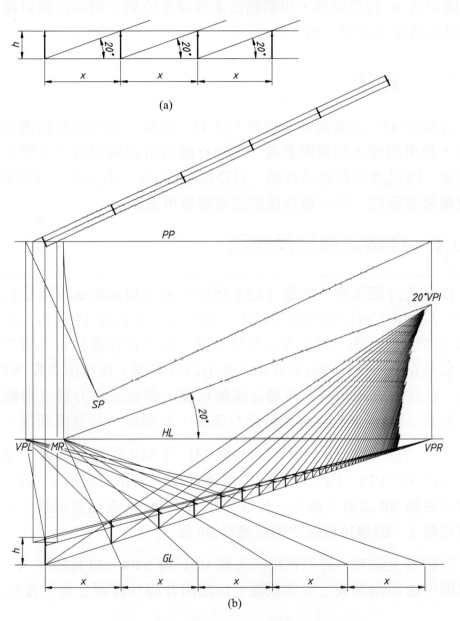

圖 12.34　斜線消失點法之應用(等距結構)

1. 以測點法求出右測點 MR。

2. 由 MR 向上畫 20° 傾斜線，在 VPR 之直立線上方可得 20° VPI。

3. 應用斜線消失點法，可得一排等距電線桿在透視圖中之深度位置。

4. 圖中前 6 枝電線桿，以測點法求其深度位置，可印證與斜線消失點法所求之位置一致。

12.13　介線法

介線即 45° 之牆對角傾斜線，以 45° 直角三角形兩直角邊相等之定理，利用測線上的實際長度，引向介線再引向透視圖之位置，稱為介線法。因此應用介線法作圖，只要視平線 HL、消失點、及基點等，即可繪製透視圖，為一種快捷的透視圖應用畫法。

12.13.1　介線之原理及求法

以一正方體為例，如圖 12.35 所示，首先以測點法求出左右兩測點 ML 及 MR，再以斜線消失點法，求出向上左右兩 45° VPI，連接基點 A 至兩 45° VPI，即為左右兩條介線。兩介線理應為正方體之對角線，以基點 A 之直立線(垂直視平線 HL)為測線，連接消失點 VPL 及 VPR，經此兩介線可得正方體之深度尺度，而完成正方體之兩點透視圖。此時基點 A 之直立線同時為左測線、右測線、及高度測線。

當分別以 VPL 及 VPR 至兩測點 ML 及 MR 為半徑畫弧，理應分別經過兩 45° VPI，因 45° 斜線之兩邊等長，設相交點為 x，此時點 x 應會在視點 SP 之直立線上。若以 VPL 及 VPR 為直徑畫半圓，亦同時會經過點 x，因連接直徑之兩弦應為 90 度。

分析以上結果，若只利用消失點 VPL 及 VPR，以及基點 A，應用介線即可繪製兩點及三點透視圖，為應用介線法作圖之最大優點。

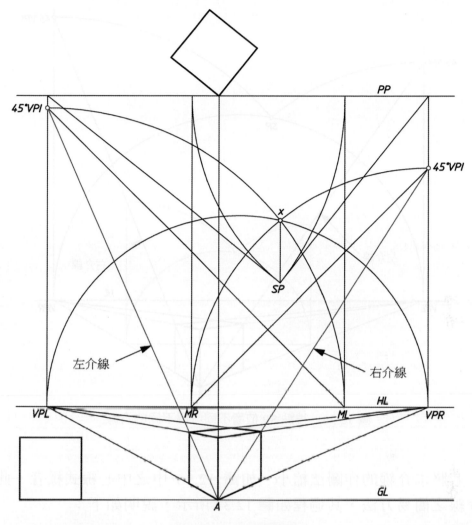

圖 12.35　介線之原理

　　若依照圖 12.35 所示介線之原理，求介線理應先求 45° VPI，但若如圖 12.36 所示，圖中 VPL 及 VPR 可任意決定，其間半圓弧上之視點 SP 亦可以任意選擇，皆可得一對不同的左右兩條介線，視點 SP 位置不同可繪製不同情景之透視圖。

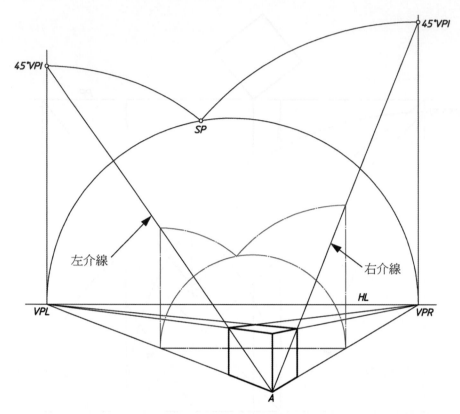

圖 12.36　視點 SP 位置不同可得不同的介線

　　若將求介線的作圖法縮小，如圖 12.36 中之中心線式樣者，此為求介線之簡易方法，其過程如圖 12.37 所示，說明如下：

1. 視平線 HL，兩消失點 VPL 及 VPR，以及基點 A 為已知。

2. 任意畫直線 BC 平行 HL 線。

3. 以 BC 為直徑畫半圓弧，在圓弧上取任意視點 SP。

4. 分別以點 B 及 C 為圓心，至視點 SP 為半徑畫弧，分別交點 B 及 C 之垂直線於點 D 及 E。

5. 連接 AD 及 AE 即為左右兩介線。

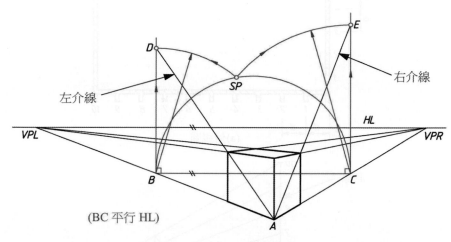

圖 12.37　介線求法

12.13.2　介線法之應用

　　如圖 12.38 所示，圖(a)為簡單建築物之俯視圖，圖(b)為側視圖，圖(c)為以介線法繪製兩點透視圖，其重要過程說明如下：

1. 決定 HL 線上左右兩消失點 VPL 及 VPR，以及基點 A。

2. 求左右兩介線，參閱圖 12.37 所示之方法。

3. 基點 A 之垂線，可同時做為高度及左右兩深度的測線。

4. 建築物之高度由圖(b)側視圖，水平投影直接取得。

5. 建築物右邊共有 10 個等距間隔，圖中編號 1 至 10，左邊寬度為 5 個間隔。

6. 透視圖兩邊後退軸之深度，皆在基點 A 之垂線(測線)上量取，各編號按其所屬連接兩消失點 VPL 及 VPR，與介線相交而求得各深度尺度。

7. 建築物左邊寬度由編號 5 與左介線相交而求得。

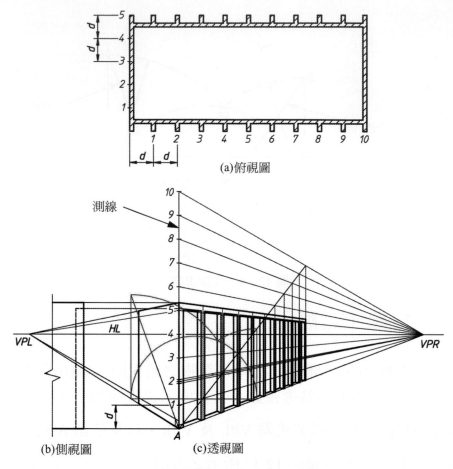

(a)俯視圖

(b)側視圖　　　(c)透視圖

圖 12.38　兩點透視圖(介線法之應用)

12.14　透視陰影法

　　透視圖完成後，加上光線照射，可增加立體圖之自然眞實效果。光線照射時，物體背光面效暗，稱爲陰，光線照射物體在地平面 GP 上所形成之暗處，稱爲影。光線之來源可分成兩種：一爲自然光源，即太陽光，因在無窮遠處屬於平行光線，二爲人工光源，即燈光，因光源較近屬於輻射光線。在透視圖中加繪陰和影，稱爲透視陰影法。

12.14.1　透視陰影法之原理

　　平行光線照射時在空間(3D)之走向，如圖 12.39(a)所示，在一立方體之空間內，將光線分成二個(2D)走向，即(1)光線方向 α 及(2)光線角度 θ，如圖 12.39(b)所示，俯視為光線投向投影面 PP 之方向(α 角)，將光線方向旋轉成水平時，在前視中可得光線與地平面 GP 之實際夾角 θ。光線方向 α 角，可利用消失點原理由視點 SP 畫出，在視平線 HL 上得光線方向之消失點(VP of Direction)，以 VPD 表之。光線角度 θ，應用斜線消失點法，由 VPD 之測點畫出，光線角度之消失點(VP of Angel)，以 VPA 表之，應可在點 VPD 之直立線上找到。

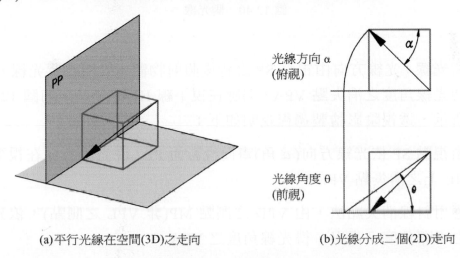

(a)平行光線在空間(3D)之走向　　　　(b)光線分成二個(2D)走向

圖 12.39　透視陰影法

12.14.2　透視陰影之畫法

　　平行光線依光線照射的情形，可分為側光線、背光線、及逆光線等三種，再加上輻射光線共四種，以一立方體為例，分別說明透視陰影之畫法：

(a) 側光線：光線之方向與投影面 PP 平行，以人站立視點位置為主，故稱為側光線，如圖 12.40 所示，側光線無光線之消失點，依光線之方向與角度，直接以平行線繪製，即可得物體之陰影。

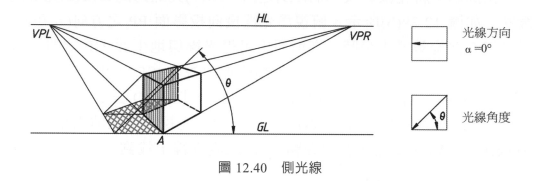

圖 12.40　側光線

(b) 背光線：光線方向由視點 SP 之背後照射物體，故稱為背光線，此時光線角度之消失點 VPA，則應在視平線 HL 之下方，如圖 12.41 所示，透視陰影繪製過程說明如下：

1. 由視點 SP 依光線方向(α角)畫向投影面 PP，得光線方向在視平線 HL 上之消失點 VPD。

2. 應用斜線消失點法，由 VPD 之測點 MP(非 VPL 之測點)，依光線之實際角度 θ 畫出，得光線角度之 VPA。

3. 從物體背光面上直立線之上下兩個端點，由 VPD 畫向低端點，由 VPA 畫向高端點，兩線交點即為該直立線之陰影投影點。

4. 連接各陰影投影點成一陰影面積，在陰影面積及物體之背光面，以細線加畫適當之直線，即完成陰影透視圖。

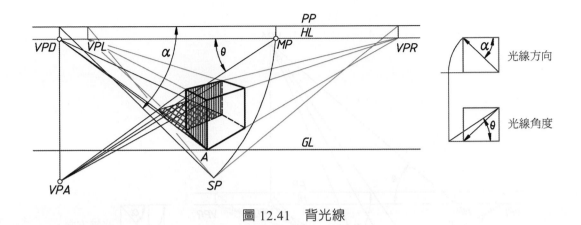

圖 12.41　背光線

(c) 逆光線：光線方向由視點 SP 之前方照射物體，故稱為逆光線。此時光線角度之消失點 VPA，照應在 HL 線之上方，如圖 12.42 所示，透視陰影之繪製過程與背光線相同。

(d) 輻射光線：由燈泡的照射，光線成輻射狀，故稱為輻射光線。燈泡的位置即光源，以 L 表之，如圖 12.43 所示，為光線角度集中之點，燈泡在地平面 GP 上的位置點，應在光源的直立線下方某位置，為光線方向集中之點，以 LG 表之，點 L 及 LG 之位置可以任意選擇。只要把光源 L 當成光線角度之消失點 VPA，把 LG 當成光線方向之消失點 VPD，依照前面背光線所述之繪製過程，即可完成透視陰影之繪製。

　　透視陰影在實際應用中，通常以輻射光線之方法繪製較方便，因無需仔細考慮光線方向及角度，直接選擇 VPA 及 VPD 之位置，即可繪製透視陰影。輻射光線之 VPA 及 VPD 選擇時注意事項：

(a) VPA 及 VPD 之位置必須在同一直立線上。

(b) VPD 必須在視平線 HL 及地平線 GL 之間。

(c) VPA 可任意選擇沒有限制。

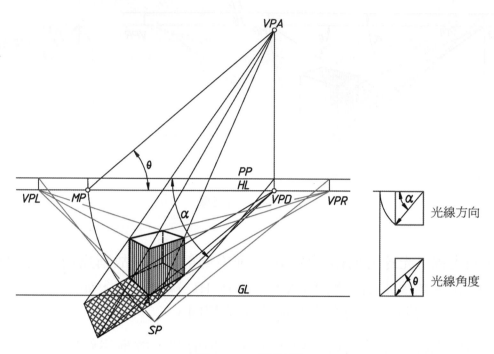

圖 12.42　逆光線

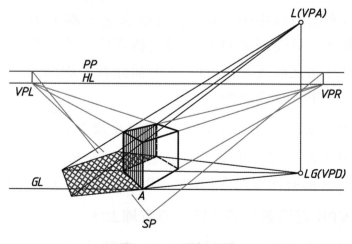

圖 12.43　輻射光線

12.15　透視放大法

　　透視圖完成後，因圖紙中須包括消失點等之空間，致使所繪之立體圖較圖紙小甚多，因此常需將透視圖放大至與圖大小成一適當比例，以方便配景及配色，稱為透視放大法。常見的透視放大法有：平行放大法、坐標放大法、消失點放大法、以及極點放大法等多種，分別以一立方體為例說明如下：

(a) 平行放大法：將畫好之透視圖，以平行取圖中各線之角度，按所需比例放大，如圖 12.44 所示，可將放大之透視圖繪製在圖紙上任意適當之位置。

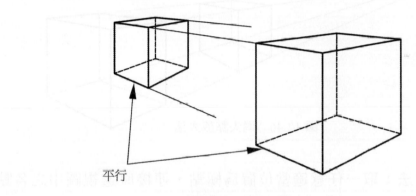

平行

圖 12.44　平行放大法

(b) 坐標放大法：在畫好之透視圖上，取一適當之 XY 坐標，在圖紙中另選一適當之 X^1Y^1 坐標，如圖 12.45 所示，取原透視圖中各點之 XY 坐標距離，按所需比例放大，繪製在 X^1Y^1 坐標上，此法又稱為水平垂直放大法。此法可將透視圖放大繪製在另一張圖紙上。

(c) 消失點放大法：以畫好之透視圖中的任一消失點，延長透視圖中之各點，如圖 12.46 所示，從消失點 VPL 量取原透視圖中各點距離，在同一透視線上取所需之倍數放大。

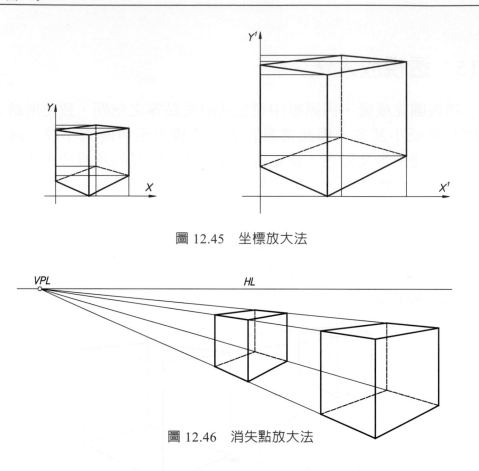

圖 12.45 坐標放大法

圖 12.46 消失點放大法

(d) 極點放大法：取一任意適當位置為極點，連接原透視圖中之各點
並延長，如圖 12.47 所示，從極點 P 量取原透視圖中之各點距離，
在同一延長線上取所需之倍數放大。

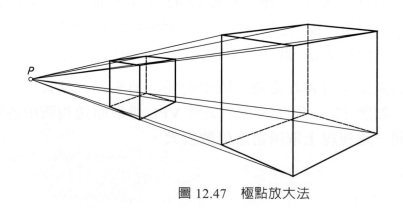

圖 12.47 極點放大法

12.16　三點透視圖

　　三點透視圖之第三個消失點，為物體高度方向之消失點，以 VPV 表之，三點透視圖與俯視圖、側視圖之關係，參閱前面圖 12.19 所示。物體之高度軸方向有消失點，乃因物體高度軸與投影面 PP 傾斜的關係，以建築物直立地平面來看時，另一解釋為投影面 PP 與地平面 GP 成一傾斜角所產生，以一立方體為例，如圖 12.48 所示，物體接觸投影面 PP 之點，稱為基點，即圖中之點 A。

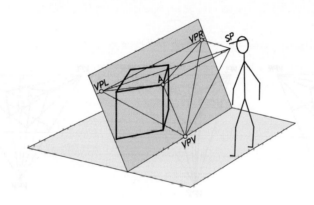

圖 12.48　三點透視

　　三消失點之連線剛好成一正三角形時，稱為等角三點透視圖 (Isometric Three-point Perspective)。基點與三個消失點之連線，稱為全透視線，若基點剛好在視中心 CV 上時，則稱為正位三點透視圖。三消失點為正三角形基點又在視中心 CV 上，如圖 12.49 所示，為一特殊之情況，此時則稱為等角正位三點透視圖。三消失點非為正三角形時，則稱為不等角或二等角三點透視圖(Trimetric/Dimetric Three-point Perspective)，凡基點不在視中心 CV 上時，則通稱為偏位三點透視圖，各種不同之三點透視圖如圖 12.50 所示。

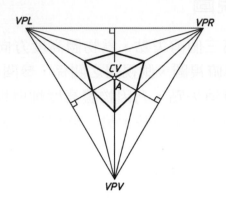

圖 12.49　等角正位三點透視圖

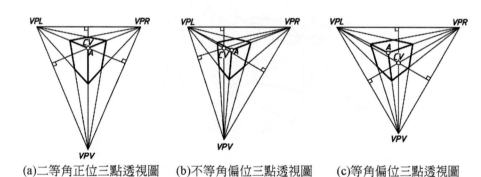

(a)二等角正位三點透視圖　　(b)不等角偏位三點透視圖　　(c)等角偏位三點透視圖

圖 12.50　各種三點透視圖

12.17　三點透視圖之繪製

　　三點透視圖以採用免畫平面圖之作圖方法，較為方便簡單，前面圖 12.12 所示之平面圖直接投影法，以及圖 12.19 所示之消失點法，作圖麻煩不建議採用。在透視圖之應用畫法中之基線法、測點法及介線法等皆可免畫平面圖繪製透視圖，較適宜使用在三點透視圖之繪製，以一立方體邊長 *l* 為例，茲分別說明如下：

(a) 基線法：只適合繪等角正位三點透視圖，因已知俯視圖之旋轉角為 45° 之故，可用 45° 直線為測線，請參閱前面第 12.10 節所述，再作垂線至基線(GL 線)上，即可得各主軸之深度尺度。因等角正位三點透視圖三主軸之透視變化情況一致，若直接以基線當做測線作圖，雖為實際投影尺度之 0.866 倍，但較為方便，如圖 12.51 所示，左右深度尺度，可由經基點 A 之水平線(平行 VPL 至 VPR)為基線，直接量取立方體邊長 *l* 之距離，即直接以基線為左右測線。而高度尺度則由基點 A 至高消失點 VPV 傾斜 30° 為基線(平行 VPR 至 VPV)，直接量取立方體邊長 *l* 之距離，即直接以平行 VPR 至 VPV 之直(基)線為高度測線。以基線法繪製等角正位三點透視圖應屬快捷之方法。

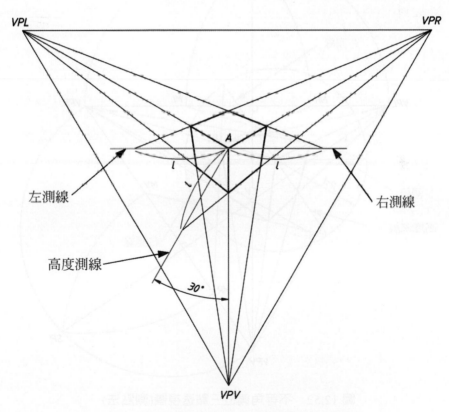

圖 12.51　等角正位三點透視圖(基線法)

(b) 測點法：當三個消失點位置確定後，視中心 CV 之位置即為固定，
應在各消失點向三角形對邊作垂線之交點上，如圖 12.52 所示，
任兩消失點間之視點 SP 位置，可在以兩消失點為直徑之半圓與經
CV 之垂直線上找到，已知視點 SP 即可求得測點，請參閱前面第
12.9 節所述，如圖中 VPL 至 VPR 的測點為 ML 及 MR，VPR 至
VPV 的測點為 MR 及 MV。有三個測點 ML、MR 及 MV 即可應用
測點法，繪製各種三點透視圖。立方體各主軸之深度尺度邊長 *l*，
求作過程說明如下(圖 12.52)：

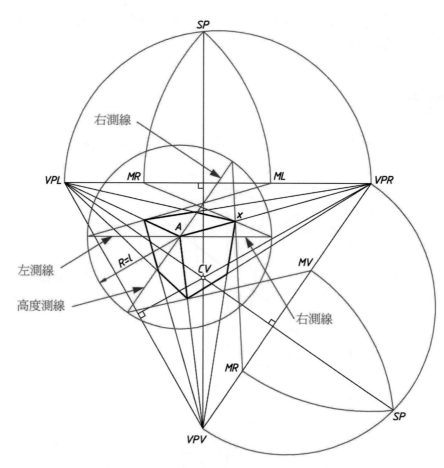

圖 12.52　不等角偏位三點透視圖(測點法)

1. 任選基點 A 在 CV 之附近。

2. 左右測點 ML 及 MR 所用之測線，必須經基點 A 作直線與 VPL 至 VPR 連線平行，即直接以基線為測線。

3. 右測點 MR 及高測點 MV 所用之測線，必須經基點 A 作直線與 VPR 至 VPV 連線平行。

4. 從各測線上取立方體之邊長 *l* 連向所屬之測點，即可求得各主軸之深度尺度。

5. 圖中兩 MR 測點，所求得之深度尺度理應相同，如圖中之點 x。

6. 比較前面之基線法作圖，兩者同樣以基線為測線，有何相異之處。

(c) 介線法：可應用此法繪製三點透視圖有兩種情況：(1)等角偏位三點透視圖，即三個消失點必須圍成正三角形，基點可任意選擇。(2)正位三點透視圖，即基點必須在視中心 CV 上。前者三個消失點圍成正三角形，基點偏位，如圖 12.53 所示，求作過程說明如下：

1. 已知三消失點圍成正三角形及基點 A 偏位，非在視中心 CV 上。

2. 在 VPL 及 VPR 兩消失點間求左右兩介線，參閱前面圖 12.37 所示之介線求法，視點 SP 必須在半圓弧之中間位置。

3. 由基點 A 向 VPL 至 VPR 連線作垂線，即為左右兩介線之測線。

4. 在 VPL 及 VPV 兩消失點間可求得左介線及高度介線。

5. 由基點 A 向 VPL 至 VPV 連線作垂線，為左及高度介線之測線。

6. 實際尺度在測線上量取，經由介線投向全透視線上時，必須與該測線平行。

7. 一條測線可經由兩邊之介線，求得兩個主軸方向之深度尺度，圖中之兩條左介線，以相同立方體之邊長 *l* 所求得之深度位置理應相同，如圖中之點 x。

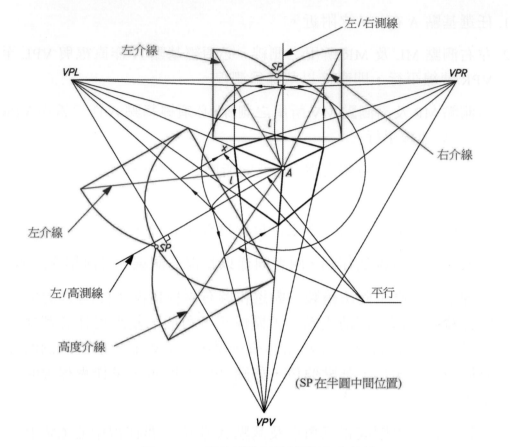

圖 12.53　等角偏位三點透視圖(介線法)

　　基點在視中心 CV 上時，屬正位三點透視圖，亦可採用介線法。如圖 12.54 所示，爲不等角正位三點透視圖，求作過程與圖 12.53 所示類似說明如下：

1. 已知任意三個消失點，但基點 A 必須剛好在視中心 CV 上。

2. 在 VPL 及 VPR 兩消失點間求左右兩介線，但視點 SP 必須在視中心 CV 之投影相關位置，非半圓弧之中間位置。比較圖 12.53 之介線求作相異之處。

3. 由基點 A 向 VPL 至 VPR 連線作垂線，即爲左右兩介線之測線。

4. 在 VPR 及 VPV 兩消失點間可求得右介線及高度介線。

5. 由基點 A 向 VPR 至 VPV 連線作垂線，為右介線及高度介線之測線。

6. 實際尺度在測線上量取，經由介線投向全透視線上時，必須與該測線平行。

7. 一條測線可經由兩邊之介線，求得兩個主軸方向之深度尺度，圖中之兩條右介線，以相同立方體之邊長 l 所求得之深度位置理應相同，如圖中之點 x。

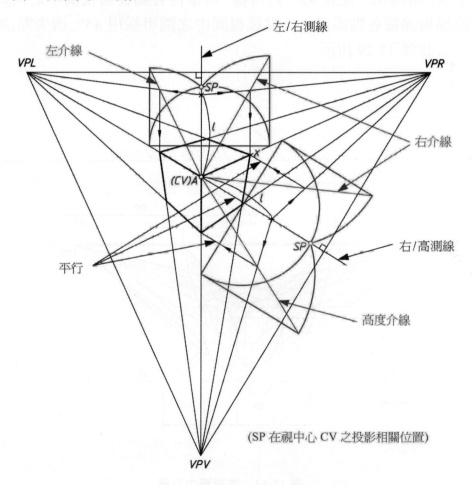

圖 12.54　不等角正位三點透視圖(介線法)

12.18　透視圖中之曲線

透視圖中有圓、圓弧或不規則曲線時，可等分成任意找若干點，以支矩法找出各點在三主軸之尺度位置，再根據尺度利用前面各節所介紹之應用方法，求出各點在透視圖中之位置，然後以曲線板連接各點成一不規則曲線，即可得曲線之透視圖。

畫立方體各面之內切圓，如圖 12.55 所示，可將圓等分，利用 45° 對角線及圓之中心線等，各種圓上之重要點，應用任何有利之畫法，如圖中採用測點法，配合 45° 對角線，可求得各點在透視圖中之位置，再以曲線板連接各點即可。一點透視圖中之圓可採用 45° 消失點法，請參閱前面圖 12.29 所示。

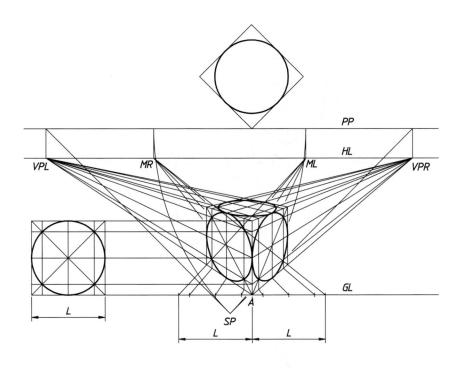

圖 12.55　透視圖中之圓

　　物體有不規則曲線時，如圖 12.56 所示，在適當位置取不規則曲線上之若干點，以支矩法找出各點在主軸上之尺度位置，可應用任何有利之畫法，圖中採用測點法，利用右測點 MR 求出各點在透視圖中之位置，再以曲線板連接即成。

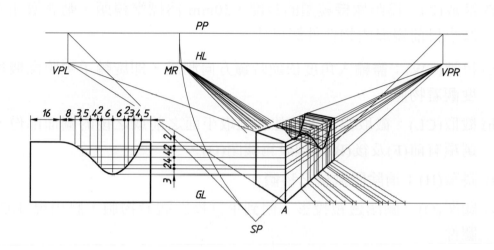

圖 12.56　透視圖中之不規則曲線

12.19　電腦製圖

　　AutoCAD 以 3D 的指令繪製的立體圖，可用指令 "dview"，及各種副指令來設定物體與視點的變化，可呈現透視投影及立體正投影的立體圖，若未繪製物件，可選 DVIEWBLOCK，會有一間畫好的房子協助您定義副指令。各種 "dview" 下的副指令功能說明如下：

(a) 相機(CA)：照像機的角度，即視點位置的角度，包括與 X、Y 平面的角度以及與 X 軸的角度。

(b) 目標(TA)：以立體圖中之某點為目標點(Target point)，須輸入角度，包括 X、Y 平面的角度與及與 X 軸的角度。

(c) 距離(D)：照像機與目標點之距離，即視點與物體之距離。選此指令將打開透視投影的功能，以及出現透視投影的圖像。

(d) 點(PO)：設定照像機的座標及目標點的座標，會從目前相機位置畫出伸縮線協助您定義視線。

(e) 平移(PA)：移動景像，不變更放大層次，須指定一位移基準點及指定第二點。

(f) 縮放(Z)：為照像機鏡頭的長度，50mm 為標準鏡頭，動態增加或減小目前視埠內物件外觀尺寸。

(g) 扭轉(TW)：需輸入角度依逆時鐘方向測量，即旋轉手中照像機角度觀看物體。

(h) 截取(CL)：截取視景，遮住在截取平面之前或之後的圖面部份，選項有前(F)及後(B)，預設為關閉(O)。

(i) 隱藏(H)：消除隱藏線之物體。

(j) 關閉(O)：關閉透視投影，回到平行投影觀看物體，將出現 UCS 圖像。

(k) 復原(U)：復原最後一個 Dview 動作的效果，可復原多個 Dview 的動作。

　　AutoCAD 其他的 3D 功能指令操作過程，請參閱其他專門介紹 AutoCAD 3D 繪圖的書籍。另外在電腦製圖的軟體方面，由於個人電腦硬體的提昇，在電腦繪圖的環境，已傾向操作簡單易學及參數式的全面 3D 實體模型，以直接繪製 3D 實體，可產生 2D 平面圖包括尺度標註、剖面、和輔助視圖，以及立體爆炸圖等，3D 軟體坊間常見如 AutoCAD 的 AMD(Autodesk Mechanical Desktop) 及 Inventor 、 Pro/Engineer、SolidWorks、SDRC I-DEAS、Solid edge、3D Studio MAX、MicroStation、CADKEY、Softimage 3D、Unigraphics II、MegaCAD 3D 等多種，此外多種軟體更延伸至電腦輔助設計方面的逆向工程，模具製作，和有限元素、動力學、熱傳學、塑膠流動等分析，以及在電腦輔助製造方面的 IGES 轉換成加工 NC 碼等。

　　電腦製圖全面 3D 化雖已即將來臨，但製造所須之 2D 工程圖以及繪製 2D 圖面之投影觀念及幾何作圖，仍是必備的知識與技能，對設計工程師而言，以目前來說電腦製圖大部份只是取代儀器製圖的工具改良而已。

　　習題後有 "＊" 者附電腦練習圖檔，在書後磁片 "\EX" 目錄下。

❖ 習 題 十二 ❖

1. 依照下列各題之已知條件,按尺度比例,自行選擇適當的方法, 繪製透視圖。

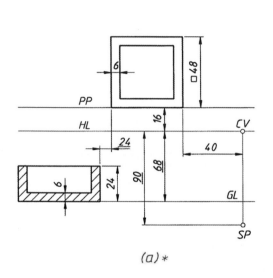

(a) ✳

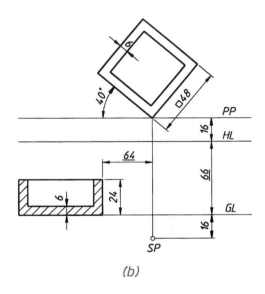

(b)

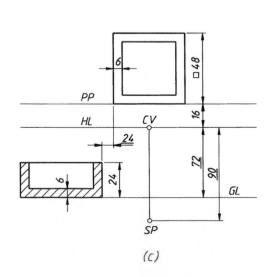

(c)

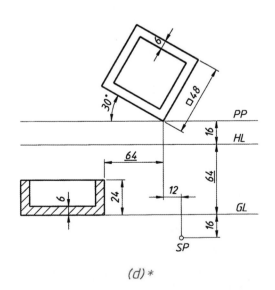

(d) ✳

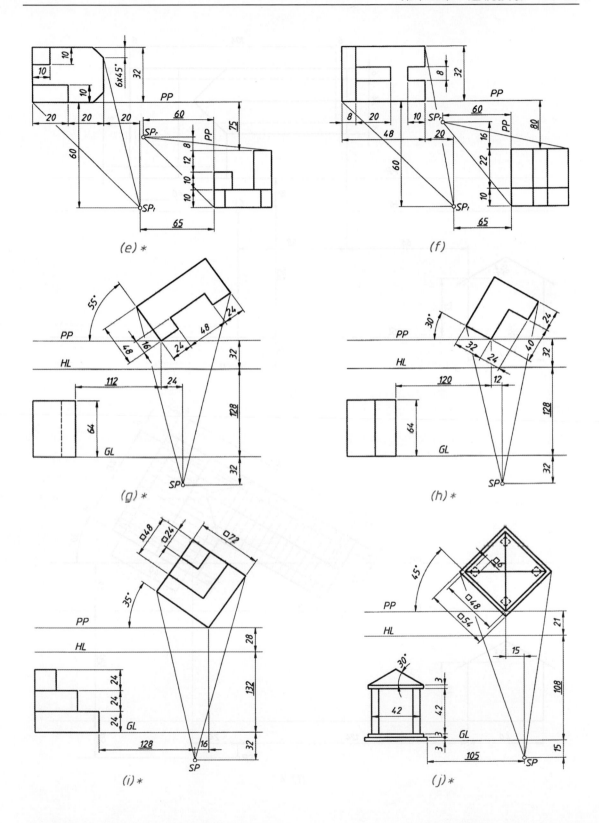

(e) *

(f)

(g) *

(h) *

(i) *

(j) *

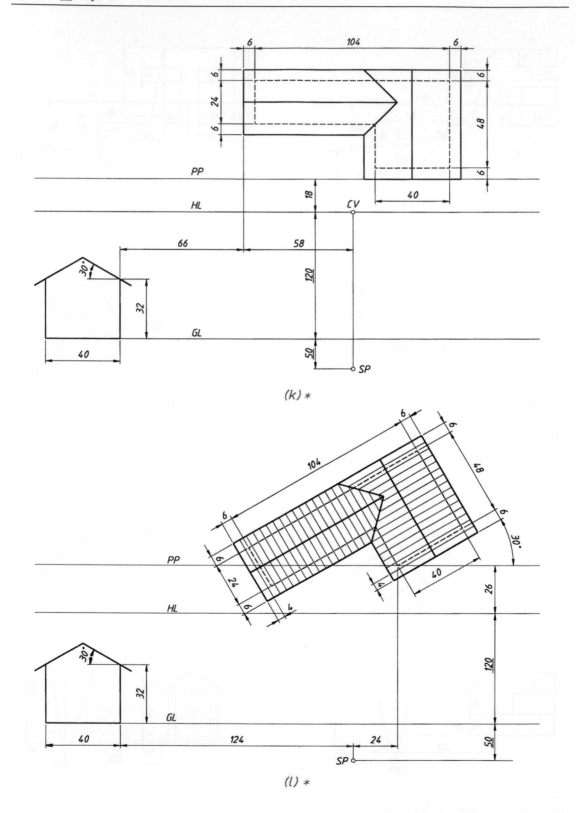

(k) *

(l) *

2. 依照各題之條件，按尺度比例，以 45° 消失點法，繪製一點透視圖。

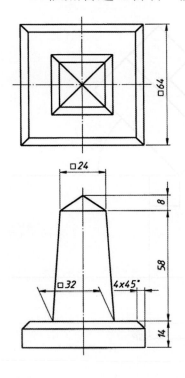

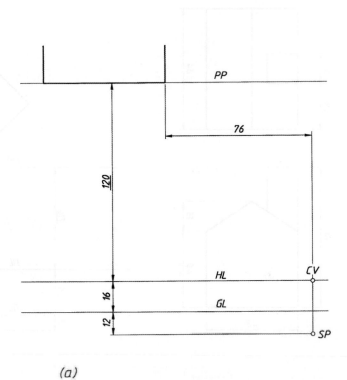

(a)

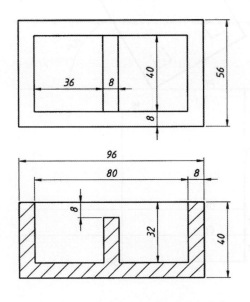

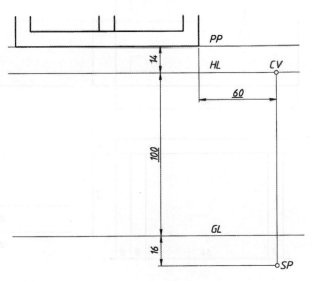

(b)

3. 依照各題之已知條件，按尺度比例，以測點法或基線法，繪製透視圖。

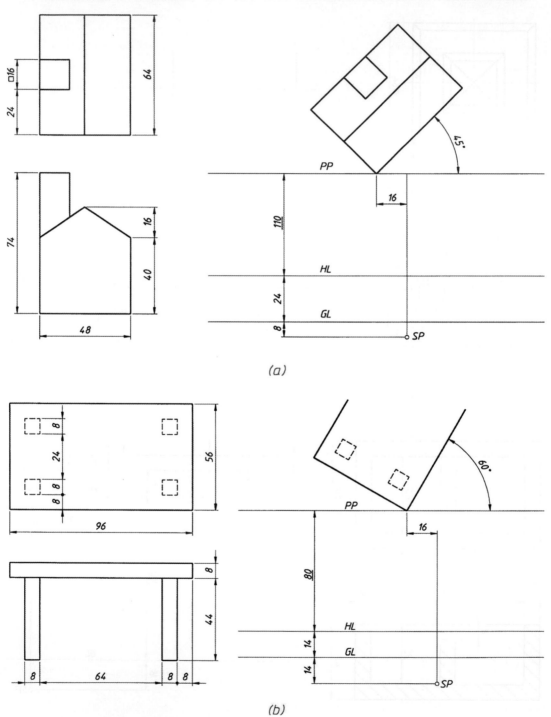

(a)

(b)

4. α為光線方向，θ為光線角度，繪製下列各題之透視圖及陰影。

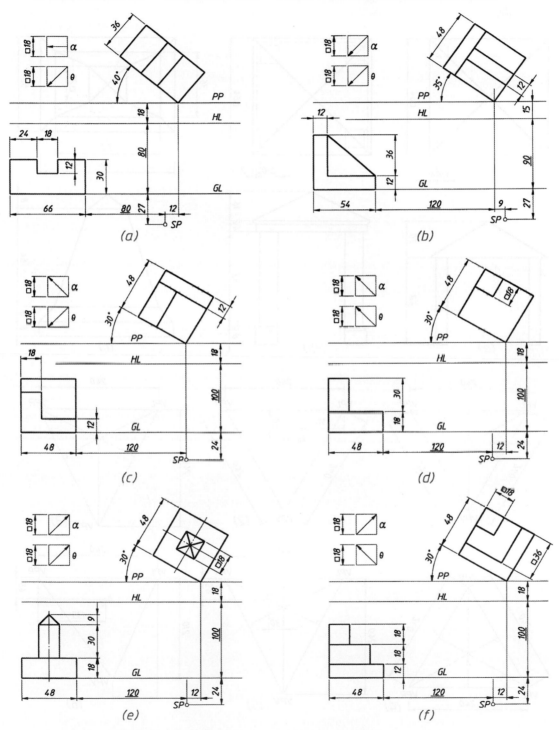

5. 下列三題,在六種不同三消點及基點 A 中任選一種,畫三點透視圖。

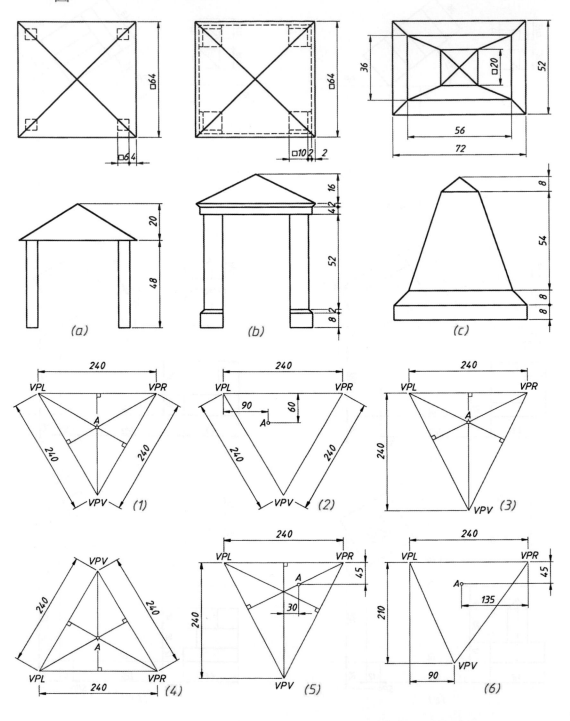

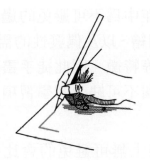

徒手畫

13.1 概說

　　圖面繪製的方式，除了以儀器用具繪製正式圖面，以及利用個人電腦和軟體的操作，即所謂電腦製圖，繪製更精美的正式圖面外，另外一種繪製的方式，即以純手的技藝，只利用鉛筆及圖紙直接描畫圖面，稱為徒手畫(Freehand)，所畫之圖稱為草圖(Sketching)或寫生圖。以徒手描畫之圖面，雖通常為一種暫時性的過程，必須再以儀器或電腦重新繪製正式的圖面，但徒手畫在實際工作中為不可避免的過程，常見如新產品之原始設計、工作現場之實物測繪、以及偶發性的需要，如討論、說明、及迅速表達物體之結構形狀等特徵。因此徒手畫為另一種迅速簡便圖面繪製的方式，為學習工程圖不可缺少的學習項目之一。

　　以徒手描畫之圖面，在尺度精度及線條上無可避免的會比較粗略，但其內涵理應與用儀器或電腦繪製之正式圖面一樣正確，不可因徒手畫而簡化。因此如何以徒手取代儀器或電腦描繪圖面，仍有某種程度以上之清晰及美觀，為本章所介紹之重點。

13.2 徒手畫

　　草圖為圖面因以徒手描畫而稱之，故任何圖面，包括多視投影、剖面視圖、輔助視圖、尺度標註以及各種立體圖等，皆可以徒手畫描繪。徒手畫之草圖要能清晰美觀，純靠手運筆時的純熟與技巧，其不二法門為勤加練習，若再加上練習方法得當，就像書寫工整的工程字體一樣，可在短時間內，達到圖面的清晰與美觀。如圖 13.1 所示，為以徒手畫所描畫之工程圖及立體圖。

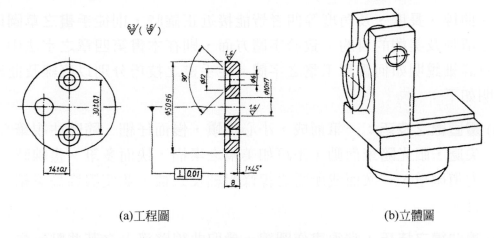

(a)工程圖　　　　　　　　　　　　(b)立體圖

圖 13.1　徒手畫

13.2.1　徒手畫之練習方法

以徒手畫草圖，全靠小心仔細之描畫，以及勤加練習直線及曲線等之畫法，最終即可得清晰美觀之草圖。在練習之過程，大約可分三個階段，說明如下：

第一階段：利用半透明之描圖紙，覆蓋在以儀器畫好的圖面上，直接練習描畫，只要小心謹慎，應可得清晰美觀之草圖。

第二階段：採用方格紙練習徒手畫，因其上有直線及間隔，可沿直線練習畫筆直之直線，及利用間隔取長度，只要小心仔細，應可描畫出不錯之草圖。或以描圖紙底下墊方格紙練習亦可。

第三階段：爲最後之目的，可在一般之製圖紙上，直接以目測方式，利用各種徒手畫之技巧及方法，繪製清晰美觀之草圖。

13.2.2　徒手畫之技巧

圖形由線條所組成，線的種類可分爲兩大類，即直線(Lines)與曲線(Curves)，在徒手畫之技巧方面，除了如何將直線畫的很直，以及將曲線畫的很滑順之外，另有構成圖形之尺度，包括長度及角度等。直線、曲線、長度、及角度等四者皆能接近正確時,則徒手畫之草圖即可達清晰及美觀的目的。致於字體方面,則在本書第四章之字法中,已有詳細說明如何書寫工整之字體。徒手畫之技巧分別以直線及曲線說明如下:

(a) 畫直線之技巧:一筆而成,小心謹慎,慢而仔細,隨時注視筆尖處,眼光隨筆而動,不可如美術之素描,快而多筆。畫線時力道微重,一次而成所需之線條粗細及式樣,並使線條烏黑結實。

(b) 畫曲線之技巧:常須畫作圖線,量取曲線路逕上之某些點,先以細淡之線描畫曲線,必要時可將紙旋轉,以較順手之方式描畫,覺得曲線尚可時,再以微重之力道,重新描畫一次而成。

13.3　鉛筆之選擇

　　徒手畫草圖所使用之線條式樣與粗細,與使用儀器繪製之規定完全一致,筆則只採用鉛筆即可,當覺得所畫之某線條不夠正確時,可以橡皮擦擦掉重畫一次,因此除非特殊情況需要,否則皆不採用針筆上墨畫草圖。為配合線條粗之繪製,可考慮選用 0.5mm 自動鉛筆畫粗線及中線,選用 0.3mm 自動鉛筆畫細線,筆蕊則以選用 HB 等級左右即可。筆及筆蕊的規格參閱前面第三章製圖用具。

13.4　畫直線

　　直線能畫的筆直,草圖即接近美觀,畫直線之技巧,參閱前面第13.2.2 節所述。徒手畫直線之方法,以畫垂直、水平及傾斜線分別說明如下:

(a) 畫垂直線:線條短時,手腕不動靠於紙上,如圖 13.2 所示,利用手指抓筆由上而下畫垂直線,眼光先看好終點位置,筆開始移動時,眼光改注視筆尖之移動,慢而謹慎,可描畫筆直之垂直線。若線條較長時，手腕及手臂輕碰紙面，如圖 13.3 所示，手指抓筆固定不動，利用手臂的移動，由上而下畫垂直線，眼光先看好終點位置，筆開始移動時，眼光改注視筆尖之移動，慢而謹慎，與畫短線相同，可描畫筆直之垂直線。

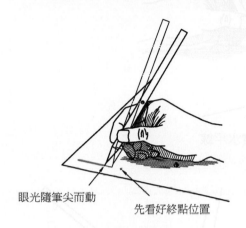 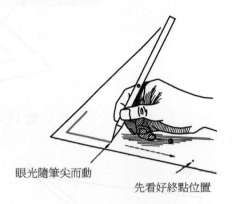

圖 13.2　畫短垂直線　　　　　　圖 13.3　畫較長垂直線
(手指動手臂固定)　　　　　　　(手指固定手臂動)

(b) **畫水平線**：手腕及手臂輕碰紙面，如圖 13.4 所示，手指抓筆保持固定不動，利用手臂的移動，由左而右畫水平線，開始之前眼光先看好終點位置，筆開始移動時，眼光必須注視筆尖，慢而謹慎仔細描畫，即可完成筆直之水平線。若仍無把握描時，可考慮將紙旋轉 90° 後，以畫垂直線之方式畫水平線，因對大部份的人而言垂直線較易描畫。

(c) **畫傾斜線**：通常為了順手勢之習慣，徒手畫傾斜線，除了習慣將紙旋轉，使傾斜線成接近垂直線方向，如圖 13.5 所示之圖(a)及圖(b)，以畫垂直線的方式畫傾斜線，參閱前面第(a)項所述。

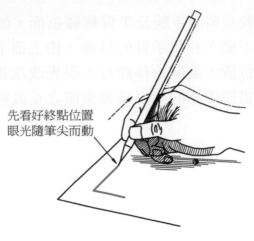

先看好終點位置
眼光隨筆尖而動

圖 13.4　畫水平線

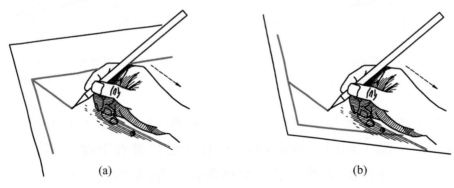

(a)　　　　　　　　　　　　　(b)

圖 13.5　將紙旋轉後以畫垂直線的方式畫傾斜線

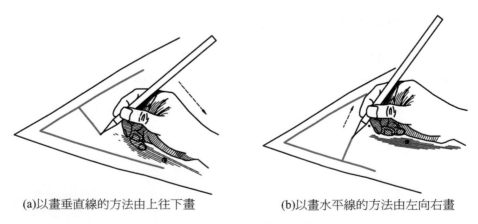

(a)以畫垂直線的方法由上往下畫　　　(b)以畫水平線的方法由左向右畫

圖 13.6　直接描畫傾斜線

當傾斜線角度較接近垂直線時，若有把握，亦可直接描畫傾斜線，如圖 13.6 所示之圖(a)，以畫垂直線的方法，由上往下畫。若傾斜線角度較接近水平線時，如圖(b)情況，以畫水平線的方法，由左向右上畫，參閱前面第(b)項所述。若遇多條平行傾斜線時，最好將紙旋轉，以採用畫垂直線之方式畫傾斜線較適宜。傾斜線之角度，先決定兩端點位置，再畫傾斜線，請參閱第 13.6 節所述，角度較正確。

13.5　畫曲線

曲線種類較多，難易不同，方法各異，綜合各種畫曲線之技巧，參閱前面第 13.2.2 節所述。徒手畫各種曲線之方法，以畫小圓、大圓、圓弧、及橢圓等，分別說明於下面各小節。

13.5.1　畫小圓

圓弧不易描畫，通常需以細線作圖，取半徑長度之位置，即圓弧所經之路逕，先以淡細線條畫出圓弧，覺的圓弧平滑尚可時，再以標準線條式樣小心描畫一次，可分兩種作圖法，說明如下：

(a) 正方形作圖法：如圖 13.7 所示，步驟如下；

1. 先將圓之兩中心畫好，以圓之直徑在圓心位置上，以細線畫一正方形，如圖(a)，再畫正方形之對角線。

2. 在對角線上取圓半徑之長度，如圖(b)所示，包括正方形邊之中點，共有 8 點為圓弧所經之位置。

3. 以細淡之線經各點畫圓弧，以順手為方便，至完成一圓，如圖(c)。

4. 覺得圓尚可時，擦淨正方形及對角線，最後以標準線條式樣，小心再描畫圓及中心線，如圖(d)所示，即完成。

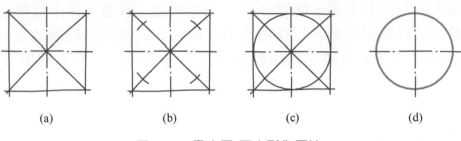

圖 13.7　畫小圓(正方形作圖法)

(b) 45° 線作圖法：如圖 13.8 所示，步驟如下：

1. 先畫圓之兩中心線，經圓心畫 45° 之傾斜線，如圖(a)。

2. 在各線上取圓之半徑長度，並畫短弧，要儘可能一致，如圖(b)。

3. 經各短弧，以細淡之線連接成一圓，以順手為方便，如圖(c)。

4. 覺的圓尚可時，擦淨兩 45° 傾斜線，最後以標準線條式樣，小心再描畫圓及中心線，如圖(d)所示，即完成。

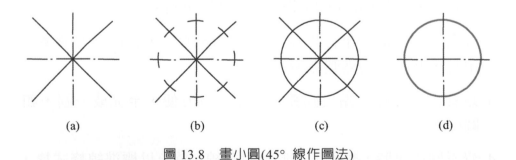

圖 13.8　畫小圓(45° 線作圖法)

13.5.2　畫大圓

常用畫大圓之方法，分別說明如下：

(a) 就地取材：先畫好兩中心線後，以就地取材方式，如隨地之硬質線材、鐵片、紙張或手中之鉛筆等皆可，做為量取半徑之用，如圖 13.9 所示，以相同之半徑長度，由圓心量出，並作輕淡之記號或短弧，得大圓之路徑，最後再以標準線條式樣，小心描畫大圓。

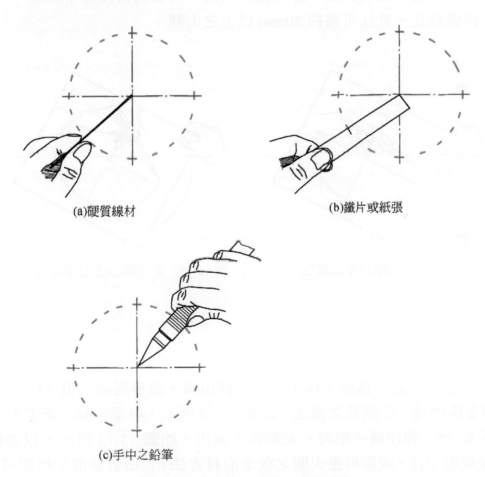

(a)硬質線材　　　　　(b)鐵片或紙張

(c)手中之鉛筆

圖 13.9　畫大圓(就地取材量取半徑)

(b) 以手為圓規：先畫好兩中心線，並在其上量一半徑長度，如圖 13.10 所示，以小指支撐於圓心上，手指抓好鉛筆，筆尖對準半徑位置，保持固定不動，以另手旋轉圖紙，即可畫出大圓。若覺不大正確再做修正，此法可畫直徑約 70mm 至 120mm 左右之圓。

(c) 以兩枝筆為圓規：先畫出兩中心線，並在其上量出半徑長，以一手抓筆成交叉狀，如圖 13.11 所示，以一枝筆尖定位於圓心位置，另一枝筆張開筆尖對準半徑位置，保持張角固定不動，以另一隻手旋轉圖紙，即可畫出大圓，若覺圓弧接點不正確，再做修正，此法可畫約 20mm 以上之大圓。

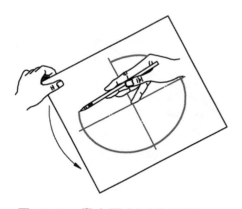 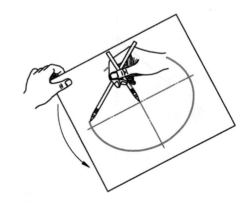

圖 13.10　畫大圓(以手為圓規)　　　圖 13.11　畫大圓(以兩枝筆為圓規)

13.5.3　畫圓弧

圓弧為圓之一部份，描畫方法與圓相同，請參閱前面第 13.5.1 及 13.5.2 節所述。小圓弧之畫法，如圖 13.12 所示，與畫小圓之正方形作圖法及 45° 線作圖法相同。大圓弧之畫法，如圖 13.13 所示，以畫輔助線量取半徑，或採用畫大圓之就地取材方法，以紙張量取半徑即可。

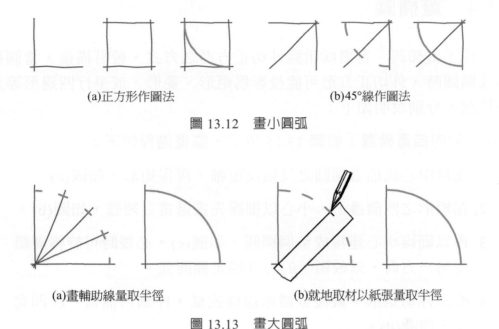

(a)正方形作圖法　　　　　　　　　　(b)45°線作圖法

圖 13.12　畫小圓弧

(a)畫輔助線量取半徑　　　　　　(b)就地取材以紙張量取半徑

圖 13.13　畫大圓弧

　　另外圓弧之畫法，亦可利用如儀器繪製之幾何作圖過程，如圖 13.14 所示，以徒手細線繪製應有之作圖線，圓弧相切幾何作圖請參閱前面第五章應用幾何之第 5.4 節所述，可較正確的描繪各種相切之圓弧，描繪過程請運用前面介紹之直線以及圓弧的徒手描繪方法和技巧。

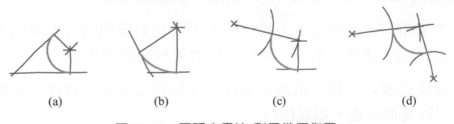

(a)　　　　　　(b)　　　　　　(c)　　　　　　(d)

圖 13.14　圓弧之畫法(利用幾何作圖)

13.5.4　畫橢圓

　　徒手畫橢圓，習慣採用圓外切正方形之方式，較易描畫，當圓投影成橢圓時，外切正方形可能投影爲矩形、菱形、或平行四邊形等三種情況，分別說明如下：

(a) 矩形內描畫橢圓：如圖 13.15 所示，描畫過程如下：

　1. 先以中心線描畫橢圓之長軸及短軸，再畫矩形，如圖(a)。

　2. 在矩形之四個邊上，小心以細線先畫適當之短弧，如圖(b)。

　3. 再以細線小心連接成整個橢圓，如圖(c)，必要時可旋轉圖紙至另一方向，以較順手的方式描畫橢圓弧。

　4. 擦淨外切矩形，最後以標準線條式樣，仔細再描畫一次即完成，如圖(d)。

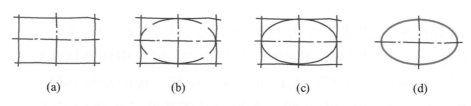

(a)　　　　　　(b)　　　　　　(c)　　　　　　(d)

圖 13.15　矩形內描畫橢圓

(b) 菱形內描畫橢圓：如圖 13.16 所示，描畫過程如下：

　1. 先畫相交之垂直及水平線，在上下及左右取相同之距離點，如圖(a)，連接四點成一菱形，注意菱形四邊須等長。

　2. 從菱形邊之中點，畫兩中心線，即橢圓之等長共軛軸，分別平行菱形之邊，如圖(b)。

　3. 以兩中心線爲界，分四段以細線小心描畫橢圓，如圖(c)，必要時可旋轉圖紙至另一方向，以順手的方向描畫橢圓弧。

4. 擦淨外切菱形，最後以標準線條式樣，小心再描畫一次即可，如圖(d)。

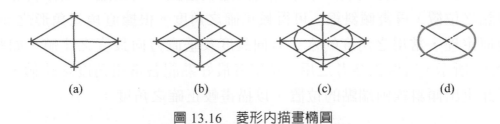

(a)　　　　　　(b)　　　　　　(c)　　　　　　(d)

圖 13.16　菱形內描畫橢圓

(c) 平行四邊形內描畫橢圓：如圖 13.17 所示，描畫過程如下：

1. 先畫兩中心線，再平行兩中心線線畫平行四邊形，如圖(a)。

2. 在平行四邊形邊與邊之中間處，小心以細線先畫適當之短弧，如圖(b)，注意橢圓並非四段皆對稱。

3. 以細線小心連接成橢圓，如圖(c)，注意橢圓只有上下及左右成反向之對稱，必要時可旋轉圖紙至順手方向，描畫橢圓弧。

4. 擦淨外切平行四邊形，最後以標準線條式樣，仔細再描畫一次即完成，如圖(d)。

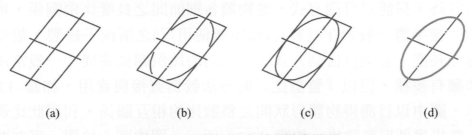

(a)　　　　　　(b)　　　　　　(c)　　　　　　(d)

圖 13.17　平行四邊形內描畫橢圓

13.6 畫角度

　　角度直接以目測方式,不易得正確之度數,徒手畫時常造成誤差,通常以採用傾斜線兩端之水平方向距離及垂直方向距離,取傾斜線兩端點之位置,再畫傾斜線,可得較正確之角度。根據直角三角形之 tan 幾何定理,常用之角度的水平方向長度及垂直方向長度之比值,如圖 13.18 所示,可做為參考之用,初學者最好熟記各常用角度之比值,可藉此定出傾斜線兩端點的位置,以描畫較正確之角度。

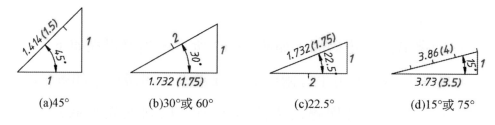

| (a)45° | (b)30°或60° | (c)22.5° | (d)15°或75° |

圖 13.18　常用角度之邊長比值

13.7 草圖之比例

　　以徒手畫草圖,若為實物測繪,參閱第 13.10 節所述,因需以尺量測機件之尺度,可知視圖各處之比例關係。若為一般直接繪製物體之形狀時,只能以目測方式,從物體各細節間之長度比例關係,繪製草圖。徒手畫一般皆在沒有尺(或不能使用尺)之情況下繪製,故草圖各處之長度,必須以目測方式,依大約的比例關係完成。一般常用的方法雖有多種,但以『整數比』的方法較為直接與實用,如圖 13.19 所示,圖中以目測得物體形狀間之整數比的相互關係,利用此比例關係,先描畫外形整數比,如圖 13.20 所示,圖中圓心位置,可在圓直徑長度的中間找到;又小圓為大圓之一半,小圓之半徑位置,可將一半之長度再取中間位置,如圖(a),以各尺度位置畫水平及垂直線即可得各圓之外切正四邊形，如圖(b)。依前面介紹之徒手畫方法描畫，即可較精確的完成草圖的繪製，如圖(c)。

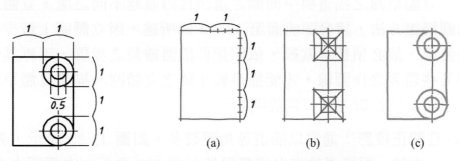

圖 13.19　目測各細節的整數比　　　　　圖 13.20　利用整數比畫草圖

　　若物體各處細節無法剛好成一整數比，可採用就地取材之方式，以手中之筆或任何身邊硬質線材或薄板等，如圖 13.21 所示，以手中之筆量取物體的長度，直接轉做為徒手畫線條長度使用。

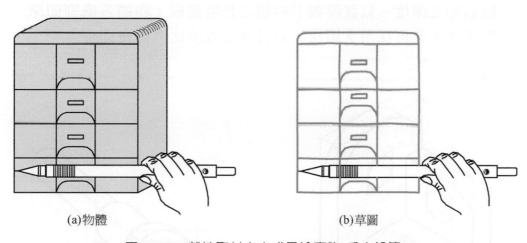

(a)物體　　　　　　　　　　　　　(b)草圖

圖 13.21　就地取材之方式量繪實物(手中鉛筆)

13.8 立體草圖

　　立體草圖之描畫與平面圖之畫法技巧並無不同之處，立體圖上之橢圓描畫方法，請參閱前面第 13.6.4 節所述，因立體圖上較少水平及垂直線，故必須按步就般，依照類似儀器繪製之步驟，不厭其煩的描畫某些需要之作圖線，才能描畫較正確之立體圖。描畫立體草圖應注意事項，依投影方法分別說明如下：

(a) 立體正投影：通常以描畫等角圖較多，如圖 13.22 所示，先畫三主軸，兩後退軸方向儘量保持左右 30° 平行，主平面上之圓須先以菱形框出，再畫橢圓。物體上某點之位置，最好依照支矩法，參閱前面第 10.4 節所述，以目測取在各主軸上之深度位置投影而得，如圖中之點 a。

(b) 斜投影：先描畫物體正面未變形之實際形狀，後退軸方向保持平行，如圖 13.23 所示，注意與投影面平行之平面皆為實形，後退軸之深度，以實際觀看物體之長度選取，物體各處細節深度尺度，亦可採用支矩法，以目測之長度比例描畫即可。

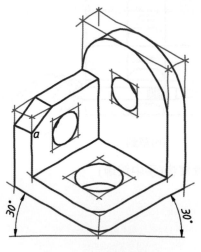

圖 13.22　等角草圖

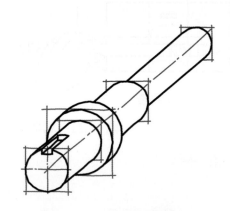

圖 13.23　斜投影草圖

(c) 透視投影：以兩點透視為例，如圖 13.24 所示，仍必須畫出視平線 HL 及兩消失點，以方便描畫後退消失軸，因透視圖之變化條件甚多，以看似適當之長度，先取三主軸之總長深度尺度，然後依物體之各細節的尺度，在總長之比例關係位置，以目測方式直接描畫即可，注意左右兩後退軸方向，必須保持連線於消失點上。

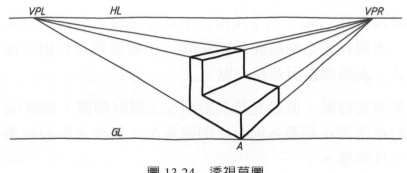

圖 13.24　透視草圖

13.9　潤飾

　　將已畫好之立體圖，按實物之材質、表面、及光線之作用，另外在物體之表面加繪線條或描黑等，使更具自然感及立體效果，稱為潤飾(Render)，或稱為描陰。潤飾之方法甚多，有些可用儀器繪製潤飾，有些則只能以徒手鉛筆潤飾。透視投影中之陰影繪製，必須按投影方法完成，參閱第 12.14 節所述，潤飾則傾向於較藝術化，只要先決定光線之大約方向或採自然光，依照物體可能產生之陰影或反光，純靠感覺來潤飾，沒有一定之投影方法。

　　各種常見之潤飾方法與技巧，如圖 13.25 所示，茲分別以圖例說明如下：

(a) 極限邊加粗：將立體圖中屬極限之邊線用粗線繪製，其餘則用細線，如圖(a)，可增加物體之外形立體感，可配合其他潤飾方法使用。

(b) 陰影面加細線：以較細之直線，描畫物體之表面，如圖(b)，假設光線之方向，加畫適當之陰影，顯示物體之不同面，以增加立體感，細線可用儀器或徒手描畫。

(c) 圓弧描畫圓弧面：物體上之曲面，包括填圓角等，以適當之細圓弧描畫於圓弧面上，如圖(c)，以顯示物體之圓弧面，可配合其他潤飾方法使用，細圓弧通常以徒手描畫。

(d) 直線描畫圓弧面：通常採用徒手直線描畫，配合自然光之反射，表現物體之圓弧面，如圖(d)，小填圓角以粗細直線平行方式，表現圓弧面及反光點。

(e) 陰影面加砂點：假設光源大約由左上照射物體，如圖(e)，以點的疏密表示物體各面上之明暗情況，可加畫影的效果，以增加自然感。

(f) 陰影面描黑：將鉛筆磨粗，或改用 B 或 2B 之鉛筆，利用鉛筆之濃淡塗畫於物體各面上，如圖(f)，取代前面採用砂點的方法，表現物體被光照射之自然效果。

(g) 鑄造面加砂點：物體為鑄造件時，因鑄造面較暗及粗糙，以細點表示鑄造面的部份，如圖(g)，並配合前面以細圓弧描畫圓面的方法，描畫圓弧面及填圓角，切削面則全部以空白表示。

(h) 全面描黑：配合細圓弧描畫圓弧面的方法，全面以相同之灰度，以鉛筆塗畫於物體之各面上，如圖(h)，表示實物的範圍。

(i) 各面描黑：依自然光之效果，在物體之同一面上，以鉛筆塗畫相同之灰度，不同面灰度不同，以增加立體感，如圖(i)。

(j) 直線繪製陰影：依照物體之材質及自然反光等，可用儀器繪製，以較細直線繪製，配合極限邊加粗方法，如圖(j)，以實物之自然表面情況為考慮，較含藝術化技巧。

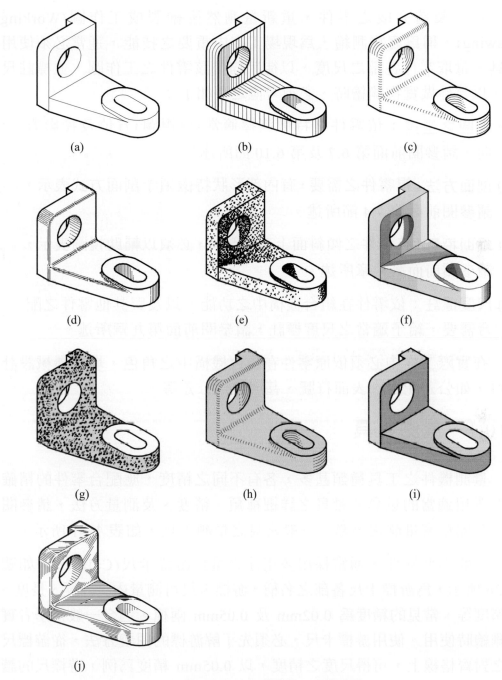

(a)

(b)

(c)

(d)

(e)

(f)

(g)

(h)

(i)

(j)

圖 13.25　常見潤飾方法與技巧

13.10　實物測繪

　　將已製造完成之零件，重新量測然後繪製成工作圖(Working Drawing)，稱為實物測繪，為現場工作中重要之技能，通常必須使用量具，量取零件各部之尺度，以徒手描畫該零件之工作圖，並標註尺度。以零件做實物測繪時，必須考慮之要如下：

(a) 視圖之選擇：依零件之特徵選擇適當之(視圖)方位及投影方向，請參閱前面第 6.7 及第 6.10 節所述。

(b) 剖面方法：視零件之需要，有內部形狀特徵須予剖面方式表示，請參閱前面第 7.4 節所述。

(c) 輔助投影：該零件之傾斜面上有特徵時，必須以輔助視圖表示，請參閱前面第八章所述。

(d) 尺度標註：依零件在組合機構中之功能，以及與其他零件之配合需要，給予適當之尺度標註，請參閱前面第九章所述。

　　在實際工作中必須依原零件在組合機構中之角色，填加機械設計資料，如公差配合、表面符號、甚至幾何公差等。

13.10.1　量測工具

　　量測機件之工具種類甚多，各有不同之精度，應配合零件的精確程度選用適當的量具。量具之詳細種類、精度、及測量方法，請參閱其他有關精密量測之書籍。一般常見之量測工具，如表 13-1 所示。

　　一般小型機件，通常採用多用途之量具游標卡尺(Caliper)，如圖 13.26 所示，為游標卡尺各部之名稱，游標卡尺可測量內、外徑、長度、及深度等，常見的精度為 0.02mm 及 0.05mm 兩種，適合一般初學者實物測繪時使用。使用游標卡尺，必須先了解游標的閱讀方法，從游標尺上之對齊格線上，可得尺度之精度，以 0.05mm 精度為例，游標尺的讀法，如圖 13.27 所示，圖(a)中當游標尺歸零時，在 39mm 中分成

表 13-1　常用的量測工具

名　　　稱	量 測 工 具	用　　　途
鋼尺(捲尺或折尺) (Steel rule)		測量精密度不高之長度，捲尺可測量彎曲長度
外卡		配合鋼尺測量精密度不高之外徑，通常已被游標卡尺取代
內卡		配合鋼尺測量精密度不高之內徑，通常已被游標卡尺取代
游標卡尺 (Caliper)		測量精密度高之長度、外徑、內徑及深度
測微器(或分厘卡) (Micrometer)		測量精密度較高之長度及外徑(另有內徑用測微器)
牙規(或螺紋規) (Screw pitch gauge)		測量螺紋的牙距(Pitch)
厚薄規		測量零件間之間隙
R 規(或半徑規)		測量內、外填圓角的半徑
鉛線或銅線		取得彎曲外形用

20 小格，可得 $^1/_{20}$=0.05mm 的精度。圖(b)中點 A 為機件之長度，由刻度上得知為 9mm 多，從游標尺上之格線，尋找唯一對齊之格線，即點 B 之位置，得精度為 0.15mm，最後得機件之長度為 9+0.15=9.15mm。

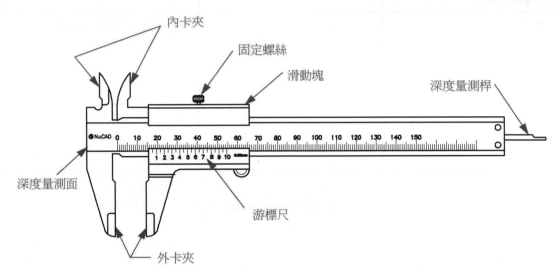

圖 13.26　游標卡尺各部名稱

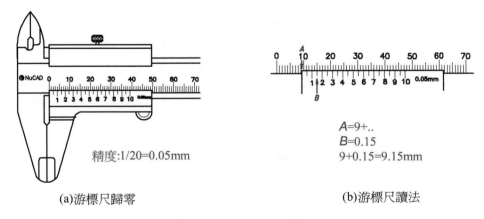

(a)游標尺歸零

精度:1/20=0.05mm

(b)游標尺讀法

A=9+..
B=0.15
9+0.15=9.15mm

圖 13.27　游標尺的讀法

游標卡尺使用時，為能得正確之尺度，需注意之要點如下：

(a) 所讀取刻度：以外卡夾測量直徑外側時，必須夾住直徑外側，因間隙關係，所讀得之刻度雖為直徑尺度，但其尺度理論上應小於(接近等於)實際之直徑大小，如圖 13.28 所示，L 為讀得之尺度，D 為實際之直徑大小。

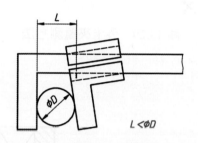

圖 13.28　刻度小於實際之尺度

(b) 外卡夾量測方法：如圖 13.29 所示，測量外型長度時，機件必須深入外卡夾，且注意夾持時之垂直方位，才能量得正確尺度。

(c) 內卡夾量測方法：同理測量內徑時，如圖 13.30 所示，內卡夾亦需深入孔內，且注意需平行孔軸及在孔之直徑位置上測量。

(d) 小孔深度量測：如圖 13.31 所示，以深度量測桿量取小孔之深度，且注意需保持在垂直方向。

(e) 寬孔深度量測：當深度為寬廣之平槽時，如圖 13.32 所示，必須改以游標卡尺前面之深度量測面測量，使測面貼平深度之底部，不可使用尾部之深度測量桿量取。

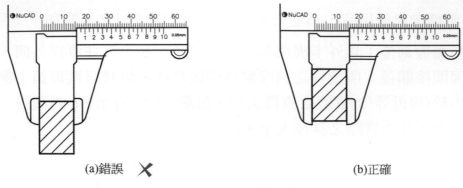

(a)錯誤　✗　　　　　　　　　　　　　　(b)正確

圖 13.29　外卡夾量測方法

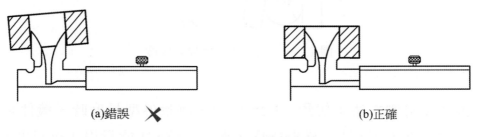

(a)錯誤　✗　　　　　　　　　　　　　　(b)正確

圖 13.30　內卡夾量測方法

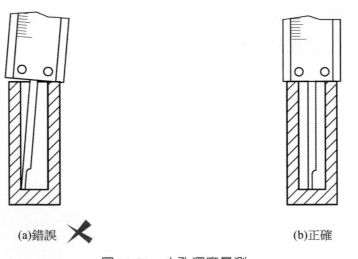

(a)錯誤　✗　　　　　　　　　　　　　　(b)正確

圖 13.31　小孔深度量測

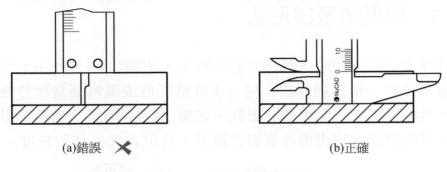

(a)錯誤 ✖   (b)正確

圖 13.32　寬孔深度量測

　　另外常用必備之量具尚有牙規、**R** 規、鋼尺、捲尺及銅線等。牙規使用時必須儘可能將牙規全部放入螺紋範圍內測量，如圖 13.33 所示，牙規上之數字即為牙距(Pitch)。**R** 規之半徑甚小，皆使用在測量鑄造件之內外塡圓角的半徑。鋼尺屬於較粗糙之長度及深度尺度情況下使用，捲尺亦可測量彎曲之長度。當機件有彎曲之空間曲面時，如圖 13.34 所示，可採用鉛線，或其他軟質線材，如銅線等，沿著機件之曲面彎曲，如(a)圖，再將成形之鉛線，於紙上畫出機件之曲面形狀，如(b)圖。

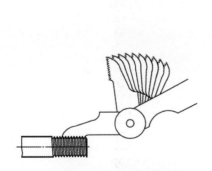

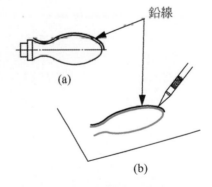

鉛線

(a)

(b)

圖 13.33　牙規全部放入螺紋範圍內測量　　　　圖 13.34　以鉛線取得彎曲形狀

13.10.2　描形法及印形法

　　機件之底為平面時,將機件置於紙上,如圖 13.35 所示,以筆直接描畫其外形,稱為描形法。另一法可將紅丹或墨料適當塗於機件之底面,再印於紙上,亦可得其形狀,如圖 13.36 所示,稱為印形法。此二法可代替徒手描畫機件底面之細節,且可在其上量取尺度。

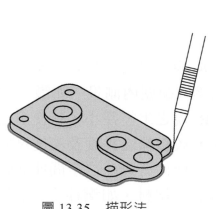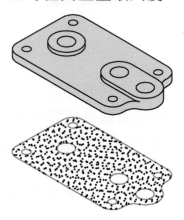

圖 13.35　描形法　　　　　　圖 13.36　印形法

❖　習　　題　　十三　❖

1. 用方格紙或白紙，以徒手畫，按尺度比例、線條式樣及粗細，抄繪下
   列各題。

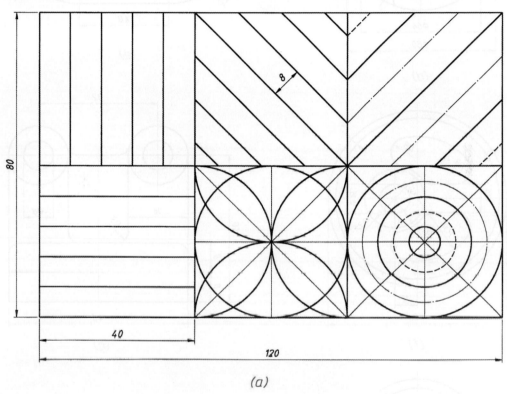

(a)

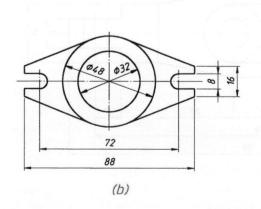

(b)

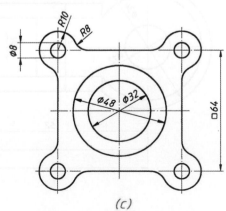

(c)

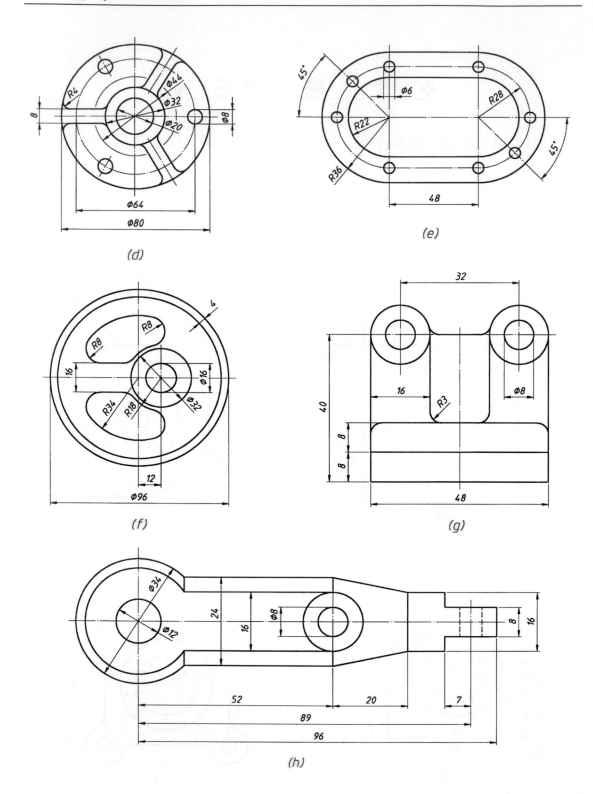

(d)

(e)

(f)

(g)

(h)

2. 用方格紙或白紙，以徒手按比例抄畫下列各題，加繪等角圖及潤飾。

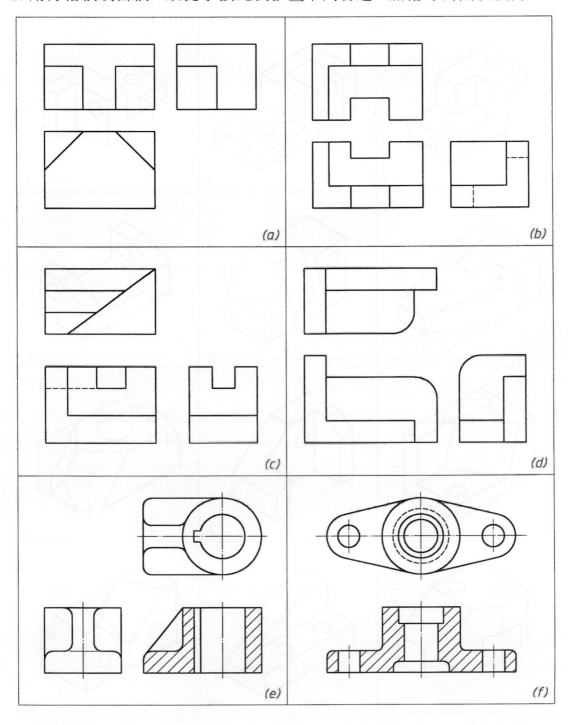

3. 以徒手每格 8mm，畫下列各題之三視圖及立體圖，包括潤飾。

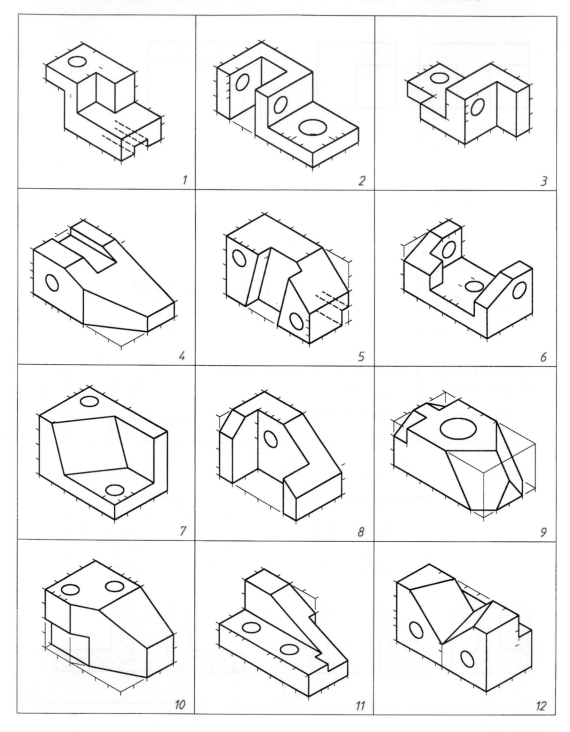

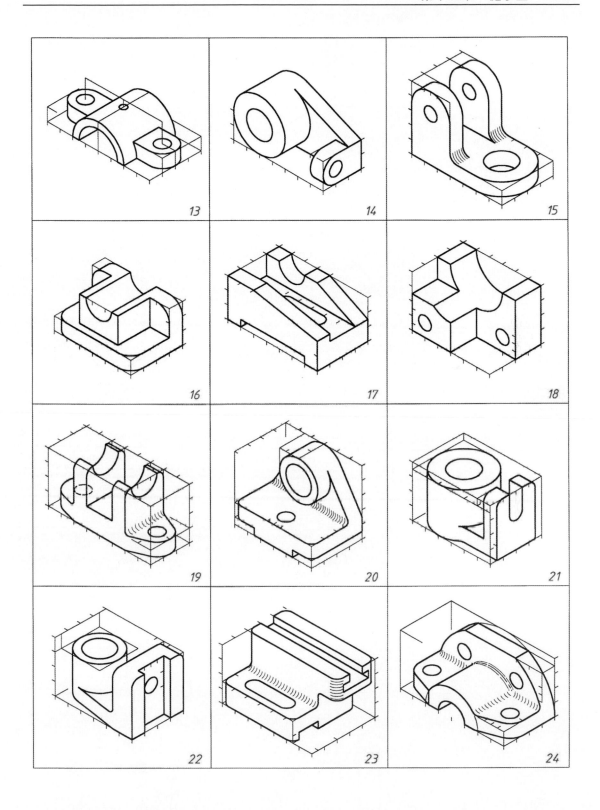

附錄 A
AutoCAD 繪製工程圖常用指令

　　以下為繪製工程圖常用到的 2D 指令，依拉丁字母順序排列，指令前有多一字元 ' 者，屬穿透性 (Transparently) 的指令，可在其他指令執行過程中插入執行。字元前後有＜，＞者為按鍵，如＜Enter＞為按 Enter 鍵之意。指令詳細的操作過程，請參閱專門介紹 AutoCAD 的書籍。

工程圖常用指令表(1/6)

指令(Command)	功能	副指令(Options/Submenus)
ARC	畫任何大小的圓弧，內定方法為三點畫圓弧	3-point：三點 S,C,E：啟始點，圓心，結束點 S,C,A：啟始點，圓心，圓弧角 A,C,L：啟始點，圓心，弦長 S,E,A：啟始點，結束點，圓弧角 S,E,R：啟始點，結束點，半徑 S,E,D：啟始點，結束點，方向 C,S,E：圓心，啟始點，結束點 C,S,A：圓心，啟始點，圓弧角 C,S,L：圓心，啟始點，弦長 CONTIN：連接最後畫者
AREA	可計算由 Circle 以及 Pline 指令所畫圖形之面積和周長	A　設定加的模式 S　設定減的模式 E　選圖形元素

工程圖常用指令表(2/6)

指令(Command)	功能	副指令(Options/Submenus)
ARRAY	一次複製多個成極坐標或方形的形式	P 極坐標形式複製 R 方形的形式複製
'BASE	設定插入 (Insert) 另一張圖之插入點的位置	
BHATCH	由交談框畫剖面線	
BLOCK	建立聚合模組	? 列出圖中聚合模組名稱
BREAK	以兩點斷裂圖形元素	F 從頭選第一點
CHAMFER	畫兩相交線的去角	D 設定去角尺度 P 畫多重線的每一去角
CHANGE or	修改各種情況包括位置、大小、角度、顏色、字、層、式樣…等(DDCHPROP 由交談框修改)	P 各種情況(Properties) C 顏色 E 高度(Elevation) LA 層(Layer) LT 式樣(Linetype) T 厚度(Thickness)
CIRCLE	畫圖	2P 兩點畫圓 3P 三點畫圓 D 輸入直徑畫圓 R 輸入半徑畫圓 TTR 切點,切點,半徑畫圓
'COLOR or 'COLOUR	設定顏色	數字 輸入顏色數字 名稱 輸入顏色數字 BYBLOCK 跟 Block 變 BYLAYER 跟 Layer 變
COPY	複製	M 多次複製(Multiple)
DIM	進入標註尺度狀態	
DIM1	標註一個尺度	

工程圖常用指令表(3/6)

指令(Command)	功能	副指令(Options/Submenus)	
DDIM	由交談框設定尺度標註型式		
'DIST	輸入兩點計算距離		
DIVIDE	等分圖元(以 Point 形式標示)	B	以 Block 標示等分點
DONUT or DOUGHNUT	畫環塗滿		
DTEXT or TEXT	寫字	J	調整字的寫法
		S	列出/選擇字形的式樣
		A	沿任兩點之寬度內
		C	水平中央點的位置
		F	在兩點水平寬度內
		M	中間點位置
		R	靠右
		BL	靠左下
		BC	靠下中
		BR	靠下右
		ML	靠中間左
		MC	靠正中
		MR	靠中間右
		TL	靠上左
		TC	靠上中
		TR	靠上右
ELLIPSE	畫橢圓	C	圓心
		R	旋轉角度
		I	等角圖之橢圓
END	存圖後離開		
ERASE	刪除圖元		
EXTEND	延長線,圓弧,多重線至邊界		

工程圖常用指令表(4/6)

指令(Command)	功能	副指令(Options/Submenus)
FILLET	填圓角	P　畫多重線的每一填圓角 R　設定半徑
'GRID	設定格點	ON　打開格點 OFF　關閉格點 S　設定格點與抓點相同 A　設定格點 X,Y 座標不同 數字　設定格點(0=與抓點相同)
HATCH (參考 BHATCH)	畫剖面線 (ANSI31:45 度剖面線名稱)	ANSI31　畫 45 度剖面線 *ANSI31　使剖面線非為聚 　　　　合模組 (Block) U　用自定剖面線 ANSI31,I　不管裡面圖形結構 ANSI,N　順序使裡面圖形結構不 　　　　畫、畫、不畫 ANSI31,O　只畫最外部份面積
INSERT	插入 Block 或圖檔 (DDINSERT 由交談框插入 Block 或圖檔) (MINSERT 多次插入 Block 或圖檔)	fname(Block 名稱) fname=圖檔名 *fname(Block 為各別圖元) ~　由交談框插入 Block 或圖檔 ?　列出已有的 Block 名稱
'LIMITS	設定圖紙大小	座標(左下，右上) ON　超出圖紙大小提示啟動 OFF　超出圖紙大小提示關閉

工程圖常用指令表(5/6)

指令(Command)	功能	副指令(Options/Submenus)
LINE	畫直線	＜Enter＞繼續剛畫之線
		C　使畫成一封閉圖形
		U　取消上一次剛畫之線
'LINETYPE	線條式樣	?　列出已有線條式樣
		C　創造新線條式樣
		L　載入線條式樣
		S　設定線條式樣
'LTSCALE	設定線條式樣的比例	
MEASURE	以點顯示輸入量測長度位置	B　以 Block 顯示量測長度位置
MIRROR	鏡射對稱畫圖	
MOVE	移動圖元	
OFFSET	畫平行線 (包括圓弧)	輸入平行距離
		T　選平行位置點
PEDIT	多重線編輯	E　編輯多重線點(Vertics)
		F　編輯成不規則連續線
		W　設定寬度
		X　跳出編輯功能
		編輯多重線點(Vertics)副指令：
		B　斷裂多重線
		I　插入多重線點
		M　移動多重線點
		N　移至下一個多重線點
		P　移至前一個多重線點
		X　跳出編輯多重線點
PLINE	畫多重線	W　設定寬度
		＜Enter＞　結束畫多重線
PLOT	繪圖機出圖	

工程圖常用指令表(6/6)

指令(Command)	功能	副指令(Options/Submenus)
POINT	畫點	
POLYGON	畫正多邊形	E　邊數 C　外切於圓 I　內接於圓
QUIT	跳出 AutoCAD 不存圖	
ROTATE	旋轉圖元	
SAVE	以原檔名快速存圖	
SAVEAS	可存圖於另一檔名	
SCALE	圖形放大縮小	
'SETVAR	設定系統變數	
STRETCH	拉變圖形	
'STYLE	設定字型	?　顯示現存字型
TRIM	剪斷線條	U　恢復剪斷線條
U	恢復功能	
UNITS	設定單位	
WBLOCK	建立 Block 至磁片成圖檔	
'ZOOM	縮放觀看圖形	A　全部畫面 P　上一個畫面 W　選視窗觀看圖形
＜ESC＞	取消任何正在執行的工作	
＜F8＞	開啓/關閉水平及垂直功能	
＜F3＞	開啓/關閉物件鎖點功能	
＜F7＞	開啓/關閉顯示格子點功能	
＜F6＞	開啓/關閉顯示座標功能	

附錄 B
AutoCAD 常用指令表

#	
3D	建立 3D 多邊形網面物件
3DARRAY	建立一個 3D 陣列
3DCLIP	呼叫交談式的 3D 視景，以及開啟「調整截取平面」視窗
3DCORBIT	呼叫交談式的 3D 視景，讓您將 3D 視景中的物件設定成連續移動
3DDISTANCE	呼叫交談式的 3D 視景，讓物件呈現比較近或比較遠的外觀
3DFACE	建立一個三維的面
3DMESH	建立自由形式多邊形網面
3DORBIT	控制 3D 空間內的交談式物件檢視
3DPAN	呼叫交談式的 3D 視景，讓您能夠水平或垂直拖曳視景
3DPOLY	在三維空間內，使用 CONTINUOUS 線型來建立含有直線線段的聚合線
3DSIN	匯入 3D Studio(3DS)檔
3DSOUT	匯出至 3D Studio(3DS)檔
3DSWIVEL	呼叫交談式的 3D 視景，模擬轉動相機的效果
3DZOOM	呼叫交談式 3D 視景，讓您可以縮放拉近和拉遠視景
A	
ABOUT	顯示 AutoCAD 的相關資訊
ACISIN	匯入 ACIS 檔案
ACISOUT	將 AutoCAD 實體物件匯出到 ACIS 檔案
ADCCLOSE	關閉 AutoCAD 設計中心
ADCENTER	管理內容
ADCNAVIGATE	將 AutoCAD 設計中心的「桌面」導引到您所指定的檔名，目錄位置，或網路路徑

ALIGN	在 2D 和 3D 空間內，使某些物件和其它物件對齊
AMECONVERT	將 AME 實體模型轉換成 AutoCAD 實體物件
APERTURE	控制物件鎖點目標框的尺寸
APPLOAD	載入和釋放應用程式，並定義啓動時要載入哪些應用程式
ARC	建立一個弧
AREA	計算物件或定義區域的面積和周長
ARRAY	以一個樣式建立物件的多重複本
ARX	載入、釋放以及提供 ObjectARX 應用程式的相關資訊
ATTDEF	建立屬性定義
ATTDISP	整體控制屬性的可見性
ATTEDIT	變更屬性資訊
ATTEXT	萃取屬性資料
ATTREDEF	重新定義圖塊，並更新相關的屬性
AUDIT	檢測圖面的完整性
B	
BACKGROUND	設定場景的背景
BASE	設定目前圖面的插入基準點
BHATCH	以剖面線樣式填滿封閉的區域或選取的物件
BLIPMODE	控制文件標記的顯示
BLOCK	從您選取的物件建立一個圖塊定義
BLOCKICON	產生 R14 或之前的版本所建立的圖塊的預覽影像
BMPOUT	將選取的物件儲存至獨立設備點陣圖格式的檔案中
BOUNDARY	從一個封閉的區域建立一個面域或一條聚合線
BOX	建立一個三維實矩形體
BREAK	刪除物件的一部份或斷開物件成爲兩個物件
BROWSER	啓動系統登錄所定義定的預設瀏覽器
C	
CAL	演算數學和幾何運算式

CAMERA	設定不同的相機和目標位置
CHAMFER	產生物件邊緣的倒角
CHANGE	變更既有物件的性質
CHPROP	變更物件的顏色、圖層、線型、線型比例係數、線寬、厚度和出圖型式
CIRCLE	建立一個圓
CLOSE	關閉目前圖面
COLOR	定義新物件的顏色
COMPILE	編譯造型檔和 PostScript 字體檔
CONE	建立一個三維的實體圓錐體
CONVERT	最佳化 AutoCAD 版次 13 或更早的版次所建立的 2D 聚合線和關聯式剖面線
COPY	複製物件
COPYBASE	以指定基準點來複製物件
COPYCLIP	複製物件到剪貼簿
COPYHIST	將指令行歷程的文字複製到剪貼簿
COPYLINK	複製目前的視景到剪貼簿以連結到其它的 OLE 應用程式
CUTCLIP	複製物件到剪貼簿，並將物件從圖面內刪除
CYLINDER	建立一個三維的圓柱實體
D	
DBCCLOSE	關閉「資料庫連接管理員」
DBCONNECT	提供外部資料庫表格的 AutoCAD 介面
DBLIST	列示圖面內每個物件的資料庫資訊
DDEDIT	編輯文字與屬性定義
DDPTYPE	指定點物件的顯示模式和尺寸
DDVPOINT	設定 3D 檢視方向
DELAY	在腳本中提供計時的暫停
DIM 和 DIM1	存取標註模式
DIMALIGNED	建立對齊線性標註

DIMANGULAR	建立角度標註
DIMBASELINE	從前一個標註或選取的標註的基準線，建立一個線性、角度或座標式標註
DIMCENTER	建立圓和弧的中心點標記或中心線
DIMCONTINUE	從前一個標註或選取的標註的第二個標註線，建立一個線性、角度或座標式標註
DIMDIAMETER	建立圓和弧的直徑標註
DIMEDIT	編輯標註
DIMLINEAR	建立線性標註
DIMORDINATE	建立座標式標註
DIMOVERRIDE	取代標註系統變數
DIMRADIUS	建立圓和弧的徑向標註
DIMSTYLE	建立和修改標註型式
DIMTEDIT	移動和旋轉標註文字
DIST	測量兩點間的距離和角度
DIVIDE	沿著一個物件的長度或周長，等間距放置點物件或圖塊
DONUT	畫填實的圓和環
DRAGMODE	控制 AutoCAD 顯示物件的方法
DRAWORDER	變更影像與其他物件的顯示順序
DSETTINGS	指定鎖點模式、格點、極座標及物件鎖點追蹤的設定值
DSVIEWER	開啟「鳥瞰視景」視窗
DVIEW	定義平行投影或透視視景
DWGPROPS	設定和顯示目前圖面的性質
DXBIN	匯入特殊編碼的二進位檔案
E	
EDGE	變更三維面邊緣的可見性
EDGESURF	建立 3D 多邊形網面
ELEV	設定新物件的高程和擠出厚度性質
ELLIPSE	建立橢圓或橢圓弧

ERASE	從圖面移除物件
EXPLODE	將複合物件分解成組成物件
EXPORT	將物件儲存成其它檔案格式
EXPRESSTOOLS	啓動已安裝的「AutoCAD Express 工具」(如果目前無法使用)
EXTEND	延伸物件使它接觸另一個物件
EXTRUDE	擠出既有的二維物件來建立獨特的實體原型
F	
FILL	控制複線、等寬線、實面、所有剖面線和寬聚合線的填實
FILLET	在物件的邊緣上產生外圓角和圓角
FILTER	建立可重複使用的過濾器，以根據性質來選取物件
FIND	尋找、取代、選取或縮放至指定的文字
FOG	提供遠距物件的視覺呈現效果。
G	
GRAPHSCR	從文字視窗切換至繪圖區
GRID	在目前的視埠內顯示格點
GROUP	建立具名的物件選集
H	
HATCH	以一個樣式填滿指定的邊界
HATCHEDIT	修改既有的剖面線物件
HELP (F1)	顯示線上說明
HIDE	抑制隱藏線並重生一個 3D 模型
HYPERLINK	將超連結貼附到圖形物件或修改既有的超連結
HYPERLINKOPTIONS	控制超連結游標的可見性，以及超連結工具提示的顯示
I	
ID	顯示位置的座標值
IMAGE	管理影像
IMAGEADJUST	控制亮度、對比和影像的濃淡值
IMAGEATTACH	貼附新的影像至目前圖面
IMAGECLIP	建立影像物件的新的截取邊界

IMAGEFRAME	控制 AutoCAD 要顯示或隱藏影像框
IMAGEQUALITY	控制影像顯示品質
IMPORT	以各種格式，將檔案匯入 AutoCAD
INSERT	將具名圖塊或圖面放到目前圖面中
INSERTOBJ	插入一個連結的或嵌入的物件
INTERFERE	從兩個或更多實體的體積建立一個複合實體
INTERSECT	從兩個或更多個面域的交集建立複合實體或面域，並移除交集之外的區域
ISOPLANE	指定目前的等角平面
L	
LAYER	管理圖層和圖層性質
LAYOUT	建立一個新的配置，以及更名、複製、儲存或刪除既有的配置
LAYOUTWIZARD	啟動「配置」精靈，讓您指定新配置的頁面和出圖設定值
LEADER	建立一條連接註解到一個特徵的線
LENGTHEN	調整物件長度
LIGHT	管理光源和光效
LIMITS	設定和控制圖面邊界和格點顯示
LINE	建立直線線段
LINETYPE	建立, 載入和設定線型
LIST	顯示選取物件的資料庫資訊
LOAD	使造型可供 SHAPE 指令使用
LOGFILEOFF	關閉 LOGFILEON 所開啟的記錄檔
LOGFILEON	將文字視窗內容寫入檔案
LSEDIT	編輯景物物件
LSLIB	維護景物物件資源庫
LSNEW	在圖面中加入擬真景物項目，例如樹和草叢
LTSCALE	設定線型比例係數
LWEIGHT	設定目前的線寬、線寬顯示的選項，以及線寬單位
M	

MASSPROP	計算和顯示面域或實體的質量性質
MATCHPROP	將一個物件的性質複製給一或多個物件
MATLIB	匯入和匯出材質資料庫的材質
MEASURE	將點物件或圖塊放在物件的等間距測量位置上
MENU	載入功能表檔案
MENULOAD	載入局部功能表檔案
MENUUNLOAD	釋放局部功能表檔案
MINSERT	在矩形陣列內插入圖塊的多重例證
MIRROR	建立物件的鏡射影像複本
MIRROR3D	建立相對於某個平面的物件鏡射影像
MLEDIT	編輯多重平行線
MLINE	建立多重平行線
MLSTYLE	定義多重平行線的型式
MODEL	從配置標籤切換至「模型」標籤，使它成為目前的
MOVE	沿著指定的方向，將物件移動指定的距離
MSLIDE	建立模型空間內之目前視埠的幻燈片檔，或圖紙空間內之所有視埠的幻燈片檔
MSPACE	從圖紙空間切換至模型空間視埠
MTEXT	建立多行文字
MULTIPLE	重複下一個指令，直到取消
MVIEW	建立浮動視埠，並打開既有的浮動視埠
MVSETUP	設定圖面的規格
N	
NEW	建立新的圖檔
O	
OFFSET	建立同心圓，平行線和平行曲線
OLELINKS	更新、變更和取消既有的 OLE 連結
OLESCALE	顯示「OLE 性質」對話方塊
OOPS	取回刪除的物件

OPEN	開啓既有的圖檔
OPTIONS	自訂 AutoCAD 設定值
ORTHO	限制游標移動
OSNAP	設定物件鎖點模式
P	
PAGESETUP	指定每個新配置的配置頁面、出圖設備、圖紙尺寸和設定值
PAN	移動目前視埠內的圖面顯示
PARTIALOAD	將其它圖形載入局部開啓的圖面中
PARTIALOPEN	將選取的視景或圖層的圖形載入圖面中
PASTEBLOCK	將複製的圖塊貼到新的圖面
PASTECLIP	插入剪貼簿的資料
PASTEORIG	使用原始圖面的座標，將複製的物件貼到新圖面中
PASTESPEC	從剪貼簿插入資料, 並控制該資料的格式
PCINWIZARD	顯示一個精靈，讓您將 PCP 和 PC2 規劃檔出圖設定匯入到「模型」標籤或目前的配置中
PEDIT	編輯聚合線和三維多邊形網面
PFACE	透過連續的個別頂點來建立一個三維多邊面網面
PLAN	顯示使用者座標系統的平面視景
PLINE	建立二維聚合線
PLOT	將圖面出圖到出圖設備或檔案
PLOTSTYLE	設定新物件的目前出圖型式，或指定出圖型式給選取的物件
PLOTTERMANAGER	顯示「繪圖機管理員」，讓您啓動「新增繪圖機」精靈和「繪圖機規劃編輯器」
POINT	建立一個點物件
POLYGON	建立等邊的閉合聚合線
PREVIEW	展示圖面列印或出圖時的外觀
PROPERTIES	控制既有物件的性質
PROPERTIESCLOSE	關閉「性質」視窗
PSDRAG	控制用 PSIN 將 PostScript 影像拖曳到定位時，該影像外觀

PSETUPIN	將使用者定義的列印格式匯入到新圖面配置中
PSFILL	以 PostScript 樣式填實一個 2D 聚合線外框
PSIN	匯入 PostScript 檔案
PSOUT	建立編密的 PostScript 檔
PSPACE	從模型空間視埠切換至圖紙空間
PURGE	從圖面資料庫移除未用的具名物件，如圖塊或圖層
Q	
QDIM	快速建立標註
QLEADER	快速建立引線和引線註解
QSAVE	快速儲存目前的的圖面
QSELECT	根據過濾器準則來快速建立選集
QTEXT	控制文字和屬性物件的顯示和出圖
QUIT	結束 AutoCAD
R	
RAY	建立半無限長的線
RECOVER	修復受損的圖面
RECTANG	畫一個矩形聚合線
REDEFINE	取回 UNDEFINE 所取代的 AutoCAD 的內部指令
REDO	反轉先前 UNDO 或 U 指令的效果
REDRAW	更新目前視埠的顯示
REDRAWALL	更新所有視埠的顯示
REFCLOSE	回存或捨棄參考(外部參考或圖塊)的現地編輯期間的變更
REFEDIT	選取要編輯的參考
REFSET	參考(外部參考或圖塊)的現地編輯期間，在工作集加入或移除物件
REGEN	重生圖面並更新目前的視埠
REGENALL	重生圖面並更新全部視埠
REGENAUTO	控制圖面的自動重生
REGION	從既有物件的選集建立一個面域物件
REINIT	重新初始化數位板、數位板輸入/輸出埠，以及程式參數檔

RENAME	變更物件的名稱
RENDER	建立三維線架構或實體模型的擬真相片或擬真描影影像
RENDSCR	重新顯示 RENDER 指令所建立的最後一個彩現
REPLAY	顯示 BMP、TGA 或 TIFF 影像
RESUME	繼續中斷的腳本
REVOLVE	繞著一個軸迴轉二維物件來建立實體
REVSURF	繞著一條選取的軸，建立迴轉曲面
RMAT	管理彩現材質
ROTATE	繞著一個基準點移動物件
ROTATE3D	繞著一個 3D 軸移動物件
RPREF	設定彩現環境設定
RSCRIPT	建立一個會連續重複的腳本
RULESURF	建立兩曲線之間的規則曲面
S	
SAVE	以目前的檔名或一個指定的名稱來儲存圖面
SAVEAS	使用一個檔案名稱來儲存未命名圖面，或更改目前圖面的名稱
SAVEIMG	將彩現的影像儲存到檔案中
SCALE	在 X、Y 和 Z 方向等比例放大或縮小選取的物件
SCENE	管理模型空間內的場景
SCRIPT	利用腳本來執行一連串的指令
SECTION	使用一個平面或實體的交點來建立面域
SELECT	將選取的物件放在「前一個」選集中
SETUV	將材質貼到物件上
SETVAR	列示或變更系統變數的值
SHADEMODE	描影目前視埠內的物件
SHAPE	插入造型
SHELL	存取作業系統指令
SHOWMAT	列示選取物件的材質類型和貼附方法
SKETCH	建立一個徒手線段序列

SLICE	使用一個平面切割一組實體
SNAP	以指定的間距來限制游標的移動
SOLDRAW	在 SOLVIEW 所建立的視埠內產生輪廓與剖面
SOLID	建立實面填實的多邊形
SOLIDEDIT	編輯 3D 實體物件的面和邊緣
SOLPROF	建立三維實體的輪廓影像
SOLVIEW	使用正投影建立浮動視埠，在配置空間中，配置 3D 實體與主體物件的各種視圖與剖面視圖
SPELL	檢查圖面內的拼字
SPHERE	建立一個三維的圓球實體
SPLINE	建立一個二次或三次雲形線 (NURBS) 曲線
SPLINEDIT	編輯雲形線物件
STATS	顯示彩現統計值
STATUS	顯示圖面統計值, 模式和範圍
STLOUT	將實體儲存成 ASCII 或二進位檔案
STRETCH	移動或拉伸物件
STYLE	在圖面中建立或修改具名字型，以及設定目前的字型
STYLESMANAGER	顯示「出圖型式管理員」
SUBTRACT	依差集來建立組合區域或實體
SYSWINDOWS	排列視窗
T	
TABLET	校正、規劃、及打開與關閉貼附的數位板
TABSURF	從路徑曲線與方向量建立一個板展曲面
TEXT	在螢幕上顯示輸入的文字
TEXTSCR	開啟 AutoCAD 文字視窗
TIME	顯示圖面的日期和時間統計
TOLERANCE	建立幾何公差
TOOLBAR	顯示、隱藏和自訂工具列
TORUS	建立一個圓環形實體

TRACE	建立等寬線
TRANSPARENCY	控制影像的背景像素是透明或不透明
TREESTAT	顯示圖面目前空間索引的相關資訊
TRIM	在其它物件所定義的切割邊緣上修剪物件
U	
U	復原最近的操作
UCS	管理使用者座標系統
UCSICON	控制 UCS 圖示的可見性和位置
UCSMAN	管理定義的使用者座標系統
UNDEFINE	容許以應用程式定義的指令取代內部的 AutoCAD 指令
UNDO	復原指令的效果
UNION	以加入來建立組合區域或實體
UNITS	控制座標和角度顯示格式, 並決定精確度
V	
VBAIDE	顯示 Visual Basic 編輯器
VBALOAD	將整體的 VBA 專案載入目前的 AutoCAD 作業中
VBAMAN	載入、釋放、儲存、建立、嵌入，以及萃取 VBA 專案
VBARUN	執行 VBA 巨集
VBASTMT	在 AutoCAD 指令行執行 VBA 敘述
VBAUNLOAD	釋放整體 VBA 專案
VIEW	儲存和取回具名的視景
VIEWRES	設定目前視埠內的物件解析度
VLISP	顯示 Visual LISP 交談式開發環境(IDE)
VPCLIP	截取視埠物件
VPLAYER	設定視埠內的圖層可見性
VPOINT	設定圖面的三維圖形檢視方向
VPORTS	將繪圖區等分成多個非重疊視埠或浮動視埠
VSLIDE	在目前視埠內顯示一個影像幻燈片檔
W	

WBL OCK	將物件或圖塊寫入新的圖檔
WEDGE	使用沿著 x 軸傾斜的斜面建立 3D 實體
WHOHAS	顯示開啓的圖檔的所有權資訊
WMFIN	匯入 Windows 的中繼檔
WMFOPTS	設定 WMFIN 的選項
WMFOUT	將物件儲存到 Windows 中繼檔
X	
XATTACH	將外部參考貼附到目前圖面
XBIND	將外部參考的從屬符號併入圖面
XCLIP	定義外部參考或圖塊截取邊界，以及設定前或後截取平面
XLINE	建立一條無限直線
XPLODE	將複合物件分解成組成物件
XREF	控制圖檔的外部參考
Z	
ZOOM	放大或縮小目前視埠中的物件外觀尺寸

摘錄自 AutoCAD 參考手冊，AutoCAD 2000 爲美國 Autodesk 公司的商標及產品

附錄 C
AutoCAD 常用系統變數表

A	
ACADLSPASDOC	控制 AutoCAD 要將 acad.lsp 檔載入每個圖面中，或只要載入 AutoCAD 作業階段所開啟的第一個圖面
ACADPREFIX	儲存 ACAD 環境變數所指定的目錄路徑(如果有的話)；如果必要，會附加路徑分隔號
ACADVER	儲存 AutoCAD 版本號碼
ACISOUTVER	控制使用 ACISOUT 指令來建立的 ACIS 版的 SAT 檔
AFLAGS	設定 ATTDEF 位元碼的屬性旗號。
ANGBASE	相對於目前的 UCS，將基準角度設為 0
ANGDIR	相對於目前 UCS，設定從角度 0 開始的正角度方向
APBOX	打開或關閉 AutoSnap 鎖點框
APERTURE	設定物件鎖點目標的高度，以像素為單位
AREA	儲存最後一個被 AREA，LIST 或 DBLIST 計算過的面積
ATTDIA	控制 -INSERT 指令是否使用對話方塊來輸入屬性值。
ATTMODE	控制屬性的顯示方式
ATTREQ	確認 INSERT 指令是否在插入圖塊時使用預設屬性設定
AUDITCTL	控制 AUDIT 是否要建立檢核報告(ADT)檔案。
AUNITS	設定角度的單位
AUPREC	顯示角度單位的小數位數
AUTOSNAP	控制「自動鎖點」的標記、工具提示以及磁鐵
B	
BACKZ	儲存目前視埠的後截取平面和目標平面之間的偏移量
BINDTYPE	控制以現地方式來併入外部參考或編輯外部參考時，要如何處理外部參考名稱
BLIPMODE	控制是否要顯示文件標記

C	
CDATE	設定日曆日期和時間
CECOLOR	設定新物件的顏色
CELTSCALE	設定目前物件的線型比例係數
CELTYPE	設定新物件的線型
CELWEIGHT	設定新物件的線寬
CHAMFERA	設定第一個倒角距離
CHAMFERB	設定第二個倒角距離
CHAMFERC	設定倒角長度
CHAMFERD	設定倒角角度
CHAMMODE	設定 AutoCAD 建立倒角的輸入方法
CIRCLERAD	設定預設的圓半徑
CLAYER	設定目前的圖層
CMDACTIVE	儲存指出一般指令、透通指令、腳本或對話方塊在作用中的位元碼
CMDECHO	控制 AutoCAD 在執行 AutoLISP(command)函數時，是否要對提示和輸入進行回應
CMDNAMES	顯示作用中的指令和透通指令的名稱
CMLJUST	指定複線對正方式
CMLSCALE	控制複線的整體寬度
CMLSTYLE	設定複線型式
COMPASS	控制在目前視埠中，要打開或關閉 3D 羅盤
COORDS	控制狀態列座標值的更新時間
CPLOTSTYLE	控制新物件的目前出圖型式
CPROFILE	儲存目前輪廓的名稱
CTAB	傳回圖面中目前的(模型或配置)標籤之名稱。它會提供一個方法，讓使用者判斷哪個是作用中的標籤
CURSORSIZE	以螢幕大小的百分比來決定十字游標的大小
CVPORT	設定目前視埠的識別號碼

D	
DATE	儲存目前的日期和時間
DBMOD	使用位元碼指出圖面的修改狀態
DCTCUST	顯示目前的自訂拼字字典的路徑和檔名
DCTMAIN	顯示目前主要拼字字典的檔名
DEFLPLSTYLE	指定新圖層的預設出圖型式
DEFPLSTYLE	指定新物件的預設出圖型式
DELOBJ	控制要將建立其它物件時所用的物件保留在圖面資料庫中，或予以刪除
DEMANDLOAD	指定如果圖面含有 AutoCAD 以外的應用程式所建立的自訂物件時，AutoCAD 是否要載入這個應用程式，以及何時載入
DIASTAT	儲存最後使用的對話方塊的結束方式
DIMADEC	控制角度標註所要顯示的精確度小數位數
DIMALT	控制標註內替用單位的顯示與否
DIMALTD	控制替用單位的小數位數
DIMALTF	控制替用單位的比例係數
DIMALTRND	決定替用單位的捨入
DIMALTTD	設定標註替用單位內公差值的小數位數
DIMALTTZ	切換公差值的零抑制
DIMALTU	除了角度之外，設定標註型式系列的所有成員之替用單位格式
DIMALTZ	控制替用單位標註值的零抑制
DIMAPOST	除了角度之外，指定所有標註類型的替用標註測量值之文字字首或字尾(或兩者)
DIMASO	控制標註物件的關聯性
DIMASZ	控制標註線和引線箭頭的尺寸
DIMATFIT	決定當空間不足，無法放入延伸線內側時，要如何安排標註文字和箭頭
DIMAUNIT	設定角度標註的單位格式
DIMAZIN	抑制角度標註的零
DIMBLK	設定標註線或引線端點上所顯示的箭頭圖塊

DIMBLK1	設定 DIMSAH 在打開狀態時，標註線第一個端點的箭頭
DIMBLK2	設定 DIMSAH 在打開狀態時，標註線第二個端點的箭頭
DIMCEN	控制由 DIMCENTER,DIMDIAMETER 與 DIMRADIUS 所繪製圓或弧中心標記與中心線
DIMCLRD	指定標註線、箭頭和標註引線的顏色
DIMCLRE	指定標註延伸線的顏色
DIMCLRT	指定標註文字的顏色
DIMDEC	設定標註主要單位所要顯示的小數位數
DIMDLE	設定以短斜線來取代箭頭時，標註線超出延伸線的距離
DIMDLI	控制基線式標註內的標註線間距
DIMDSEP	指定建立十進位單位格式的標註時，所使用的單一字元十進位分隔號
DIMEXE	指定延伸線超出標註線的距離
DIMEXO	指定延伸線偏移原點的距離
DIMFIT	舊的系統變數。已由 DIMATFIT 與 DIMTMOVE 所取代
DIMFRAC	設定 DIMLUNIT 設定爲 4 或 5 時，所用的分數格式
DIMGAP	設定切斷標註線來放入標註文字時，在標註文字旁邊的間距
DIMJUST	控制標註文字的水平定位
DIMLDRBLK	指定引線的箭頭類型
DIMLFAC	設定線性標註測量的比例係數
DIMLIM	產生上下限標註
DIMLUNIT	除了「角度」之外，設定所有標註類型的單位
DIMLWD	指定標註線的線寬
DIMLWE	指定延伸線的線寬
DIMPOST	指定標註測量值的文字字首或字尾(或兩者)
DIMRND	將所有標註距離捨入到指定的值
DIMSAH	控制標註線箭頭圖塊的顯示
DIMSCALE	設定用來指定尺寸、距離或偏移的標註變數所適用的整體比例係數
DIMSD1	控制是否要抑制第一條標註線
DIMSD2	控制是否要抑制第二條標註線

DIMSE1	抑制第一條延伸線的顯示
DIMSE2	抑制第二條延伸線的顯示
DIMSHO	控制標註物件在拖曳時的重新定義
DIMSOXD	抑制在延伸線之外繪製標註線
DIMSTYLE	展示目前的標註型式
DIMTAD	控制文字相對於標註線的垂直位置
DIMTDEC	設定標註主要單位的公差值所要顯示的小數位數
DIMTFAC	指定一個比例係數，以計算標註分數和公差的文字高度
DIMTIH	控制所有標註類型在延伸線內側的標註文字位置，但座標式標註除外
DIMTIX	在延伸線之間畫出文字
DIMTM	設定 DIMTOL 或 DIMLIM 在打開狀態時，標註文字的最小(或低)公差限制
DIMTMOVE	設定標註文字移動規則
DIMTOFL	當文字在外側時，控制是否要在延伸線之間畫出標註線
DIMTOH	控制在延伸線外側的標註文字位置
DIMTOL	在標註文字後面加上公差
DIMTOLJ	設定公差值相對於主要標註文字的垂直對正方式
DIMTP	設定 DIMTOL 或 DIMLIM 在打開狀態時，標註文字的最大(或高)公差限制
DIMTSZ	指定線性、半徑和直徑標註箭頭位置上的短斜線尺寸
DIMTVP	控制標註文字的垂直位置在標註線的上方或下方
DIMTXSTY	指定標註的字型
DIMTXT	指定標註文字的高度(除非目前字型有固定高度)
DIMTZIN	控制公差值的零抑制
DIMUNIT	舊的系統變數。Replaced by DIMLUNIT and DIMFRAC
DIMUPT	控制使用者自訂文字位置的選項
DIMZIN	控制主要單位值的零抑制
DISPSILH	控制在「線架構」模式內是否要顯示實體物件的剪影曲線
DISTANCE	儲存 DIST 計算出來的距離。

DONUTID	設定圓環的內側直徑預設值
DONUTOD	設定圓環的外側直徑預設值
DRAGMODE	控制物件在拖曳時的顯示方式
DRAGP1	設定重生拖曳的輸入取樣率
DRAGP2	設定快速拖曳的輸入取樣率
DWGCHECK	判斷某個圖面前次是否由非 AutoCAD 的產品所編輯
DWGCODEPAGE	儲存和 SYSCODEPAGE 相同的值(為了相容性之故)
DWGNAME	儲存使用者輸入的圖檔名稱
DWGPREFIX	儲存圖檔的磁碟/目錄字首
DWGTITLED	指示目前圖檔是否已經命名
E	
EDGEMODE	控制 TRIM 和 EXTEND 如何決定剪下和邊界邊緣
ELEVATION	儲存在目前空間內，相對於目前視埠的目前 UCS 之目前高程
EXPERT	控制是否要顯示某些提示
EXPLMODE	控制 EXPLODE 是否支援非均勻比例(NUS)的圖塊
EXTMAX	儲存圖面實際範圍的右上角點
EXTMIN	儲存圖面實際範圍的左上角點
EXTNAMES	設定符號表所儲存的具名物件名稱的參數(例如線型和圖層)
F	
FACETRATIO	控制圓柱與圓錐形 ACIS 實體的小平面縱橫比
FACETRES	調整描影和彩現物件以及移除了隱藏線的物件之平滑度
FILEDIA	抑制檔案對話方塊的顯示
FILLETRAD	儲存目前的圓角半徑
FILLMODE	指定複線、等寬線、實面、所有剖面線(包括實面填實)和寬聚合線是否要填實
FONTALT	指定在指不到指定的字體檔時，用來替代的字體檔名稱
FONTMAP	指定使用的字體對映檔
FRONTZ	儲存目前視埠的前截取平面和目標平面之間的偏移量
FULLOPEN	指出目前的圖面是否為局部開啟

G	
GRIDMODE	指定要打開或關閉格點
GRIDUNIT	指定目前視埠的格點間距(X 和 Y)
GRIPBLOCK	控制圖塊內的掣點指定
GRIPCOLOR	控制未選取的掣點的顏色(畫成方塊外框)
GRIPHOT	控制已選取的掣點的顏色(畫成填實的方塊)
GRIPS	控制在「拉伸」、「移動」、「旋轉」、「比例」和「鏡射」等「掣點」模式中，對於選集掣點的使用
GRIPSIZE	設定掣點方塊的尺寸，以像素為單位
H	
HANDLES	報告應用程式是否可以存取物件處理碼
HIDEPRECISION	控制隱藏和描影的精確度
HIGHLIGHT	控制物件的亮顯；不影響使用掣點來選取的物件
HPANG	指定剖面線樣式角度
HPBOUND	控制由 BHATCH 與 BOUNDARY 所建立的物件類型
HPDOUBLE	指定雙向剖面線樣式，作為使用者定義的樣式
HPNAME	設定預設的剖面線樣式名稱
HPSCALE	指定剖面線樣式比例係數
HPSPACE	指定使用者所定義的簡單樣式的剖面線樣式線間距
HYPERLINKBASE	指定圖面內的所有相對超連結所用的路徑
I	
IMAGEHLT	控制要亮顯整個點陣圖影像，或只亮顯點陣圖影像框
INDEXCTL	控制是否要建立圖層索引和空間索引，並將它儲存在圖檔內
INETLOCATION	儲存 BROWSER 和「瀏覽 Web」對話方塊所使用的網際網路位置
INSBASE	儲存由 BASE 所設定的插入基準點
INSNAME	設定 INSERT 要使用的預設圖塊名稱
INSUNITS	當您從 AutoCAD 設計中心拖曳出一個圖塊時，指定一個圖面單位
INSUNITSDEFSOURCE	設定來源內容單位值
INSUNITSDEFTARGET	設定目標圖面單位值

ISAVEBAK	改進增量儲存的速度，特別是大圖面
ISAVEPERCENT	確定圖檔所能容許的浪費空間
ISOLINES	指定物件上每個曲面的弧面表示線數
L	
LASTANGLE	儲存最後輸入的弧的終止角度
LASTPOINT	儲存最後輸入的點
LASTPROMPT	儲存對指令行的最後一個回應字串
LENSLENGTH	儲存目前視埠的透視檢視所使用的鏡頭長度(以公釐爲單位)
LIMCHECK	控制圖面範圍外的物件建立作業
LIMMAX	儲存目前空間的右上方圖面範圍
LIMMIN	儲存目前空間的左下方圖面範圍
LISPINIT	當啓用單一文件介面時，指定在您開啓新的圖面時，是否要保留 AutoLISP 定義的函數和變數
LOCALE	顯示目前 AutoCAD 作業的 ISO 語言碼
LOGFILEMODE	指定文字視窗內容是否要寫入記錄檔
LOGFILENAME	指定記錄檔的路徑和名稱
LOGFILEPATH	指定作業中的所有圖面的記錄檔路徑
LOGINNAME	顯示規劃的使用者名稱，或在 AutoCAD 載入時輸入的使用者名稱
LTSCALE	設定整體的線型比例係數
LUNITS	設定線性單位
LUPREC	設定線性單位所要顯示的小數位數
LWDEFAULT	設定預設線寬的值
LWDISPLAY	控制在「模型」或配置標籤中，是否要顯示線寬
LWUNITS	控制以英吋或公釐來作爲線寬的顯示單位
M	
MAXACTVP	設定顯示畫面中可同時作用的最大視埠數目
MAXSORT	設定列示指令能夠排序的符號名稱或圖塊名稱的最大數目
MBUTTONPAN	控制指向設備的第三個按鈕的行爲模式
MEASUREINIT	設定初始圖面單位爲英制或公制

MEASUREMENT	只設定目前圖面的圖面單位為英制或公制
MENUCTL	控制螢幕功能表的分頁開關
MENUECHO	設定能表回應及提示控制位元
MENUNAME	儲存功能表檔案名稱，包括檔名的路徑
MIRRTEXT	控制 MIRROR 反射文字的方式
MODEMACRO	在狀態列上顯示文字字串
MTEXTED	設定多行文字物件所用的主要和次要文字編輯器
N	
NOMUTT	抑制通常不會抑制的訊息顯示
O	
OFFSETDIST	設定預設的偏移距離
OFFSETGAPTYPE	控制在偏移個別聚合線線段會產生間隙之時，要如何偏移聚合線
OLEHIDE	控制 AutoCAD 中 OLE 物件的顯示
OLEQUALITY	控制嵌入的 OLE 物件的預設出圖品質
OLESTARTUP	控制在出圖時，是否要載入嵌入的 OLE 物件的來源應用程式
ORTHOMODE	將游標移動方向限制在水平和垂直方向
OSMODE	使用位元碼設定常駐式物件鎖點
OSNAPCOORD	控制指令行所輸入的座標，是否要取代常駐式物件鎖點
P	
PAPERUPDATE	控制試圖印出的配置，其圖紙尺寸不同於繪圖機規劃檔的預設圖紙尺寸時，是否要顯示警告對話方塊
PDMODE	控制點物件的顯示方式
PDSIZE	設定點物件的顯示尺寸
PERIMETER	儲存最後一次由 AREA， LIST 或 DBLIST 所計算的圓周值
PFACEVMAX	設定每面的最大頂點數
PICKADD	控制後續的選取內容要取代目前的選集，或加入目前的選集
PICKAUTO	控制「選取物件」提示的自動化窗選
PICKBOX	設定物件選取的目標高度
PICKDRAG	控制選取視窗的繪製方式

PICKFIRST	控制要在發出指令之前或之後選取物件
PICKSTYLE	控制群組選取和關聯式剖面線選取的使用
PLATFORM	指定正在使用哪一個 AutoCAD 平台
PLINEGEN	設定如何在 2D 聚合線頂點的附近產生線型樣式
PLINETYPE	指定 AutoCAD 是否要使用最佳化的 2D 聚合線
PLINEWID	儲存預設的聚合線寬度
PLOTID	舊的系統變數，除了用來保留 AutoCAD 2000 以前的腳本和 LISP 常式之外，在 AutoCAD 2000 中沒有任何作用
PLOTROTMODE	控制出圖方位
PLOTTER	舊的系統變數，除了用來保留 AutoCAD 2000 以前的腳本和 LISP 常式之外，在 AutoCAD 2000 中沒有任何作用
PLQUIET	控制選用性對話方塊以及批次出圖和腳本的非致命錯誤的顯示
POLARADDANG	含有使用者定義的極座標角度
POLARANG	設定極座標角度增量
POLARDIST	設定 SNAPSTYL 系統變數設為 1(極座標鎖點)時的鎖點增量
POLARMODE	控制極座標和物件鎖點追蹤的設定值
POLYSIDES	設定 POLYGON 預設的邊數
POPUPS	顯示目前所規劃的顯示驅動程式的狀態
PRODUCT	傳回產品名稱
PROGRAM	傳回程式名稱
PROJECTNAME	將專案名稱指定給目前圖面。
PROJMODE	設定修剪或延伸的目前「投影」模式
PROXYGRAPHICS	指定影像或代理物件是否要儲存在圖面中
PROXYNOTICE	當您開啟一個含有自訂物件的圖面，而建立這些自訂物件的應用程式不存在時，會顯示一則通知訊息
PROXYSHOW	控制圖面中之代理物件的顯示
PSLTSCALE	控制圖紙空間的線型比例
PSPROLOG	當您使用 PSOUT 時，指定要從 acad.psf 讀取的檔頭節名
PSQUALITY	控制 PostScript 影像的彩現品質

PSTYLEMODE	指出目前圖面的模式是「顏色從屬」或「具名出圖型式」
PSTYLEPOLICY	控制物件的顏色性質是否要關聯於它的出圖型式
PSVPSCALE	設定所有新建視埠的視景比例係數
PUCSBASE	儲存 UCS 的名稱，這個 CUS 只定義圖紙空間內的正交 UCS 設定值之原點和方位
Q	
QTEXTMODE	控制文字的顯示方式
R	
RASTERPREVIEW	控制 BMP 預覽影像是否要儲存在圖面中
REFEDITNAME	指示圖面是否在參考編輯模式中，以及儲存參考檔名稱
REGENMODE	控制圖面的自動重生
RE-INIT	重新初始化數位板、數位板埠，以及 acad.pgp 檔
RTDISPLAY	控制在 ZOOM 或 PAN 的即時作業中點陣圖影像的顯示
S	
SAVEFILE	儲存目前的自動儲存檔名稱
SAVEFILEPATH	指定 AutoCAD 階段作業的所有自動儲存檔的目錄路徑。
SAVENAME	在您儲存目前圖面之後，儲存目前圖面的檔名和目錄路徑
SAVETIME	以分鐘為單位，設定自動儲存的間隔
SCREENBOXES	儲存繪圖區的螢幕功能表區內的方塊數目
SCREENMODE	儲存一個位元碼，指示 AutoCAD 顯示的圖形/文字狀態
SCREENSIZE	儲存目前視埠的尺寸(X 和 Y)，以像素為單位
SDI	控制要在單一文件或多重文件的介面中執行 AutoCAD
SHADEDGE	控制彩現的邊緣描影
SHADEDIF	設定漫射反射光源相對於環境光源的比率
SHORTCUTMENU	控制繪圖區是否可以使用「預設」、「編輯」和「指令」等模式快顯功能表
SHPNAME	設定預設造型名稱
SKETCHINC	設定 SKETCH 記錄增量
SKPOLY	決定 SKETCH 產生線或聚合線

SNAPANG	設定目前視埠的鎖點和格點旋轉角度
SNAPBASE	設定目前視埠相對於目前 UCS 的鎖點和格點原點
SNAPISOPAIR	控制目前視埠的等角平面
SNAPMODE	打開和關閉鎖點模式
SNAPSTYL	設定目前視埠的鎖點樣式
SNAPTYPE	設定目前視埠的鎖點型式
SNAPUNIT	設定目前視埠的鎖點間距
SOLIDCHECK	打開或關閉目前 AutoCAD 作業的實體檢驗
SORTENTS	控制 OPTIONS 指令(從「選取」標籤)的物件排序作業
SPLFRAME	控制雲形線和雲形線擬合聚合線的顯示
SPLINESEGS	設定每個雲形線擬合聚合線所要產生的線段數目
SPLINETYPE	設定 PEDIT 指令的「雲形線」選項所產生的曲線類型
SURFTAB1	設定要由 RULESURF 與 TABSURF 立的板展曲面的等分數目
SURFTAB2	設定要由 REVSURF 與 EDGESURF 在 N 方向的網格密度
SURFTYPE	控制 PEDIT 指令「平滑化」選項所執行的曲面擬合類型
SURFU	設定 PEDIT 指令「平滑化」選項的 M 方向曲面密度
SURFV	設定 PEDIT 指令「平滑化」選項的 N 方向曲面密度
SYSCODEPAGE	指出由 acad.xmf 所指定的系統碼頁
T	
TABMODE	控制數位板的使用
TARGET	儲存目前視埠的目標點位置
TDCREATE	儲存圖面建立的當地時間和日期
TDINDWG	儲存總編輯時間
TDUCREATE	儲存圖面建立的世界時間和日期
TDUPDATE	儲存最後一次更新/儲存的當地時間和日期
TDUSRTIMER	儲存使用者耗用計時器
TDUUPDATE	儲存最後一次更新/儲存的世界時間和日期
TEMPPREFIX	含有暫存檔的目錄名稱
TEXTEVAL	控制文字字串的演算方式

TEXTFILL	控制出圖、使用 PSOUT 指令來匯出以及彩現時，TrueType 字體的填實
TEXTQLTY	控制出圖、使用 PSOUT 指令來匯出以及彩現時，TrueType 字體文字外框的細緻解析度
TEXTSIZE	設定使用目前的字型來畫出新文字物件時的預設高度
TEXTSTYLE	設定目前字型的名稱
THICKNESS	設定目前的 3D 實體厚度
TILEMODE	使「模型」標籤或最後一個配置標籤成為目前的
TOOLTIPS	控制工具提示的顯示
TRACEWID	設定預設的等寬線寬度
TRACKPATH	控制極座標和物件鎖點追蹤對齊路徑的顯示
TREEDEPTH	指定最大深度，也就是樹狀結構的空間索引可以分支的次數
TREEMAX	限制空間索引(八分樹)的節點數目，來限制圖面重生時所耗用的記憶體
TRIMMODE	控制 AutoCAD 是否要修剪選取的倒角和圓角的邊緣
TSPACEFAC	控制作為一個文字高度係數來測量的多行文字間距
TSPACETYPE	控制多行文字所用的行間距的類型
TSTACKALIGN	控制堆疊文字的垂直對齊
TSTACKSIZE	控制堆疊文字分數高度相對於選取文字的目前高度的百分比
U	
UCSAXISANG	儲存使用 UCS 指令的 X、Y 或 Z 選項，來繞著其中一軸旋轉 UCS 時的預設角度
UCSBASE	儲存 UCS 的名稱，這個 CUS 定義正投影 UCS 設定值的原點和方位
UCSFOLLOW	每當從某個 UCS 變更到另一個時，產生一個平面視景
UCSICON	顯示目前視埠的 UCS 圖示
UCSNAME	儲存目前空間內的目前視埠之目前座標系統的名稱
UCSORG	儲存目前空間內的目前視埠之目前座標系統的原點
UCSORTHO	決定當取回正投影視景時，是否要自動取回相關的正投影 UCS 設定
UCSVIEW	決定目前 UCS 是否要儲存到具名視景中

UCSVP	決定作用視埠內的 USC 要維持固定，或變更反映目前作用視埠的 UCS
UCSXDIR	儲存目前視埠的目前 UCS 在目前空間內的 X 方向
UCSYDIR	儲存目前視埠的目前 UCS 在目前空間內的 Y 方向
UNDOCTL	儲存一個位元碼，指出 UNDO 指令的「自動」和「控制」選項的狀態
UNDOMARKS	儲存「標記」選項放入 UNDO 控制串的標記數目
UNITMODE	控制單位的顯示格式
USERI1?	儲存和取出整體值
USERR1?	儲存和取出實數數字
USERS1?	儲存和取出文字字串資料
V	
VIEWCTR	儲存目前視埠內的視景中心點
VIEWDIR	儲存目前視埠的檢視方向
VIEWMODE	使用位元碼，控制目前視埠的檢視模式
VIEWSIZE	儲存目前視埠內的視景高度
VIEWTWIST	儲存目前視埠中的視景扭轉角度
VISRETAIN	控制外部參考從屬圖層的可見性、顏色、線型、線寬和出圖型式(如果 PSTYLEPOLICY 設為 0 的話)，以及指定是否要儲存巢狀外部參考路徑的變更
VSMAX	儲存目前視埠虛擬螢幕的右上角點
VSMIN	儲存目前視埠虛擬螢幕的左下角點
W	
WHIPARC	控制圓和弧的顯示是否要平滑化
WMFBKGND	控制 WMFOUT 指令所產生的輸出視窗中繼檔背景，以及放置在剪貼簿上，或者要拖放到其他應用程式的物件中繼檔格式。
WORLDUCS	指示 UCS 是否和 WCS 相同
WORLDVIEW	決定 3DORBIT、DVIEW 和 VPOINT 指令的輸入要相對於 WCS(預設值)、目前 UCS，或 UCSBASE 系統變數所指定的 UCS
WRITESTAT	指示圖面是唯讀的，或是可以寫入，提供給必須透過 AutoLISP 來判

	斷寫入狀態的開發人員使用
X	
XCLIPFRAME	控制外部參考截取邊界的可見性
XEDIT	控制在其它圖面仍在參考的情況下，是否可以透過現地方式來編輯目前圖面
XFADECTL	控制要以現地方式來編輯的參考的漸層明暗度
XLOADCTL	打開或關閉外部參考的應要求載入，並控制它開啟原始圖面或複本
XLOADPATH	建立一個路徑，用以儲存應要求載入的外部參考檔的暫時複本
XREFCTL	控制 AutoCAD 是否要寫入外部參考記錄(XLG)檔
Z	
ZOOMFACTOR	您可以利用每個智慧型滑鼠的動作來前後移動，控制縮放的增量變化

摘錄自 AutoCAD 參考手冊，AutoCAD 2000 為美國 Autodesk 公司的商標及產品

國家圖書館出版品預行編目資料

圖學：AutoCAD. CNS3 B1001 / 王照明 編著.
-- 五版. --- 新北市：全華圖書，2013.08
　　面　；　公分
　　ISBN 978-957-21-9101-9(平裝附光碟片)

　1.CST：工程圖學

440.8　　　　　　　　　　　　　102013940

圖學：AutoCAD. CNS3 B1001

作者／王照明
發行人／陳本源
執行編輯／吳政翰
出版者／全華圖書股份有限公司
郵政帳號／0100836-1 號
印刷者／宏懋打字印刷股份有限公司
圖書編號／03407047
五版七刷／2023 年 05 月
定價／新台幣 570 元
ISBN／978-957-21-9101-9(平裝附光碟)
全華圖書／www.chwa.com.tw
全華網路書店 Open Tech／www.opentech.com.tw
若您對本書有任何問題，歡迎來信指導 book@chwa.com.tw

臺北總公司(北區營業處)
地址：23671 新北市土城區忠義路 21 號
電話：(02) 2262-5666
傳真：(02) 6637-3695、6637-3696

南區營業處
地址：80769 高雄市三民區應安街 12 號
電話：(07) 381-1377
傳真：(07) 862-5562

中區營業處
地址：40256 臺中市南區樹義一巷 26 號
電話：(04) 2261-8485
傳真：(04) 3600-9806(高中職)
　　　(04) 3601-8600(大專)

國家圖書館出版品預行編目資料

圖學 : AutoCAD, CNS3 B1001 / 王照明 著
 - 初版. - 新北市 : 全華圖書, 2013.08
 面 ; 公分
 ISBN 978-957-21-9101-9(平裝附光碟片)

1.CST : 工程圖學

440.8   102013840

圖學：AutoCAD, CNS3 B1001

作者 / 王照明

發行人 / 陳本源

執行編輯 / 吳政翰

出版者 / 全華圖書股份有限公司

郵政帳號 / 0100836-1號

圖書編號 / 本書系列上課教材請連絡服務專線

初版一刷 / 2013年08月

定價 / 新台幣 570 元

ISBN / 978-957-21-9101-9(平裝附光碟片)

全華圖書 / www.chwa.com.tw

全華網路書店 Open Tech / www.opentech.com.tw

若您對書籍內容有任何問題，歡迎來信指導 book@chwa.com.tw

臺北總公司(北區營業處)   中區營業處
地址：23671 新北市土城區忠義路 21 號   地址：40256 臺中市南區樹義一巷 26 號
電話：(02) 2262-5666   電話：(04) 2261-8485
傳真：(02) 6637-3695、6637-3696   傳真：(04) 3600-9806(高中職)
                                                   (04) 3601-8600(大專)
南區營業處
地址：80769 高雄市三民區應安街 12 號
電話：(07) 381-1377
傳真：(07) 862-5562

勘　誤　表

書　號			
書　名			作　者
頁　數	行　數	錯誤或不當之詞句	建議修改之詞句

我有話要說：（其它之批評與建議，如封面、編排、內容、印刷品質等‧‧‧）

讀者回函卡

填寫日期：　　年　　/　　月　　/　　日

姓名：　　　　　　　　生日：西元　　　年　　　月　　　日　性別：□男 □女

電話：（　　）　　　　　　傳真：（　　）　　　　　　手機：

e-mail：（必填）

註：數字零，請用 Φ 表示，數字 1 與英文 L 請另註明並書寫端正，謝謝。

通訊處：□□□□□

學歷：□博士 □碩士 □大學 □專科 □高中‧職

職業：□工程師 □教師 □學生 □軍‧公 □其他

學校 / 公司：　　　　　　　　科系 / 部門：

‧需求書類：

□ A. 電子 □ B. 電機 □ C. 計算機工程 □ D. 資訊 □ E. 機械 □ F. 汽車 □ I. 工管 □ J. 土木

□ K. 化工 □ L. 設計 □ M. 商管 □ N. 日文 □ O. 美容 □ P. 休閒 □ Q. 餐飲 □ B. 其他

本次購買圖書為：　　　　　　　　　　書號：

‧您對本書的評價：

封面設計：□非常滿意 □滿意 □尚可 □需改善，請說明

內容表達：□非常滿意 □滿意 □尚可 □需改善，請說明

版面編排：□非常滿意 □滿意 □尚可 □需改善，請說明

印刷品質：□非常滿意 □滿意 □尚可 □需改善，請說明

書籍定價：□非常滿意 □滿意 □尚可 □需改善，請說明

整體評價：請說明

‧您在何處購買本書？

□書局 □網路書店 □書展 □團購 □其他

‧您購買本書的原因？（可複選）

□個人需要 □幫公司採購 □親友推薦 □老師指定之課本 □其他

‧您希望全華以何種方式提供出版訊息及特惠活動？

□電子報 □ DM □廣告（媒體名稱　　　　　　　　）

‧您是否上過全華網路書店？ (www.opentech.com.tw)

□是 □否　您的建議

‧您希望全華出版那方面書籍？

‧您希望全華加強那些服務？

～感謝您提供寶貴意見，全華將秉持服務的熱忱，出版更多好書，以饗讀者。

全華網路書店 http://www.opentech.com.tw　　客服信箱 service@chwa.com.tw

2011.03 修訂

歡迎加入 全華會員

● 會員獨享

會員享購書折扣、紅利積點、生日禮金、不定期優惠活動…等。

● 如何加入會員

填妥讀者回函卡直接傳真 (02) 2262-0900 或寄回，將由專人協助登入會員資料，待收到 E-MAIL 通知後即可成為會員。

如何購買

全華書籍

1. 網路購書

全華網路書店「http://www.opentech.com.tw」，加入會員購書更便利，並享有紅利積點回饋等各式優惠。

2. 全華門市、全省書局

歡迎至全華門市（新北市土城區忠義路 21 號）或全省各大書局、連鎖書店選購。

3. 來電訂購

(1) 訂購專線：(02) 2262-5666 轉 321-324
(2) 傳真專線：(02) 6637-3696
(3) 郵局劃撥（帳號：0100836-1 戶名：全華圖書股份有限公司）

※ 購書未滿一千元者，酌收運費 70 元。

OpenTech 全華網路書店

全華網路書店 www.opentech.com.tw
E-mail: service@chwa.com.tw

廣 告 回 信
板橋郵局登記證
板橋廣字第540號

行銷企劃部 收

全華圖書股份有限公司

23671 新北市土城區忠義路 21 號